普通高等教育“十三五”系列教材

工程制图

樊培利 樊振旺 编著

中国水利水电出版社
www.waterpub.com.cn
·北京·

内 容 提 要

本书结合工程实际和制图课程的教学特征，注重“基础理论教学以应用为目的，以必需和够用为适度，以掌握、强化应用和培养技能为重点”。全书采用我国最新技术制图标准、水利水电工程制图标准、机械制图标准和建筑制图标准。本书共十二章，内容包括制图的基本知识，点、直线、平面的投影，立体的投影，轴测图，立体表面的交线，组合体，图样画法，标高投影，房屋建筑图，水利工程图，机械图和园林工程图。

本书适用于高职高专各工程类专业，特别适用于测绘工程、机电工程、土木工程、水利工程和园林工程等专业使用；也可作为计算机应用专业、工程技术人员和自学者的参考书。

图书在版编目（CIP）数据

工程制图 / 樊培利，樊振旺编著. -- 北京 : 中国水利水电出版社，2016.8

普通高等教育“十三五”系列教材

ISBN 978-7-5170-4712-4

Ⅰ. ①工… Ⅱ. ①樊… ②樊… Ⅲ. ①工程制图－高等职业教育－教材 Ⅳ. ①TB23

中国版本图书馆CIP数据核字(2016)第216722号

书　　名	普通高等教育“十三五”系列教材 **工程制图** GONGCHENG ZHITU
作　　者	樊培利　樊振旺　编著
出版发行	中国水利水电出版社 （北京市海淀区玉渊潭南路1号D座　100038） 网址：www.waterpub.com.cn E-mail：sales@waterpub.com.cn 电话：(010) 68367658（营销中心）
经　　售	北京科水图书销售中心（零售） 电话：(010) 88383994、63202643、68545874 全国各地新华书店和相关出版物销售网点
排　　版	中国水利水电出版社微机排版中心
印　　刷	北京纪元彩艺印刷有限公司
规　　格	184mm×260mm　16开本　15.25印张　362千字
版　　次	2016年8月第1版　2016年8月第1次印刷
印　　数	0001—3000册
定　　价	**32.00**元

前言

本书是按照教育部对高职高专教育工程图学课程教学的基本要求和相关专业课程标准，结合我们多年来工程图学课程教学改革和建设的成果及经验编著而成的。

本书结合工程实际和制图课程的教学特征，注重“基础理论教学以应用为目的，以必需和够用为适度，以掌握、强化应用和培养技能为重点”。本书在编写过程中，以学生能力培养为主线，体现出实用性、实践性、创新性的特色，是一套理论联系实际、教学面向生产的实用教材。

全书采用我国最新技术制图标准、水利水电工程制图标准、机械制图标准和建筑制图标准。力求使图样规范化标准化，在内容上注重扩大知识面；力求综合运用基本理论和知识，以解决工程实际问题。

本书突出高等职业技术教育的特点，为适应教学改革的要求，书中不过分强调理论，而更加注重结合工程实例。注重对内容删繁就简，降低了一些知识点的教学要求，使教材更适合学生的认知水平。书中还注重基本概念、基本理论和基本作图方法在解决实际工程问题中的应用，以强化学生工程意识的培养。

全书共分十二章，内容包括制图的基本知识，点、直线、平面的投影，立体的投影，轴测图，立体表面的交线，组合体，图样画法，标高投影，房屋建筑图，水利工程图，机械图和园林工程图。

本书由山西水利职业技术学院樊培利编写第一～十章，樊振旺编写第十一章和第十二章，临猗县住建局樊培超参编了第九章和第十二章，运城市水利工程建设局丁秋菊参编了第十章。全书由樊振旺负责统稿，王启亮教授担任主审。

由于本次编写时间仓促，书中难免存在缺点和疏漏，恳请广大读者批评指正。

编者

2016年8月

目 录

绪　论

一、本课程的研究对象

本课程的研究对象是工程图样。工程图样是根据画法几何的原理，按照制图标准和制图方法绘制而成的，它能准确表达工程建筑物的形状、大小、材料和构造及有关的技术要求等内容，它是工程技术人员用以表达设计意图、组织生产施工、进行技术交流的重要技术文件，也是工程造价预算和竣工验收时最重要的依据。因此，工程图样被喻为“工程技术语言”。

二、本课程的基本内容

本课程的主要内容可分为制图基本知识、画法几何和专业制图三大部分。制图基本知识主要是学习国家制图标准；画法几何是以投影法为基础，研究三维空间几何问题的图示法和图解法，简单地说，画法几何就是投影制图；专业制图则是以投影作图的原理和制图的基本知识，把工程建筑物绘制成符合标准的工程图样。为使学生能够具备绘制和阅读工程图样的技能，特别提出如下几点要求：

(1) 基本知识（第一章）——要求掌握绘图工具和仪器的使用，熟悉国家制图标准的基本规定，掌握常用的几何作图方法。

(2) 投影制图（第二～八章）——要求掌握正投影的基本原理和各种图示方法，初步掌握轴测投影和标高投影的基本方法。

(3) 专业制图（第九～十二章）——要求掌握绘制和阅读常见的各种工程图的基本技能，了解不同工程图的图示特点和阅读方法。

三、本课程的主要性质

本课程是一门系统理论独特和实践性很强的技术基础课。它既强调投影理论又注重动手能力，它不仅要求掌握绘图的基本方法，还特别强调以制图标准为准绳。在学习的过程中应注意以下几点：

(1) 投影制图是本课程的核心部分，是制图的基本理论，必须通晓。只有通晓投影的基本理论，才能不断提高自己的投影图示能力和空间想象能力。

(2) 国家制图标准的基本规定，是制图的准绳，必须遵照。只有严格按制图标准作图，才能使工程图样真正成为可交流的技术文件。

(3) 本课程的各种训练是通过一系列的练习和作业来实现的，必须多练。只有认真作图，按时完成作业，才能收到良好的效果。

(4) 专业制图是所学知识在工程实践中的具体应用，必须掌握。只有掌握了工程图样的绘制和阅读，才能真正成为工程界的技术工作者。

(5) 专业图涉及内容较多，必须多看。只有结合后续课程的学习，多看一些实际工程，不断提高读图能力，才能真正成为面向未来的有用型人才。

第一章　制图的基本知识

制图主要是培养绘制和阅读工程图样的能力。首先必须了解制图的基本知识，掌握制图工具的使用方法，熟悉基本制图标准和绘图的基本方法。

第一节　常用制图工具

“工欲善其事，必先利其器”。只有具备必要的绘图工具，并掌握正确的使用方法，才能提高绘图的速度和质量。

一、图板和丁字尺

(1) 图板。图板用来固定图纸及作为丁字尺的导边。如图 1-1 所示，图板四周镶以平直的硬木条或铝边，防止图板变形，并可作为丁字尺的导边。图板有大小不同的规格，常用的规格有 A0、A1、A2 等，用时可根据需要进行选择。校用一般为便携式，设计室一般固定在制图架上。使用时应注意保持工作边的平直和板面的整洁，切勿损坏板面。

(2) 丁字尺。丁字尺主要用于画水平线和作为三角板的导边。丁字尺由尺头和尺身两部分组成，材料为有机玻璃，如图 1-1 所示。丁字尺有各种规格，一般与图板配套使用。常见的丁字尺有固定式和活动式两种。使用时应将尺头紧靠图板左侧导边，左手握尺头，右手推动尺身，上下滑动，画水平线时将尺身上边缘对准所要画线的位置，笔尖紧靠尺身，笔杆略向右倾斜，从左往右匀速画线，如图 1-2 所示。

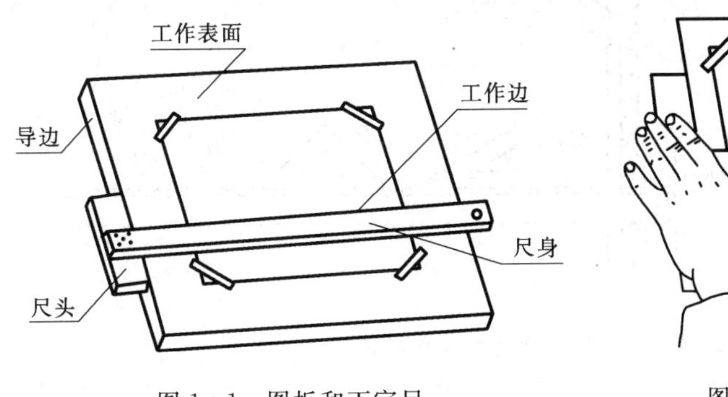

图 1-1　图板和丁字尺

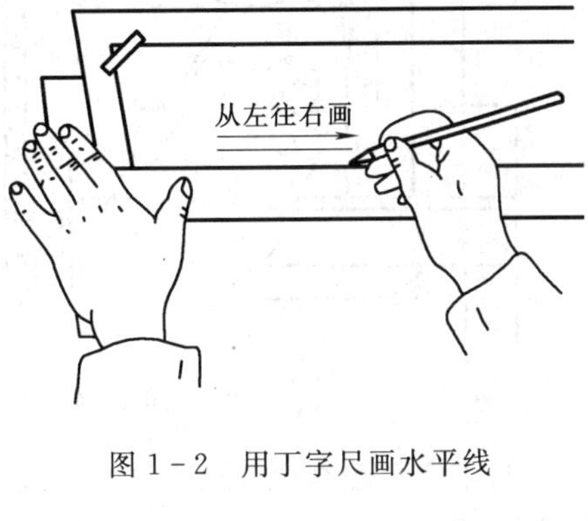

图 1-2　用丁字尺画水平线

二、铅笔和三角板

(1) 铅笔。铅笔用来绘制工程图样中不同型式的线条和注写文字。绘图铅笔的铅芯有软硬之分，用B和H表示。B、2B、…、4B等，前面的数字越大表示铅芯越软且色越浓黑；H、2H、…、4H等，前面的数字越大表示铅芯越硬且色越浅淡；HB介于软硬之间。绘图时常用H或2H的铅笔画底稿，用HB或B的铅笔加深底稿，用H或F（硬度介于H、HB之间）的铅笔写字。削铅笔时应保留标号，以便识别铅芯的软硬度。被削去的笔杆长度约25～30mm，露出的铅芯长度约6～8mm，一般削成圆锥形，加深粗实线的铅笔芯应削磨成扁平形，如图1-3（a）所示。使用铅笔画线时，笔杆轴线与画线方向所构成的平面与纸面垂直，匀速前进，并向画线方向倾斜约30°，如图1-3（b）所示。

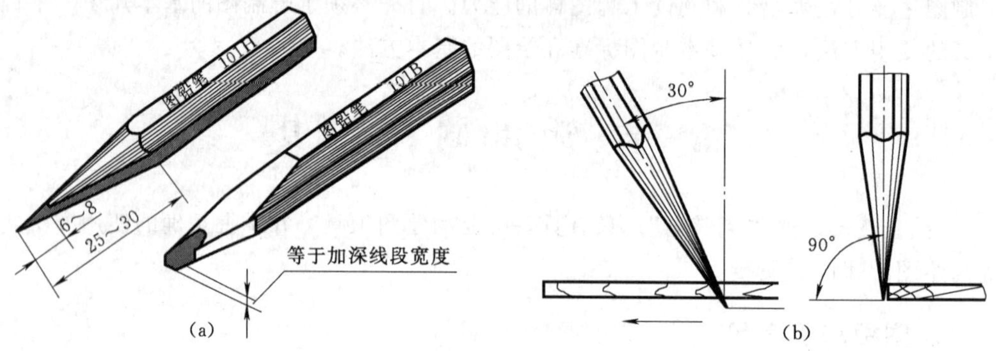

图1-3 铅笔削法及用法

（2）三角板。两块为一副，其中一块的三个角分别为30°、60°、90°，另一块的三个角分别为45°、45°、90°，用塑料或有机玻璃制成。其用途有三个方面：

1）与丁字尺配合画铅垂线。所有铅垂线，不论长短，都可用三角板和丁字尺配合画出，如图1-4所示。

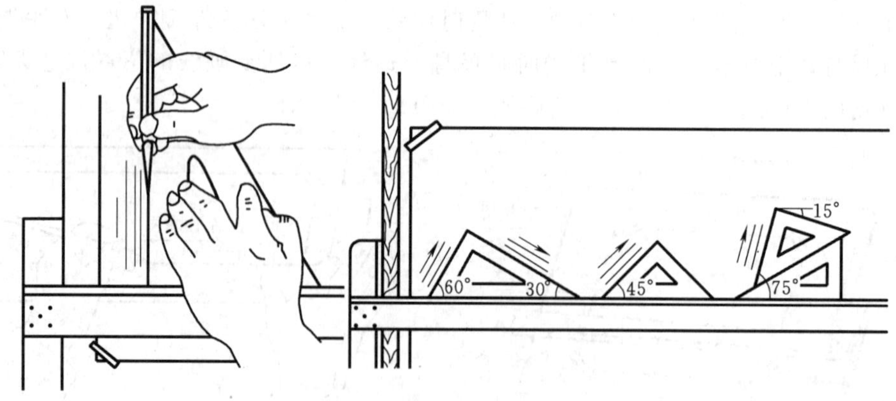

图1-4 用三角板画铅垂线和斜线

2）与丁字尺配合画15°倍角的斜线。一副三角板与丁字尺配合使用，可画出与水平线分别成15°、30°、45°、60°、75°等角度的斜线，如图1-5所示。

3）两块三角板配合画任意直线的平行线或垂直线。画线时其中一块三角板起定位作用，另一块三角板沿其定位边移动并画直线，如图1-6所示。

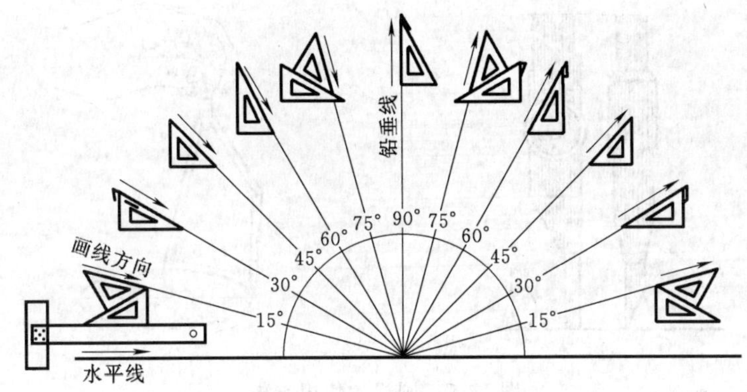

图 1-5 三角板与丁字尺配合画 15°倍角的斜线

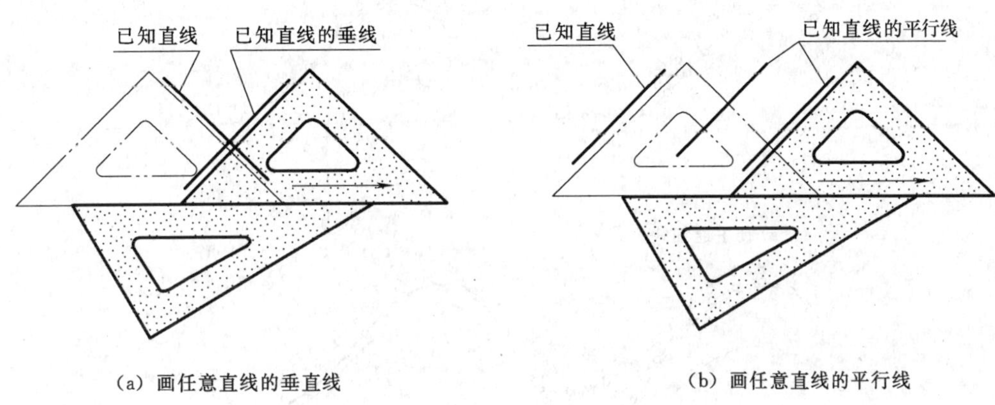

(a) 画任意直线的垂直线

(b) 画任意直线的平行线

图 1-6 两块三角板配合使用

三、圆规和曲线板

(1) 圆规。圆规是用于画圆及圆弧的。圆规一条腿下端装有带锥形台肩的钢针，用于定圆心，这种台肩式钢针画圆时扎孔深度约 0.5mm，圆规的另一条腿端部是可拆卸换装的铅芯插脚、鸭嘴插脚或针管笔、钢针插脚，分别绘制铅笔图、墨线图和作为分规来等分线段，延伸杆用于加长所画圆的半径。铅芯在画底稿时，应磨成截头圆柱或圆锥形，加深底稿时应削磨成扁平形。在画圆之前要校正铅芯与钢针的位置，即圆规两腿合拢时，铅芯要与钢针的台肩平齐。画圆时，先用圆规量取所画圆的半径，左手食指将针尖导入圆心位置，再用右手拇指和食指捏住圆规顶部手柄，顺时针方向旋转，速度和用力要均匀，并向前进方向自然倾斜，如图 1-7 所示。

(2) 曲线板。曲线板用于画非圆曲线，多用塑料或有机玻璃制成。用曲线板画曲线时，首先用几何作图方法定出曲线上一系列点，并徒手轻轻地用铅笔将各点用细实线连成曲线，如图 1-8 (a) 所示，然后在曲线板上选择与曲线吻合的部分，尽量多吻合一些点(不少于三个点)，从起点到终点按顺序分段描绘。描绘时应将吻合段的末尾留下一段暂不描绘，待下一段描绘时重合，以使曲线连接光滑，如图 1-8 (b)、(c)、(d) 所示。

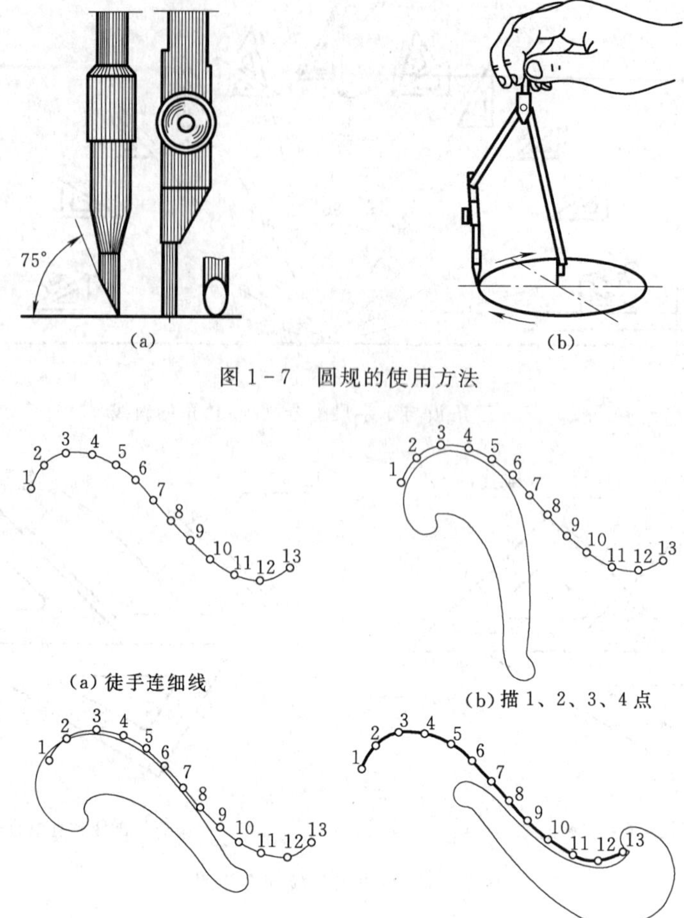

图 1-7 圆规的使用方法

图 1-8 曲线板的用法

四、橡皮擦和擦图片

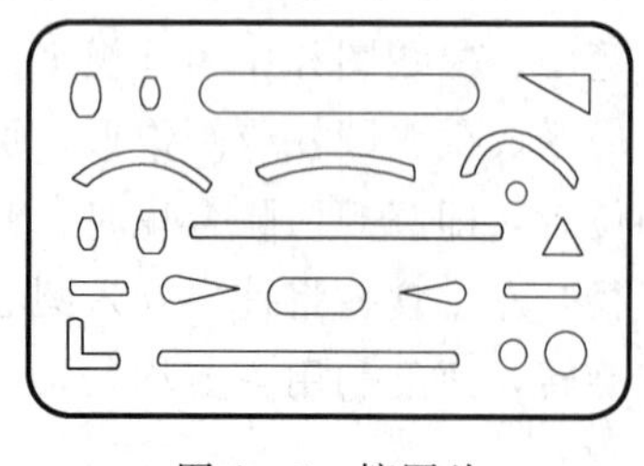

图 1-9 擦图片

(1) 橡皮擦。可分为擦拭铅笔线用和擦拭墨线用两种，在绘图过程中，橡皮擦是不可缺少的消耗品，它是用来擦拭画错、多余线条或其他内容，经常配合擦图片使用。

(2) 擦图片。由金属或塑料薄片制成，用来修改图中的错误。如图 1-9 所示，使用时，可用擦图片来掩盖需要的图线，将空格对准绘错或多余的图线，用橡皮擦去多余的线而保护其他部分的图线。

第二节 基本制图标准

图样是工程界的技术语言，为了便于生产和进行技术交流，使绘图和看图有一个共同的准则，必须对图样的画法、尺寸注法及其采用的符号（代号）等，有统一的规范，这个统一的规范就是制图标准。

我国于1999年颁布了国家标准《技术制图》（GB/T 17451—1998），国家标准简称“国标”，用代号“GB”表示。代号“GB/T”则表示推荐使用的国家标准。2013年水利部颁布了行业标准《水利水电工程制图标准》（SL 73—2013）。本节主要介绍图幅和图框、标题栏和会签栏、图线和比例、字体和尺寸注法等基本制图标准，其他有关标准将在后续章节中逐步介绍。

一、图纸幅面和格式、标题栏

1. 图幅

图纸幅面简称为图幅，即图纸的大小、规格。用图纸的短边×长边＝$B\times L$表示。为了便于图纸的保管和合理利用，制图标准对图纸的基本幅面规定了5种不同的尺寸，见表1-1。由表1-1可以看出，图纸幅面以A0、A1、A2、A3、A4为代号，各种基本图幅之间的关系，如图1-10所示。

表1-1　基本幅面及图框尺寸　　单位：mm

幅面代号	A0	A1	A2	A3	A4
$B\times L$	841×1189	594×841	420×594	297×420	210×297
e	20		10		
c	10			5	
a	25				

图幅在应用中，面积不够大时，根据要求允许在基本幅面的短边成整数倍加长，具体尺寸可参看有关的制图标准。

2. 图框

图框是图纸上限定绘图区域的线框，以便确定绘图范围。图形只能绘在图框以内。图框线应用粗实线绘制，粗实线（代号b）宽度见图线的规定。图框的格式有两种：

（1）非装订式。该格式在采用先进的绘图、晒图设备时，对绘图、复制、折叠、保管和使用都十分方便，应优先选用，如图1-11所示。

（2）装订式。该格式是附加装订边以满足使用上的习惯，如图1-12所示。图纸在使用中，一般是A4图幅长边置于垂直方向，其他图幅长边置于水平方向，如图1-11和图1-12所示。

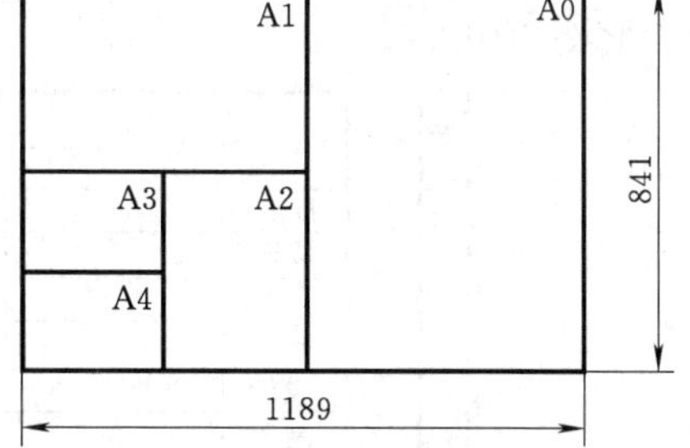

图1-10　各种基本图幅的关系

注意：有时为使图样复制和缩微摄影时定位方便，可在图纸各边中点处画约5mm长的对中粗实线。

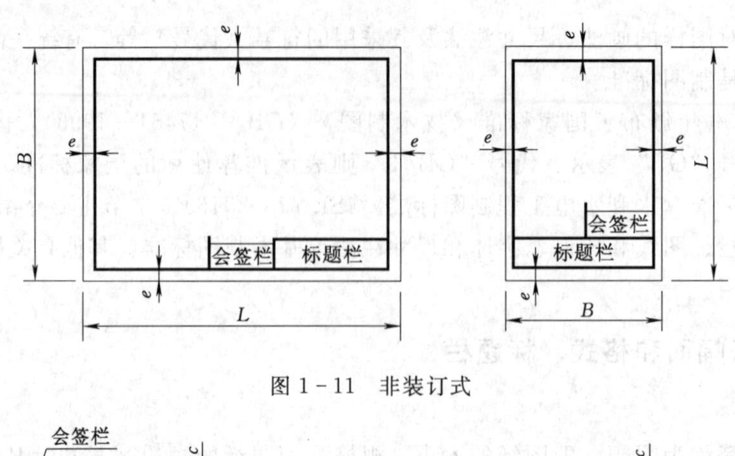

图 1-11 非装订式

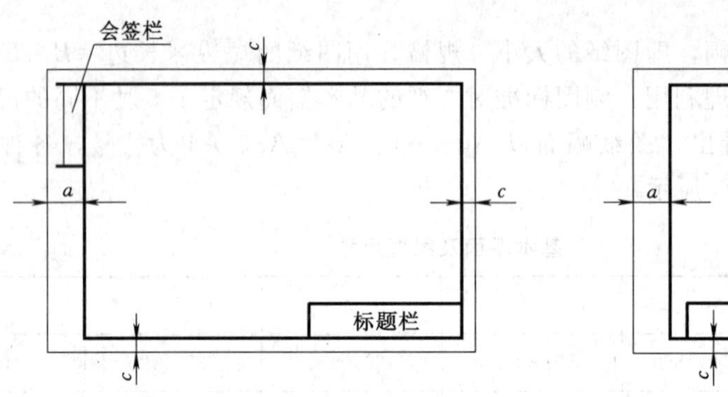

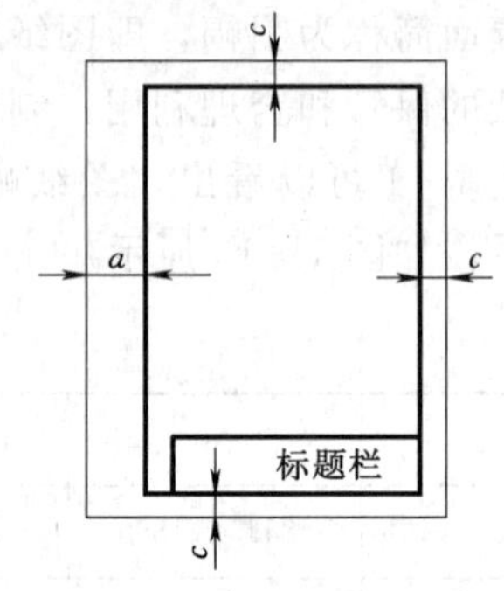

图 1-12 装订式

3. 标题栏和会签栏

(1) 标题栏是图样的重要内容之一，每张图纸都必须画出标题栏。图样中的标题栏（简称图标）应放在图纸右下角。标题栏的外框线为粗实线，标题栏的分格线为细实线。A0、A1 图幅可采用图 1-13 (a) 所示标题栏；A2～A4 图幅可采用图 1-13 (b) 所示标题栏。

标题栏中的字体，应按国标规定书写。校内作业建议采用图 1-14 (a) 所示的标题栏，涉外工程采用图 1-14 (b) 所示的标题栏，图名不超过 10 号字体，校名用 7 号字体，其余均用 5 号字体。

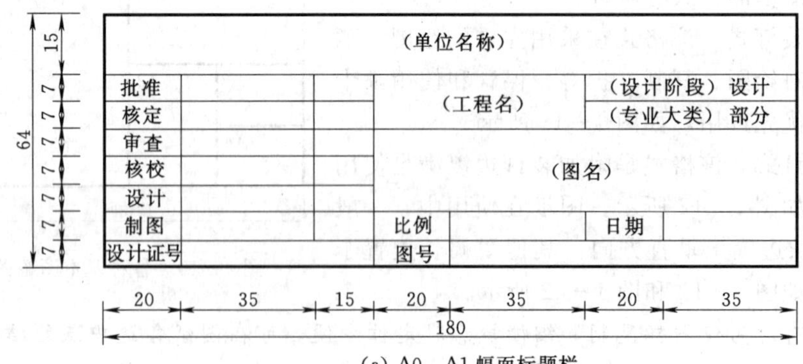

(a) A0、A1 幅面标题栏

图 1-13 (一) 标题栏格式、内容、尺寸

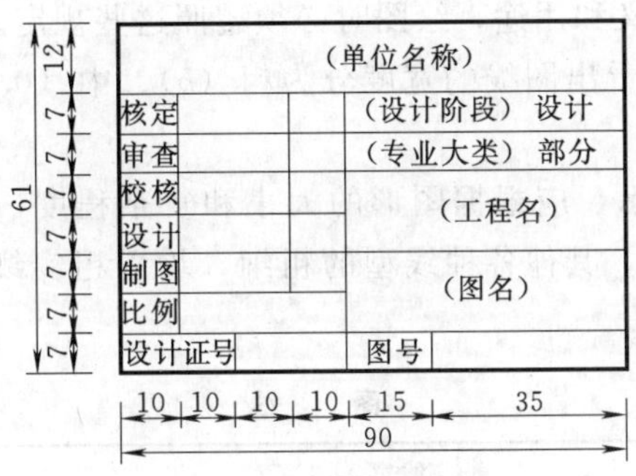

(b) A2～A4 幅面标题栏

图 1-13(二) 标题栏格式、内容、尺寸

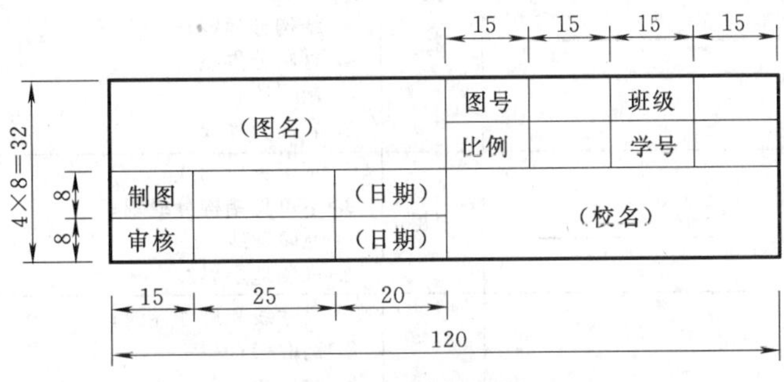

(a) 作业用标题栏

(单位名称) (COMPANY NAME)					
批准APPROVED			(工程名) (PROJECT)	设计 DESIGN	
核定VERIFIED				部分 SECTION	
审查EXAMINED			(图名) (DRAWING TITLE)		
校核CHECKED					
设计DESIGNED					
制图DRAWN			比例 SCALE	日期DATE	
设计证号D.C NO.			图号DRAWING NO.		

尺寸：20，7，7，7，7，7，7，7，63；35，25，10，25，10，20，25，30，180

(b) 涉外工程图标题栏

图 1-14 标题栏实例

(2) 会签栏如图 1-15 所示，会签栏是供各种设计负责人签署单位、姓名和日期的表格，内容、格式及尺寸应按该图式样绘制。会签栏的位置如图 1-11 和图 1-12 所示。不需会签的图纸，可不设会签栏。

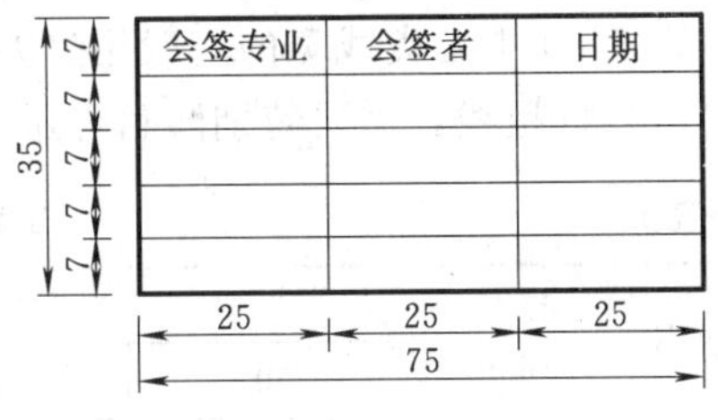

图 1-15 会签栏

二、图线

(一) 图线及其应用

为了使图样中所表达的内容主次分明，制图标准规定应采用各种不同型式和不同粗细

的线，分别表示不同的意义和用途，绘图时必须遵照这些规定。常用的几种线型的形式和用途见表1-2。从表中可看出图线的宽度分为粗（b）、中（$0.5b$）、细（$0.25b$），其宽度比率为4∶2∶1。

粗实线的宽度用b表示，应根据图形的大小和复杂程度，在0.5～2.0mm系列中选用。常用的b值为0.7mm，其他各种线型的粗细，均以粗实线的宽度b值按比率进行计算。具体要求参看表1-2。

表1-2　　图　线　　单位：mm

序号	图线名称	线型	线宽	一般用途
1	粗实线	b	粗	1. 可见轮廓线； 2. 钢筋； 3. 结构分缝线； 4. 材料分界线； 5. 断层线； 6. 岩性分界线
2	虚线	≈1　2～6	中粗	1. 不可见轮廓线； 2. 不可见结构分缝线； 3. 原轮廓线； 4. 推测地层界线
3	细实线		细	1. 尺寸线和尺寸界线； 2. 剖面线； 3. 示坡线； 4. 重合剖面的轮廓线； 5. 钢筋图的构件轮廓线； 6. 表格中的分格线； 7. 曲面上的素线； 8. 引出线
4	点画线	3～5　15～30	细	1. 中心线； 2. 轴线； 3. 对称线
5	双点画线	≈5　15～30	细	1. 原轮廓线； 2. 假想投影轮廓线； 3. 运动构件在极限位置；或中间位置的轮廓线
6	波浪线		细	1. 构件断裂处的边界线； 2. 局部剖视的边界线
7	折断线		细	1. 中断线； 2. 构件断裂处的边界线

表1-3中各类线宽的一般用途如下：

（1）特粗线：需要特别醒目显示的线条。

表1-3　　工程图样中常用的图线

线宽号	线宽/mm	图幅				
		A0	A1	A2	A3	A4
7	2.0	特粗线	特粗线			
6	1.4	加粗线	加粗线	特粗线	特粗线	
5	1.0	粗线（b）	粗线（b）	加粗线	加粗线	特粗线

续表

线宽号	线宽/mm	图幅				
		A0	A1	A2	A3	A4
4	0.7			粗线（b）	粗线（b）	加粗线
3	0.5	中粗线（$b/2$）	中粗线（$b/2$）			粗线（b）
2	0.35			中粗线（$b/2$）	中粗线（$b/2$）	
1	0.25	细线（$b/4$）	细线（$b/4$）			中粗线（$b/2$）
0	0.18			细线（$b/4$）	细线（$b/4$）	细线（$b/4$）

（2）加粗线：图纸内框线。

（3）粗线：

1）粗实线：外轮廓线、主要轮廓线、钢筋、结构分缝线、材料（地层）分界线、坡边线、断层、剖切符号、标题栏外框线。

2）粗点画线：有特殊要求的线或其表面的表示线。

3）粗双点画线：预应力钢筋。

（4）中粗线：

1）中粗实线：次要轮廓线、表格外框线、地形等高线中的计曲线。

2）虚线：不可见轮廓线、不可见过渡线或曲面交线、不可见结构分缝线、推测地层界限、不可见管线。

3）双点画线：扩建预留范围线、假想轮廓线轴线。

（5）细线：

1）细实线：尺寸线和尺寸界线、断面线、示坡线、曲面上的素线、钢筋图的构件轮廓线、重合断面轮廓线、引出线、折断线、波浪线（构件断裂边界线、视图分界线）、地形等高线中的首曲线、水位线、表格分格线、标题栏分格线、图纸外框线。

2）细点画线：轴线、中心线、对称中心线、轨迹线、节圆及节线、管线、电气图的围框线。

（6）所有文本均采用 0 号线宽、0 号线型。

注意：当 A0、A1 图幅中的线条或文字、数字很密集时，其线宽组合也可按 A2 图幅的规定执行。

各种图线应用举例如图 1－16 所示。

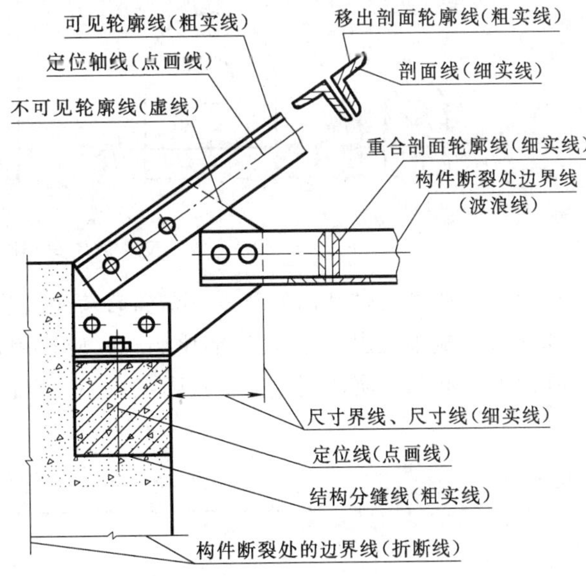

图 1－16　各种图线在工程图中的应用

(二) 图线的规定画法

(1) 同一张图纸上同类图线的宽度应基本一致。

(2) 同一张图纸上虚线、点画线的线段长度和间隔应大致相等。

(3) 点画线中的"点"不是小圆点，而是小短划，大约1mm长，点画线的首末端应是线段而不应该是点。

(4) 各种图线均应在线段处相交，不应交于线段空隙或点划线的"点"上，但虚线若为粗实线的延长线时，应在相接处留有空隙。

(5) 用点画线表示圆的中心线时，圆心应是线段的交点，点画线两端应超出圆弧3～5mm，当圆的直径小于10mm时，可用细实线代替点画线。

三、比例

图样中图形与其实物相对应的线性尺寸之比称为比例。比值为1时称原值比例（1∶1），即图形与实物同样大；比值大于1称放大比例，如2∶1，即图形是实物的两倍；比值小于1称缩小比例，如1∶2，即图形是实物的二分之一。图样上的比例只反映图形与实物大小的缩放关系，图中标注的尺寸数值应为实物的真实大小，与图样的比例无关。如图1-17所示，三个图形的大小不同，但标注的尺寸数字完全相同。即它们表达的是形状和大小完全相同的一个物体。

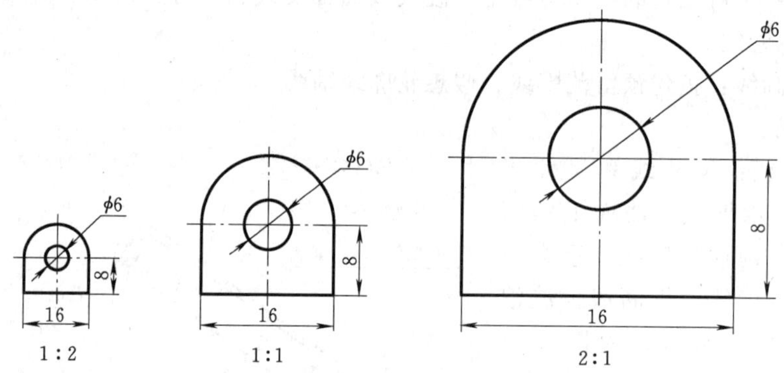

图1-17　尺寸数值与绘图比例无关

注意：不论采用何种比例绘图，标注的尺寸数值总是物体实际大小的尺寸数值。

绘图时，应采用表1-4规定的比例，并应选用表中常用的比例。

在图纸上必须注明比例，当整张图纸只用一种比例时，应统一注写在标题栏内，否则应区别注写。

表1-4　　**绘图比例**

种类	比例		
原值比例	1∶1		
放大比例	5∶1	2∶1	
	5×10^n∶1	2×10^n∶1	1×10^n∶1

续表

种类	比例			
缩小比例	1∶2	1∶5	1∶10	
	$1:2.5\times10^n$	$1:2\times10^n$	$1:5\times10^n$	$1:1\times10^n$

注 n 为正整数。

注意：当采用 1∶M 的缩小比例时，M 最好为 100 的整数倍。

四、字体

字体是图样中的重要内容。图样上除了绘制物体的图形外，还要用汉字填写标题栏、说明事项；用数字标注尺寸；用字母注写各种代号或符号。制图标准对图样中的汉字、数字、字母的字形和大小作了规定，并要求书写时必须做到：字体工整、笔画清楚、间隔均匀、排列整齐。

字体的高度即字体的号数（简称字号），用 h 表示。图样中字号分为 2.5、3.5、5、7、10、14、20 号七种，字高单位 mm。如果需要写更大的字，其字体高度应按 $\sqrt{2}$ 的比率递增，以便适应于计算机绘图中的操作。

注意：工程图中的“5 号”字不同于书刊中的“五号”字。工程图中的“5 号”字相当于书刊中的“四号”字高（4.93mm），而“五号”字的高为 3.7mm。弄清字号间的关系有助于 CAD 中的文本标注。

新颁布的制图标准中，对工程图样中各种图幅所采用的字号、字宽、字高作了详细的说明，详见表 1-5。

表 1-5　工程图样中图幅字号

字号	字高/mm	字宽/mm	图幅				
			A0	A1	A2	A3	A4
20	20	14	总标题				
14	14	10		总标题			
10	10	7	小标题		总标题		
7	7	5		小标题		总标题	
5	5	3.5	说明	说明	小标题	小标题	标题
3.5	3.5	2.5	数字、尺寸	数字、尺寸	说明	说明	
2.5	2.5	1.8			数字、尺寸	数字、尺寸	数字、尺寸、说明

注 当 A0、A1 图幅中的线条或文字、数字很密集时，其字号也可按 A2 图幅的规定执行。

1. 汉字

汉字应尽可能书写成长仿宋体，并应采用国家正式公布实施的简化字。字高应不小于 3.5mm。字宽宜为字高的 70%～80%。长仿宋体字的示例如图 1-18 所示。

长仿宋体字的特点是：笔画粗细一致，挺拔秀丽，易于硬笔书写，便于阅读。根据制图标准规定，长仿宋体字的基本笔画概括为八种，基本书写方法，见表 1-6。

10号

字体端正　笔画清楚　排列整齐　间隔均匀

7号

长仿宋最高低正常死水位板墩中边支柱平立剖总布置图厂房

坝闸施枢纽河流电墙护坡垫底层沉陷温度伸缩缝回填挖土

5号

技术要求对称不同轴垂线相交行径跳动弯曲形位移允许偏差内外左右检验数值范围应符合于等级精热处理

3.5号

弹簧花键联接可变换集散整流电压阻容器波导管钮子绝缘环真空泵阀门铸铁钢铜锌铬镍银锡硅塑料螺栓母钉双头密封垫片顶盖底座

图 1-18　长仿宋体字示例

表 1-6　　**长仿宋体基本笔画书写方法**

笔画名称	结构	运笔方法	字例	说　明
横			二下上丹	横宜平，可稍向上倾斜
竖			卜中川平	竖要直，不可倾斜
撇			月少方任千戈	起笔重而有锋，收笔渐细而尖
捺			公木造走长入	起笔细挺劲而渐粗，收笔转平轻轻回提，锋如刀刃
点			太寸宗江心点	点多为斜点，起笔细而渐粗，收笔回折成三角形，其他不同位置的点可略加变化
挑			物挑地刁	起笔重而有锋，挺劲斜上，收笔渐尖
钩			打消冗必民飞电元	钩乃附于其他笔画中，作为收尾，常转折上挑，形如鹤嘴
折			国日马晴回眼	系横与竖连笔形成，故转折片应兼有横的收笔和竖的起笔之特点

长仿宋体字的书写要领是：横平竖直、起落有锋、结构匀称、填满方格。

(1) 横平竖直。横笔基本水平，为书写方便允许稍微向右上方倾斜一点。竖笔必须铅直，要刚劲有力。

(2) 起落有锋。每一笔画的起笔收笔均呈三角形状或呈尖端。

(3) 结构匀称。笔画布局要均匀紧凑。根据每个字体的结构特点，恰当安排各组成部分所占的比例。下面分述长仿宋字的几种基本结构形式。

1）单不分。指不能拆分的独体字，如：水、木、尺、寸、大等。书写时笔画的长短与平直要安排匀称，重心要平稳。

2）竖重叠。指上下可分为两部分或三部分的字，如：鱼、架、量、审、盖等。书写时上下中心要对正，要上紧下松，注意下托上盖。

3）横排列。指左右可分为两部分或三部分的字，如：利、洞、坝、和、侧等。书写时左右中心应看齐，占格比例要适宜，偏旁位置需互让，笔画少的要上提。

4）多面围。指从几面去围住中间另一部分的字，如：习、区、图、圆、回等。书写时靠边直笔向里缩，被围部分居内中。

(4) 填满方格。为了使字体大小一致，初学者一定要按字号打好字格，然后书写。除多面围的字体外，一般的字体在书写时都要使主要笔画触及字格的4边，即填满方格。但是，切不可每一笔都顶满格。

长仿宋体字初练时宜用10号字，应特别注意起笔、运笔、收笔、转折，必须做到运笔流畅、笔锋突出。练字不能急于求成，要分三步进行：第一步先练基本笔画，第二步练偏旁部首，第三步练整字。只有多看多写，持之以恒，才能水到渠成。

2. 数字和字母

数字和字母可以写成竖笔铅直的直体，也可以写成竖笔与水平线成75°的斜体字。工程图样中常用斜体，如图1-19所示。

五、尺寸标注

标注尺寸是一项严肃认真的工作，应严格遵守国家标准中有关尺寸注法的规定，以保证尺寸标注的正确、清晰。

注意：标注尺寸的基本要求如下：

(1) 构件的真实大小应以图样上所注的尺寸数值为依据，与图形的大小及绘图的精确度无关。

(2) 图样中标注的尺寸单位，除标高、桩号及规划图（以公里为单位）、总布置图的尺寸以米为单位外，其余尺寸以毫米为单位，图中不必说明。若采用其他尺寸单位时，则必须在图纸中加以说明。

下面介绍尺寸标注的一般规则，关于物体及工程图样的尺寸注法，将在以后有关章节中分别介绍。

1. 尺寸组成

在图样上标注一个完整的尺寸一般包括尺寸界线、尺寸线、尺寸起止符和尺寸数字等四部分，如图1-20所示。

(1) 尺寸界线：用来限定所注尺寸的范图。用细实线绘制。一般自图形的轮廓线、轴线或中心线处引出，轮廓线、轴线或中心线也可作为尺寸界线。绘制尺寸界线时，引出线与轮廓线之间一般留有2～3mm的间隙。

(2) 尺寸线：用来表示尺寸的方向。用细实线绘制，其两端箭头应指到尺寸界线。图样中的轮廓线、轴线或中心线等其他图线及其延长线均不能作为尺寸线。

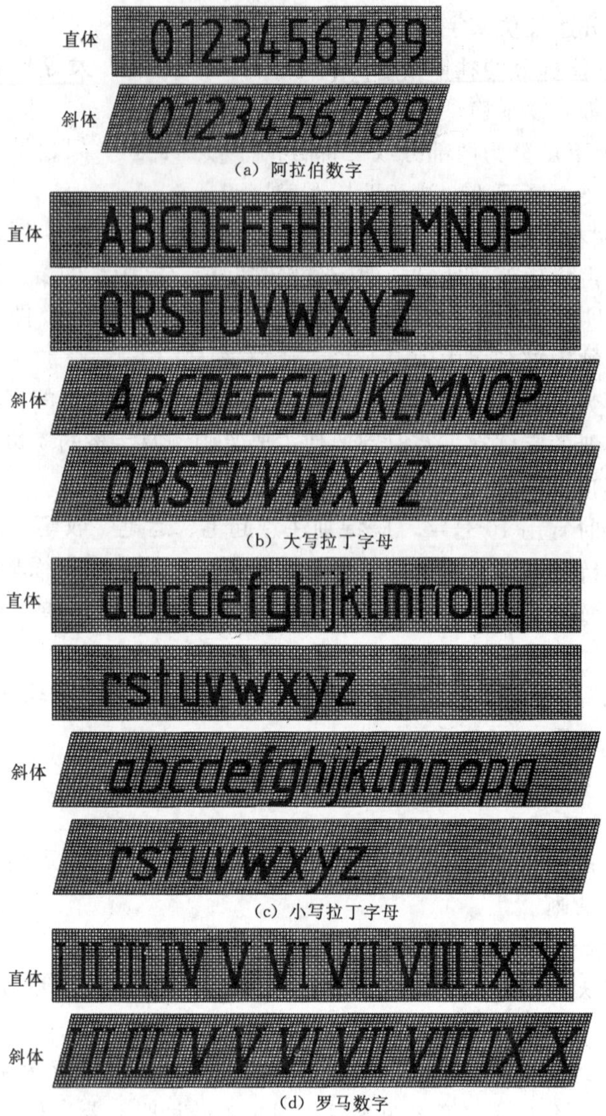

直体
0123456789
斜体
0123456789
(a) 阿拉伯数字
直体
ABCDEFGHIJKLMNOP
QRSTUVWXYZ
斜体
ABCDEFGHIJKLMNOP
QRSTUVWXYZ
(b) 大写拉丁字母
直体
abcdefghijklmnopq
rstuvwxyz
斜体
abcdefghijklmnopq
rstuvwxyz
(c) 小写拉丁字母
直体
I II III IV V VI VII VIII IX X
斜体
I II III IV V VI VII VIII IX X
(d) 罗马数字

图1-19 数字和字母示例

位置不够时引出标注
尺寸界线超过箭头2mm
30
R10
φ10
尺寸界线
箭头
尺寸线
40
尺寸数字
25
15
尺寸线间、尺寸线与轮
廓线间相距≥7mm
50

图1-20 尺寸的组成及标注示例

b
≈4b
(a)
h
45°
(b)

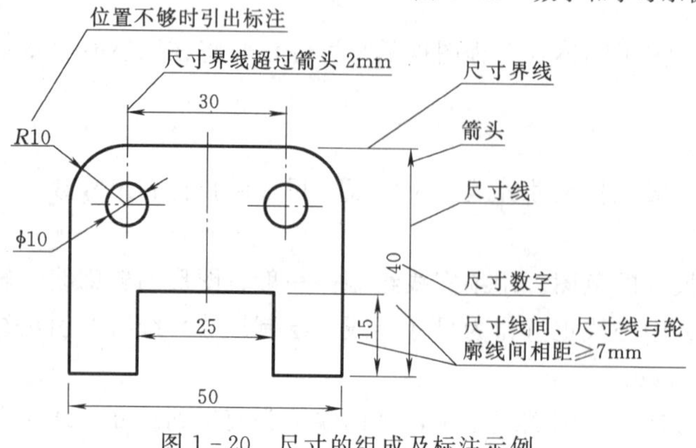

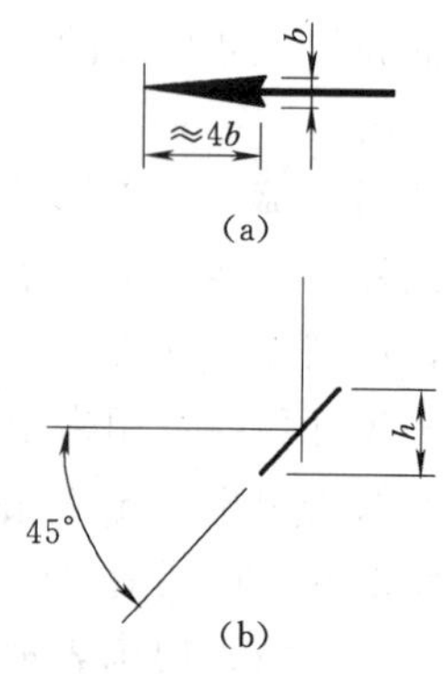

图1-21 箭头和45°斜线的画法

(3) 尺寸起止符号：采用箭头，其形式如图 1-21 (a) 所示；必要时可以用 45°的细短画线，其方向为尺寸界线顺时针转 45°长度为 3mm，如图 1-21 (b) 和图 1-17 所示。当尺寸线的两端采用 45°的细短画线时，尺寸线与尺寸界线必须垂直。

注意：标注圆弧半径、直径、角度、弧长时，尺寸起止两端一律采用箭头。

(4) 尺寸数字：用阿拉伯数字注写在尺寸线上方的中部（线性尺寸也允许注写在尺寸线的中断处）。水平方向尺寸数字的字头在上，铅直方向尺寸数字的字头在左，倾斜方向尺寸数字的字头要偏左上方或右上方，如图 1-22 所示。尽可能避免在如图 1-22 所示的 30°范图内标注尺寸，当无法避免时可按图 1-23 的形式标注。

尺寸数字不可被任何图线或符号所通过，当无法避免时，必须将其他图线或符号断开，如图 1-24 所示。

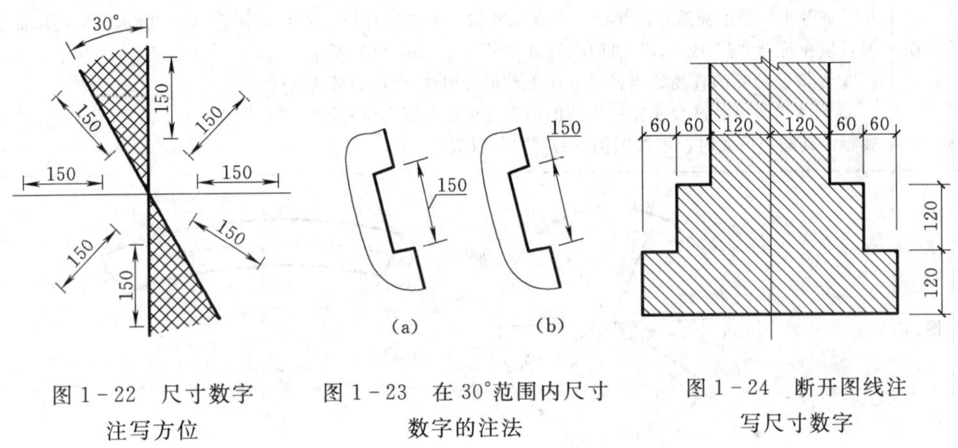

图 1-22 尺寸数字注写方位　　图 1-23 在 30°范围内尺寸数字的注法　　图 1-24 断开图线注写尺寸数字

2. 常见尺寸的标注方法

常见尺寸的标注方法见表 1-7。

表 1-7 常见尺寸的标注方法

线性尺寸注法	图例	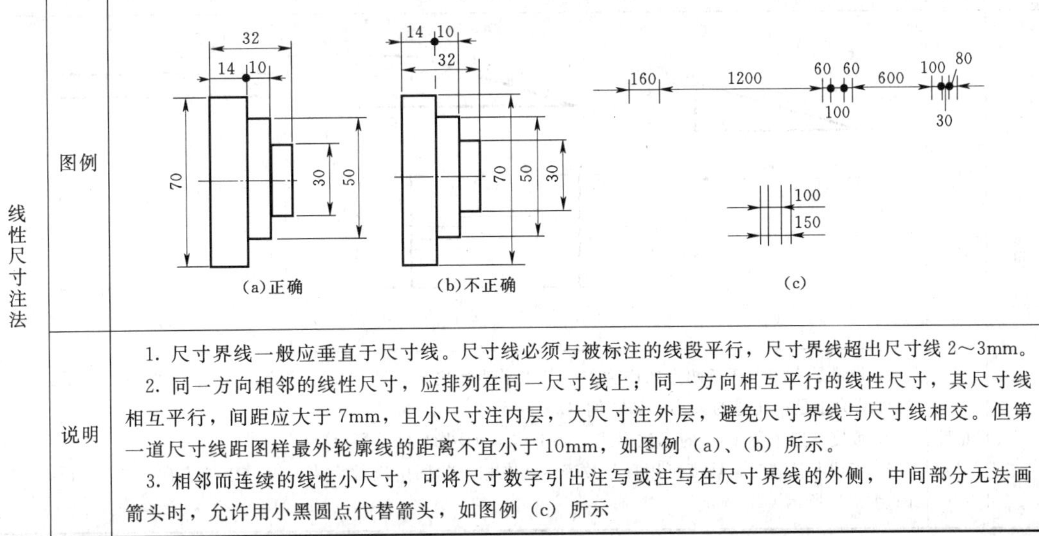
	说明	1. 尺寸界线一般应垂直于尺寸线。尺寸线必须与被标注的线段平行，尺寸界线超出尺寸线 2～3mm。 2. 同一方向相邻的线性尺寸，应排列在同一尺寸线上；同一方向相互平行的线性尺寸，其尺寸线相互平行，间距应大于 7mm，且小尺寸注内层，大尺寸注外层，避免尺寸界线与尺寸线相交。但第一道尺寸线距图样最外轮廓线的距离不宜小于 10mm，如图例 (a)、(b) 所示。 3. 相邻而连续的线性小尺寸，可将尺寸数字引出注写或注写在尺寸界线的外侧，中间部分无法画箭头时，允许用小黑圆点代替箭头，如图例 (c) 所示

续表

圆和圆弧尺寸注法	图例	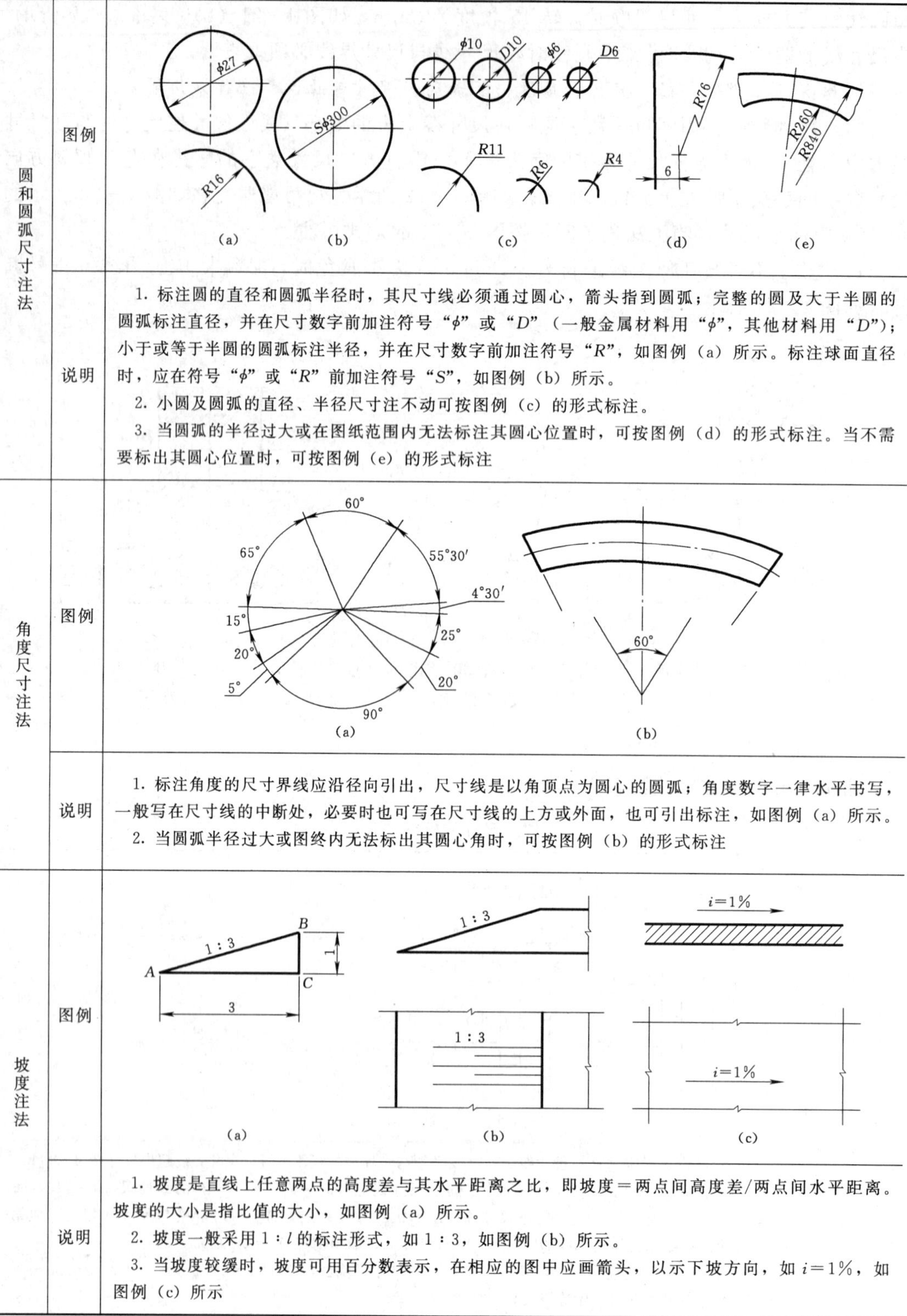 (a)　(b)　(c)　(d)　(e)
	说明	1. 标注圆的直径和圆弧半径时，其尺寸线必须通过圆心，箭头指到圆弧；完整的圆及大于半圆的圆弧标注直径，并在尺寸数字前加注符号“ϕ”或“D”（一般金属材料用“ϕ”，其他材料用“D”）；小于或等于半圆的圆弧标注半径，并在尺寸数字前加注符号“R”，如图例（a）所示。标注球面直径时，应在符号“ϕ”或“R”前加注符号“S”，如图例（b）所示。 2. 小圆及圆弧的直径、半径尺寸注不动可按图例（c）的形式标注。 3. 当圆弧的半径过大或在图纸范围内无法标注其圆心位置时，可按图例（d）的形式标注。当不需要标出其圆心位置时，可按图例（e）的形式标注
角度尺寸注法	图例	(a)　(b)
	说明	1. 标注角度的尺寸界线应沿径向引出，尺寸线是以角顶点为圆心的圆弧；角度数字一律水平书写，一般写在尺寸线的中断处，必要时也可写在尺寸线的上方或外面，也可引出标注，如图例（a）所示。 2. 当圆弧半径过大或图终内无法标出其圆心角时，可按图例（b）的形式标注
坡度注法	图例	(a)　(b)　(c)
	说明	1. 坡度是直线上任意两点的高度差与其水平距离之比，即坡度＝两点间高度差/两点间水平距离。坡度的大小是指比值的大小，如图例（a）所示。 2. 坡度一般采用1∶l的标注形式，如1∶3，如图例（b）所示。 3. 当坡度较缓时，坡度可用百分数表示，在相应的图中应画箭头，以示下坡方向，如$i=1\%$，如图例（c）所示

六、建筑材料图例

在剖视图和剖面图中，常需要根据建筑物所用的材料画出建筑材料图例，使图样中能够清楚地表示材料类别而便于生产和施工。工程上使用的建筑材料类别很多，表 1-8 为常用建筑材料图例。

表 1-8 常用建筑材料图例

序号	名称	图例	序号	名称	图例	序号	名称	图例
1	岩石	或	8	金属		14	玻璃透明材料	
			9	混凝土				
2	天然土壤		10	钢筋混凝土		15	条石 干砌	
3	夯实土						条石 浆砌	
4	回填土		11	二期混凝土				
5	黏土		12	砂、灰土、水泥砂浆		16	木材 纵剖面	
							木材 横剖面	
6	水、液体		13	块石 干砌		17	塑料、橡皮、沥青、填料	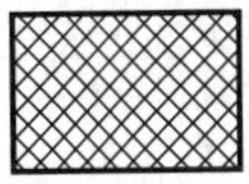
7	砖			块石 浆砌		18	灌浆帷幕	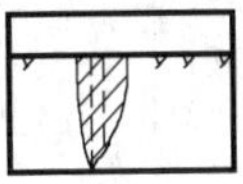

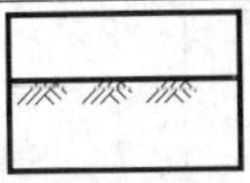

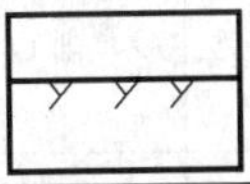

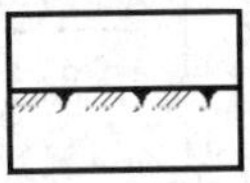

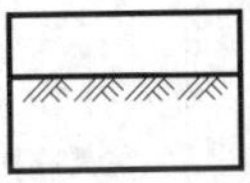

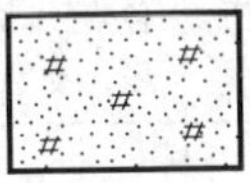

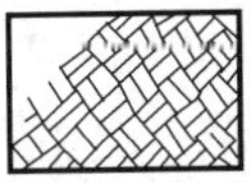

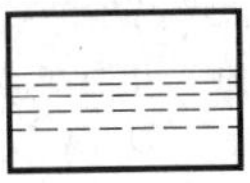

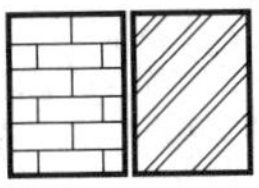

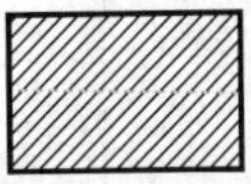

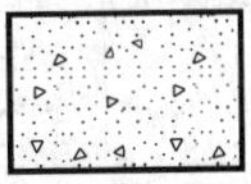

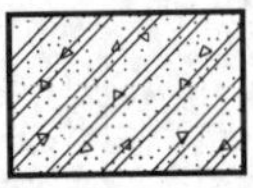

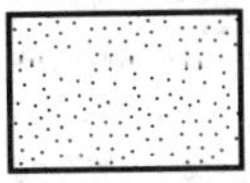

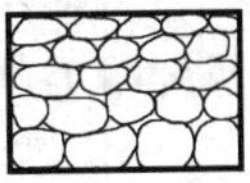

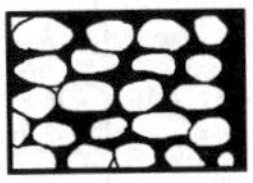

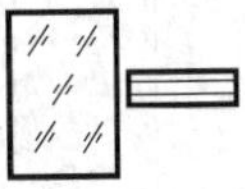

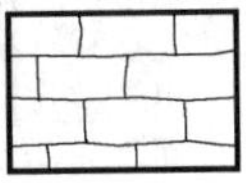

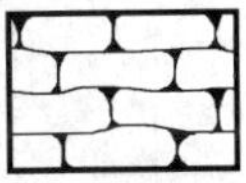

第三节 几 何 作 图

在工程图样中，尽管各种物体的结构和形状的复杂程度不同，但其图形轮廓都是由直线、圆弧和其他一些曲线组成的几何图形。因此，应掌握这些图形的作图方法和技巧，以提高绘图速度和质量。

一、等分线段及圆周

等分线段及圆周的方法见表 1－9。

表 1－9　　等分线段及圆周

<table>
<tr><td rowspan="2">等分线段</td><td rowspan="2">二等分</td><td> 1. 二已知线段 AB，试将其二等分</td><td> 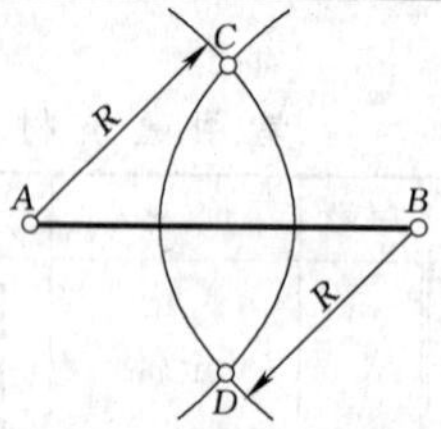2. 分别以 A、B 为圆心，以大于 AB/2 为半径作圆弧，交于 C、D 两点</td><td> 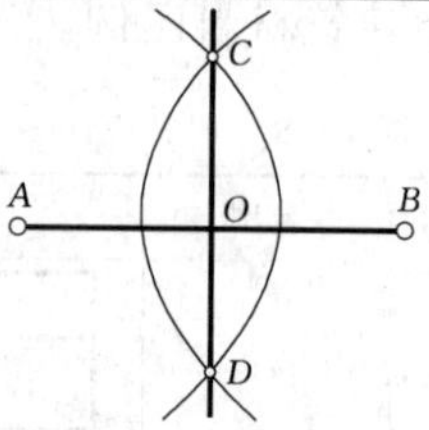3. 连接 CD 与 AB 相交于 O，则 OA=OB</td></tr>
<tr><td> 1. 作已知线段任意等分，以五等分为例</td><td> 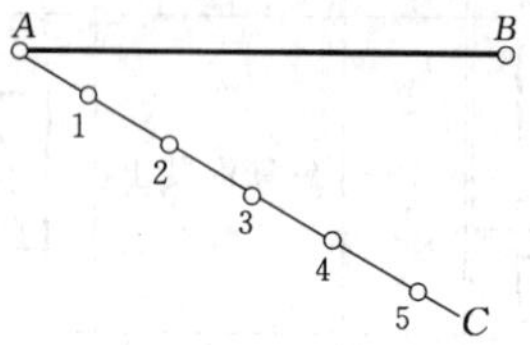2. 过 A 点作任意直线 AC，自 A 点起在 AC 直线上截取五等分，得 1、2、3、4、5</td><td> 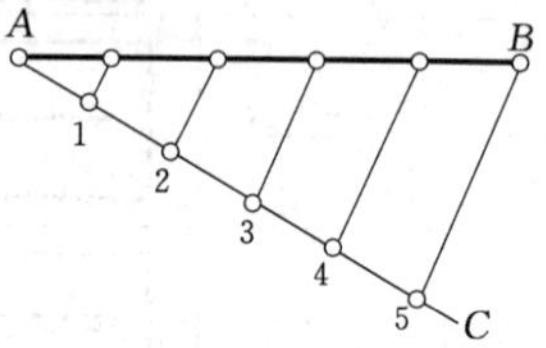3. 连接 B、5 两点，过其余各点分别作平行于 B5 的直线，交 AB 线段得四个等分点</td></tr>
<tr><td rowspan="2">等分圆周作正多边形</td><td>三等分及六等分</td><td> 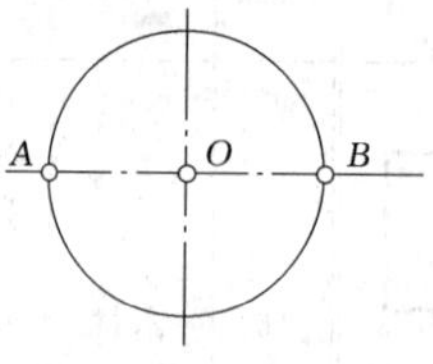1. 以 AB 为直径作圆</td><td> 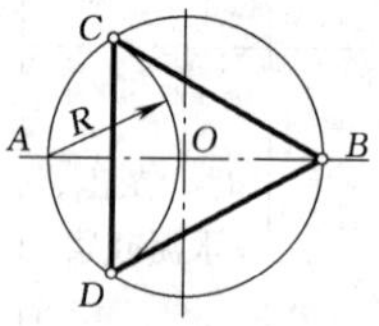2. 以 A 为圆心，以 AB/2 为半径，作圆弧与圆周相交于 C、D 两点，C、D、B 即为圆周的 3 个等分点，连接各点即为正三边形</td><td> 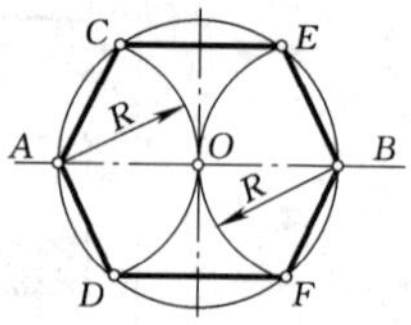3. 再以 B 点为圆心，以 AB/2 为半径，作圆弧与圆周相交 E、F 两点，连接 B、F、D、A、C、E 各点，即得所求正六边形</td></tr>
<tr><td>任意等分（以五等分为例）</td><td> 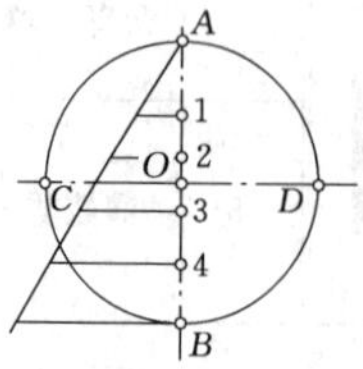1. 以 AB 为直径作圆，等分直径为五分，得 1、2、3、4 各点</td><td> 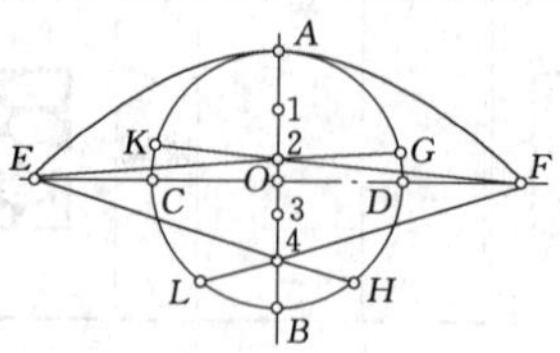2. 以 B（或 A）为圆心，AB 为半径作圆弧与 CD 的延长线相交于 E、F 两点，由 E、F 两点分别与直径 AB 上的偶数（或奇数）等分点 2、4 连接，并延长与圆周相交于 G、H、K、L 四点</td><td> 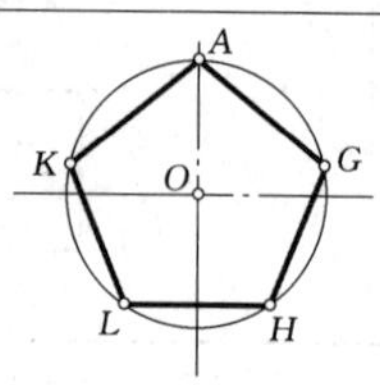3. 连接 AK、KL、LH、HG、GA 即得正五边形</td></tr>
</table>

二、圆弧连接

绘制图样时，经常需要用一段圆弧光滑地连接相邻两已知线段。这种用一圆弧光滑地连接两线段的作图方法称为圆弧连接。圆弧连接的关键在于找准切点，圆弧连接的基本形式有三种，其作图方法见表 1－10。

表 1－10　　圆弧连接的基本形式

连接形式	已知条件和作图要求	作图方法	
		求连接圆弧圆心和切点	画连接圆弧
用圆弧连接两已知直线	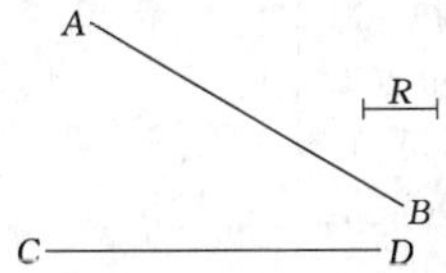 已知：直线 AB、CD 和连接圆弧半径 R 求作：作连接圆弧连接两已知直线	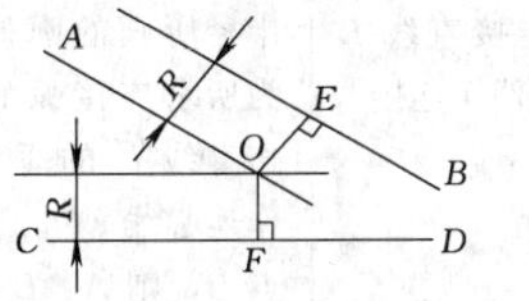 以 R 为间距求作 AB、CD 的平行线，两平行线之交点 O 即为所求连接圆弧圆心。自向 O 向 AB、CD 作垂线，求得垂足 E、F 即为切点	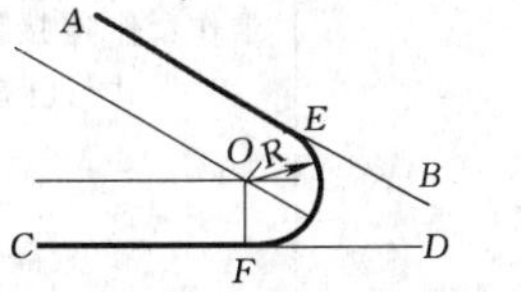 以 O 为圆心，以 R 为半径，作圆弧连接 E、F 两点
用圆弧连接两已知圆弧 外切连接	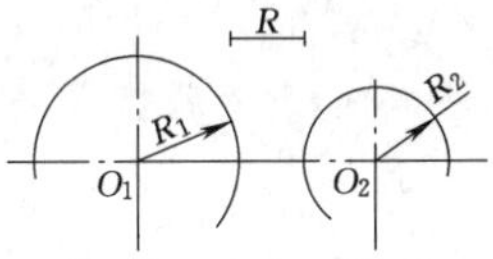 已知：两圆弧的圆心 O_1、O_2，半径 R_1、R_2，连接圆弧半径 R 求作：作连接圆弧与两已知圆弧外边连接	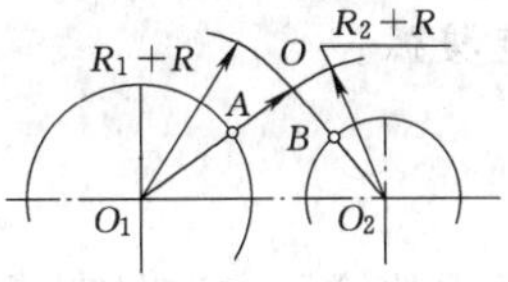 以 O_1、O_2 为圆心，以 R_1+R、R_2+R 为半径，各作一圆弧，两圆弧并点 O 即为所求连接弧圆心。作连心线 OO_1 和 OO_2，分别交两已知圆弧于 A、B 点，A、B 即为切点	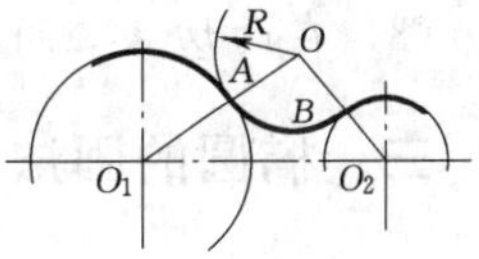 以 O 为圆心，以 R 为半径，作圆弧连接 A、B 两点
用圆弧连接两已知圆弧 内切连接	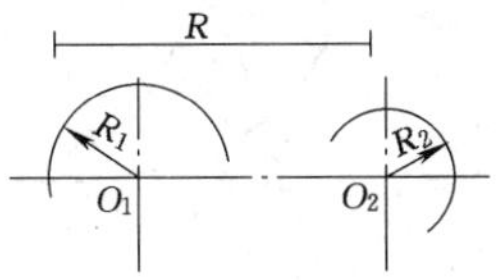 已知：两圆弧圆心 O_1、O_2，半径 R_1、R_2，连接圆弧半径 R 求作：作连接圆弧与两已知圆弧内切连接	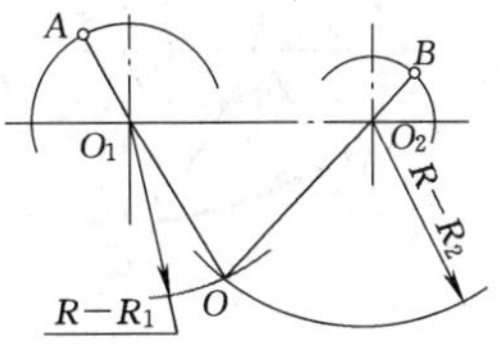 以 O_1、O_2 为圆心，以 $R-R_1$、$R-R_2$ 为半径各作一圆弧，两圆弧交点 O 即为所求连接圆弧圆心。作连心线 OO_1，和 OO_2，分别交两已知弧于 A、B 点，A、B 点即为切点	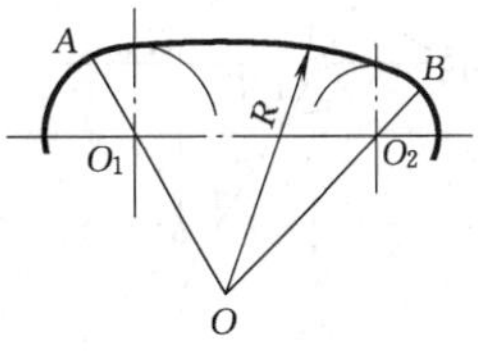 以 O 为圆心，以 R 为半径，作圆弧连接 A、B 两点

续表

连接形式	已知条件和作图要求	作图方法	
		求连接圆弧圆心和切点	画连接圆弧
用圆弧连接一直线和一圆弧	已知：直线 L，圆弧圆心 O_1，半径 R_1，连接弧半径 R 求作：作连接圆弧连接直线 L 并与已知圆弧外切连接	以 R 为间距求作直线 L 的平行线与以 O_1 为圆心、R_1+R 为半径所画的圆弧交于点 O，即为所求连接弧的圆心。由点 O 作直线 L 的垂线，得垂足 A。作连心线 OO_1，与圆弧 O_1 交于点 B，则 A、B 点即为切点	以 O 为圆心，R 为半径，作圆弧连接 A、B 两点

注意：圆弧连接的实质，就是使连接圆弧与相邻的已知线段相切，以达到光滑连接的目的。因此，圆弧连接的作图步骤可归结如下：

（1）求连接圆弧的圆心。

（2）找出连接点即切点的位置。

（3）在两切点之间画出连接弧。

三、椭圆的画法

椭圆是非圆闭合曲线，常用的绘制方法是四圆心法。所谓四圆心法就是用四段圆弧光滑连接成近似椭圆的方法。

如图 1－25 所示，已知椭圆的长、短轴 AB 和 CD，用四圆心法作椭圆。

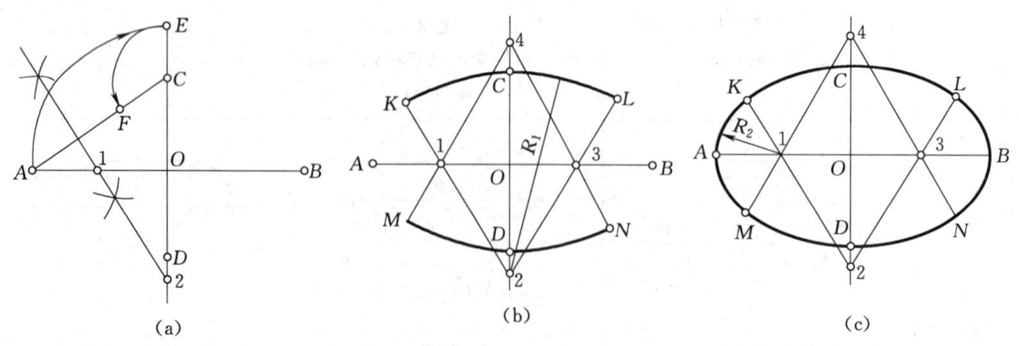

图 1－25　四圆心法画近似椭圆

（1）连接 AC，以 O 为圆心，OA 为半径作圆弧，交 CD 的延长线于 E 点。再以 C 为圆心，CE 为半径画圆弧交 AC 于点 F；作 AF 的中垂线，交长轴于 1 点，交短轴或短轴的延长线于 2 点，如图 1－25（a）所示。

(2) 作 1 和 2 的对称点 3 和 4，即得四段圆弧的圆心；将四个圆心点两两相连，并适当延长，得四段圆弧的分界线，如图 1－25（b）所示。

(3) 分别以 2、4 为圆心，$R_1=2C$ 为半径画圆弧，并与各延长线分别交于 K、L、M、N 四点，这四点就是各段圆弧的连接点（切点），如图 1－25（b）所示。

(4) 分别以 1 点和 3 点为圆心，以 $R_2=1A$ 为半径，作两个小圆弧分别交于 K、L、M、N 四点，即得近似椭圆，如图 1－25（c）所示。

第四节　平面图形的分析

平面图形是由许多线段连接而成的，画图前可对图形进行尺寸分析和线段分析，以便明确平面图形的画图步骤，准确快速地画出图形，并标注完整的尺寸。

一、平面图形的尺寸分析

平面图形中的尺寸，按其作用可分为两类：

(1) 定形尺寸：用于确定线段的长度、圆弧的直径（或半径）和角度大小等的尺寸，称为定形尺寸。如图 1－27 中的 50、20、R10、60°等。

(2) 定位尺寸：用于确定线段在平面图形中所处位置的尺寸，称为定位尺寸，如图 1－26 中的 30、21 等。

定位尺寸通常以图形的对称线、中心线或某一轮廓线作为标注尺寸的起点，这些起点被称为尺寸基准。如图 1－27 中两圆的水平方向定位尺寸 30 是以对称线作为基准的，高度方向的定位尺寸 21 则是以底部轮廓线作为基准。

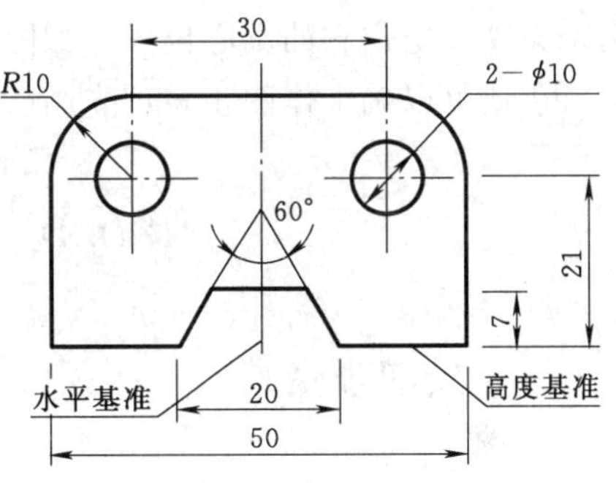

图 1－26　平面图形的尺寸分析

二、平面图形的线段分析

平面图形中的线段（直线或圆弧），根据其定位尺寸的完整与否，可分为三类（因为直线连接的作图比较简单，所以这里只讲圆弧连接的作图问题）：

(1) 已知线段：定形尺寸和定位尺寸齐全的线段。如图 1－27（a）中的 R8 的圆弧，其圆心位置已经确定，能直接画出为已知线段，如图 1－27（b）所示。

(2) 中间线段：有定形尺寸，但缺少一个定位尺寸，且该定位尺寸是由连接条件来确定的线段。如图 1－27（a）中的 R50 圆弧，它只有一个方向的定位尺寸，如图 1－27（c）中的 50，另一定位尺寸要借助与 R8 已知圆弧的连接来确定，为中间线段，如图 1－27（c）所示。

(3) 连接线段：缺少定位尺寸，需要与两端相邻线段连接的条件才能确定位置的线段。如图 1－27（a）中的 R30 圆弧，是由过线段（长 8）的右端和与 R50 圆弧相连接的

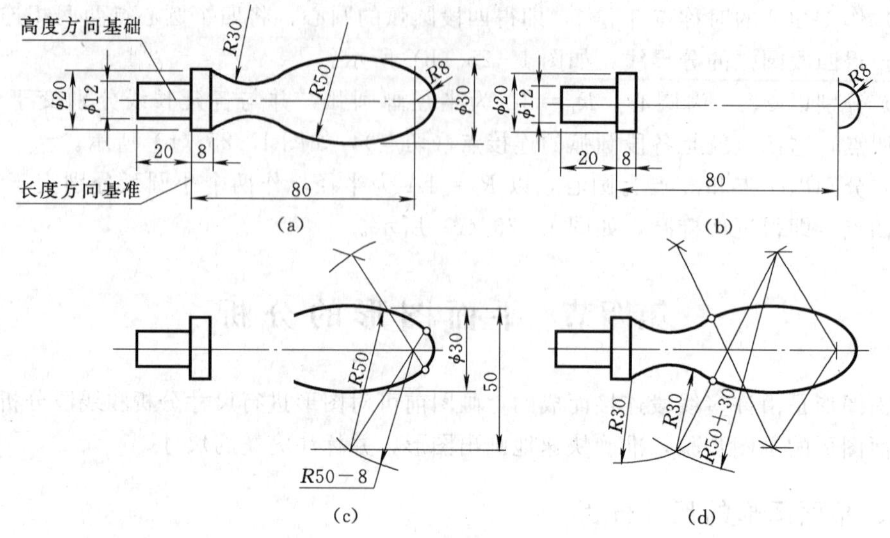

图 1－27　平面图形的线段分析

两个条件来确定它的圆心位置，如图 1－27（d）所示。

由此可以确定作图步骤：先画已知线段，再画中间线段，最后画连接线段。

第五节　绘图步骤与方法

一、绘图步骤

（1）画基准线。

（2）画已知线段。

（3）画中间线段。

（4）最后画连接线段。图 1－27 所示为手柄的绘图步骤。

二、绘图方法

1. 准备

（1）阅读有关资料，了解所画图样的内容和要求，做到心中有数。

（2）擦净制图仪器和工具摆放在绘图桌的搁物板上，便于取用。削好各种硬度的铅笔和圆规用铅芯备用。

（3）按要求选择图纸幅面，然后用胶带纸将图纸固定在图板的适当位置。图纸要摆正放平，并使图纸下边缘距离图板下缘宽于一个丁字尺的尺身。

2. 画底稿

（1）先用 H 或 2H 铅笔按标准规定，轻而细地画出图框及标题栏。

（2）确定比例，布置图形，画出各图形的基准线，使各图形在图框内布置均匀。

（3）按先已知线段，再中间线段，最后连接线段的步骤，依次画出各平面图形。

（4）画尺寸界线和尺寸线。

3. 检查加深

（1）检查。仔细检查图形底稿及尺寸有无错误、遗漏、擦去多余的作图线，将底稿清理干净。

（2）加深。加深粗实线用 HB 铅笔，用 H 铅笔加深细线和写字。圆规加深所用铅芯应比加深粗实线的铅笔软一号，用 B 铅芯。同类图线要一起加深，使图线粗、浓淡保持一致，并提高绘图速度。加深图线的顺序是：先粗线后细线：先曲线后直线；先小圆（或圆弧）再大圆（或圆弧）；

（3）标注。画尺寸起止符号和注写数字（一次完成）；填写说明文字和标题栏；加深图框和标题栏框；完成全图。

一幅高质量的图样，应作图准确，图形布置匀称，图线粗细分明，尺寸排列美观易读，数字、字母和文字书写清晰规范，同字号字体大小一致，图面干净整洁。

第二章　点、直线、平面的投影

了解投影的基本概念和分类，理解正投影的基本原理，掌握点线面的投影特性和三视图的形成及其投影规律，是画法几何的基本内容。

第一节　投　影　方　法

一、投影的概念

物体在阳光或灯光的照射下，在地面或墙面上会产生影子，这就是投影现象。人们在长期的生产实践中，将物体与影子之间的关系经过科学的抽象、总结，从而形成了投影法。工程界广泛采用投影的方法表达物体，以实现三维物体与二维图形的相互转换。

如图 2－1（a）所示，影子只反映物体的最外形轮廓；而投影则须按投影法原理，把物体的所有内外表面轮廓全部显示出来，如图 2－1（b）所示。

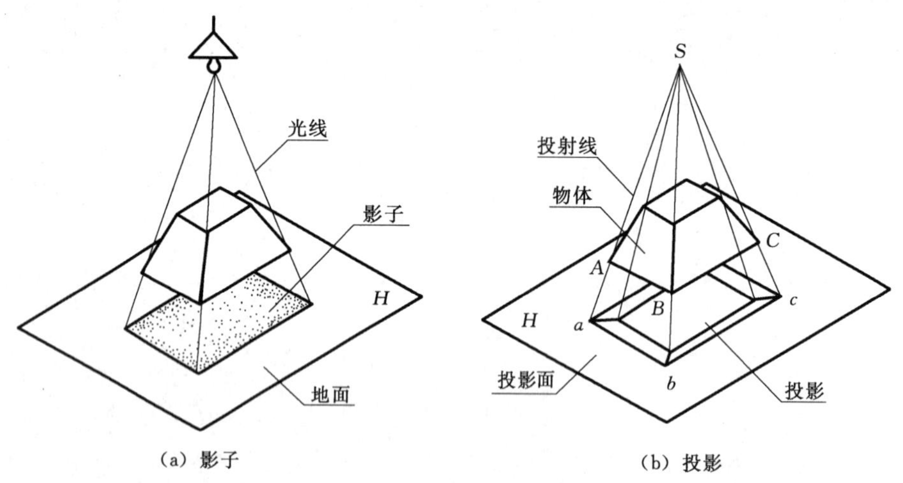

图 2－1　影子和投影

投影法就是投影线通过物体向选定的投影面投射，并在该面上得到图形的方法。

投影（投影图）就是根据投影法，通过物体的一组投射线向投影面投射，在投影面上得到的图形，称为物体在该投影面上的投影。

投影面是在投影法中得到投影的平面。

产生投影时必须具备的三个基本条件是投影线、被投影的物体和投影面。

注意：工程制图中的投影与物体的影子是有区别的，投影必须按投影法原理，把物体的所有内外表面轮廓全部表示出来，影子则只需反映物体的外形轮廓。

二、投影法的分类

根据投射线的类型（平行或交汇）、投射线与投影面的相对位置（垂直或倾斜）的不同，投影法分为以下两类。

1. 中心投影法

投射线汇交于一点的投影法为中心投影法。汇交点用 S 表示，称为**投射中心**，如图 2－2 所示。采用中心投影法绘制的图形一般不反应物体的真实大小，但立体感好，多用于绘制建筑物的透视图。

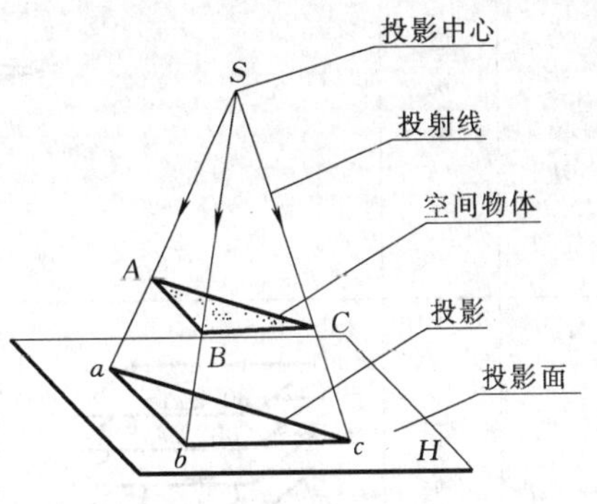

图 2－2 中心投影法

2. 平行投影法

投射线相互平行的投影法为平行投影法。用平行投影法投影所得到的图形称为平行投影，如图2－3所示。

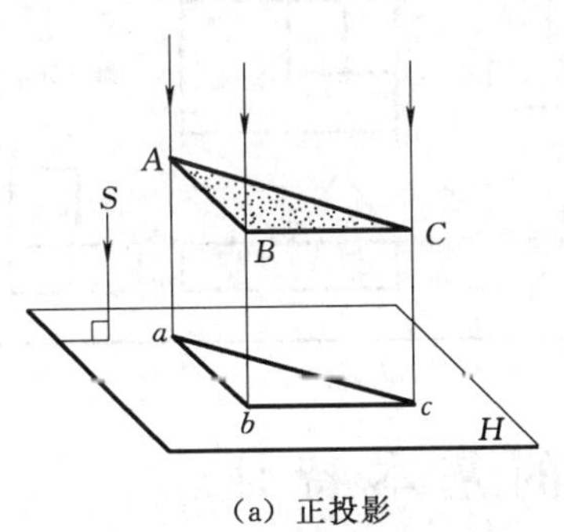

(a) 正投影

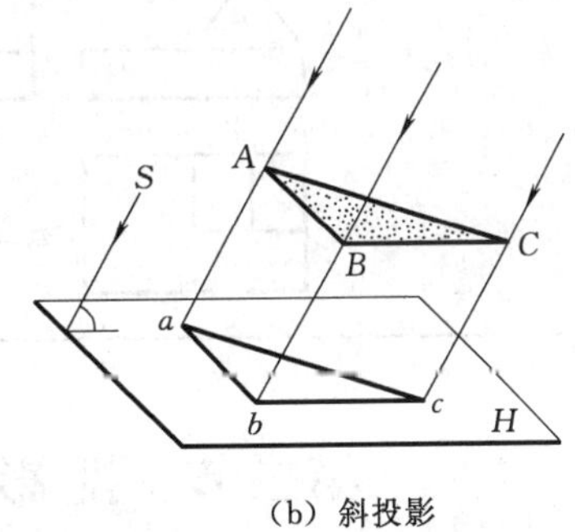

(b) 斜投影

图 2－3 平行投影法

在平行投影法中，根据投射线与投影面的倾角不同，又可分为两种：

投射线垂直于投影面的平行投影法称为**正投影法**；由正投影法得到的投影为**正投影**，如图 2－3 (a) 所示。

投射线倾斜于投影面的平行投影法称为**斜投影法**；由斜投影法得到的投影为**斜投影**，如图 2－3 (b) 所示。

采用正投影法绘制图样时，若将几何元素平行于投影面，其投影可以反映它的真实形状和大小，不仅作图方便，而且度量性好。故工程图样广泛采用正投影法来绘制。

注意：本课程中若无特殊说明，所述“投影”均指“正投影”。

三、常见的图样

工程上常用的投影图有透视图、标高投影图、轴测投影图和多面正投影图，见表 2－1。

表 2－1　　**工程上常用的投影图**

类型		图　例		
中心投影法	透视图	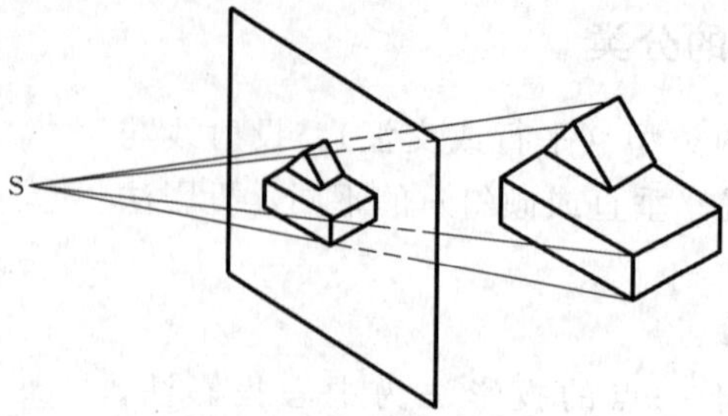 S		
平行投影法	标高图	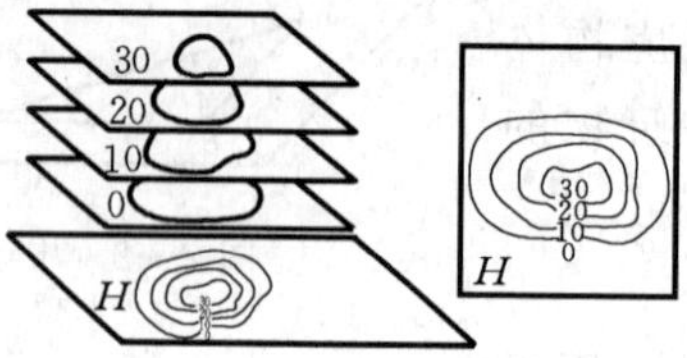 30 20 10 0 H	轴测图	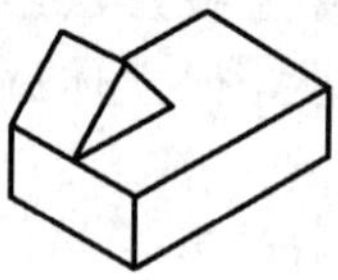
	三视图	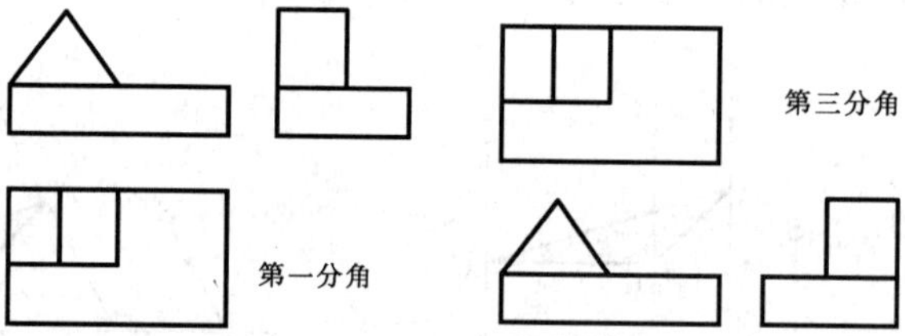 第三分角 第一分角		

第二节　投影的基本特性

一、真实性

平行于投影面的直线段或平面图形，在该投影面上的投影反映线段的实长或平面图形的实形，这种投影特性称为真实性，如图 2－4 所示。

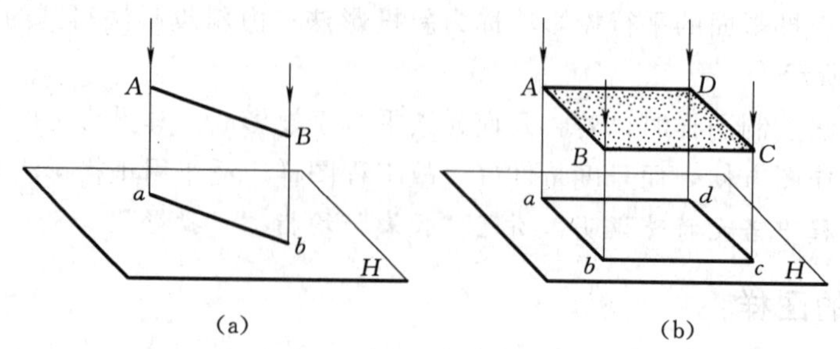

图 2－4　直线、平面平行投影面时的投影

二、积聚性

垂直于投影面的直线段或平面图形，在该投影面上的投影积聚成一点或一条直线，这种投影特性称为积聚性，如图 2-5 所示。

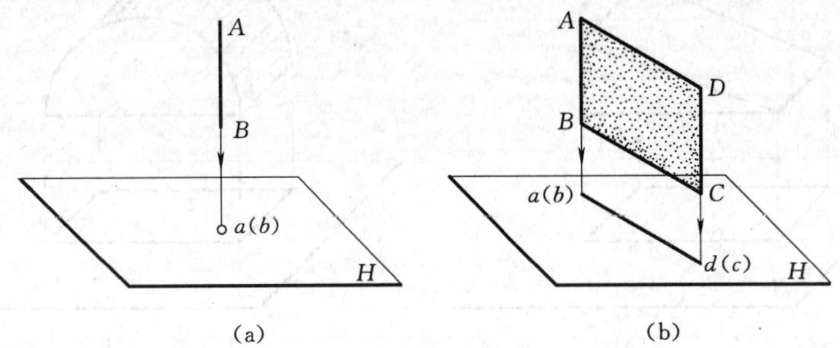

图 2-5 直线、平面垂直投影面时的投影

三、类似性

倾斜于投影面的直线段或平面图形，在该投影面上的投影长度变短或是一个比实形小，但形状近似、边数相等的图形，这种投影特性称为类似性，如图 2-6 所示。

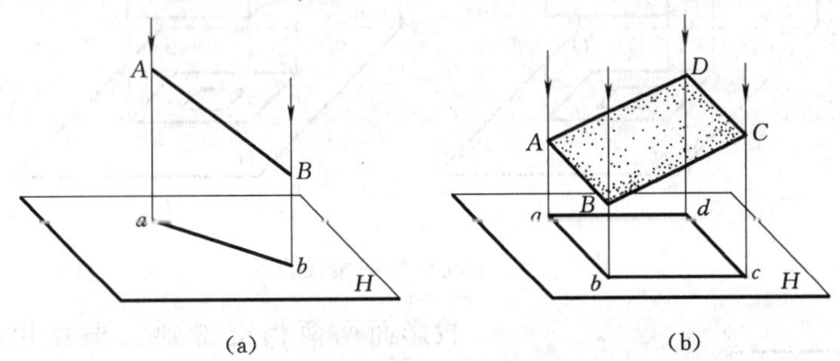

图 2-6 直线、平面倾斜投影面时的投影

点的投影仍然是点，因为点只有位置的区别，而无大小的区别。但其投影很重要，对直线和平面的投影都可归结为点（端点或角顶点）的投影。

第三节 物体的三视图

一、三视图的形成

1. 投影面的设立

如图 2-7 和图 2-8 所示，不同形状的物体，它们在同一投影面上的投影是相同的。说明在一般情况下，只凭物体一个或两个投影不能完全确定物体的形状。要反映物体的完整形状，通常需用三个投影，制图中称为三视图。为此，设置三个互相垂直的平面作为投影面，形成如图 2-9 所示的三面投影体系。其中：

正立投影面简称正立面，用字母“V”标记。

水平投影面简称水平面，用字母“H”标记。

侧立投影面简称侧立面，用字母“W”标记。

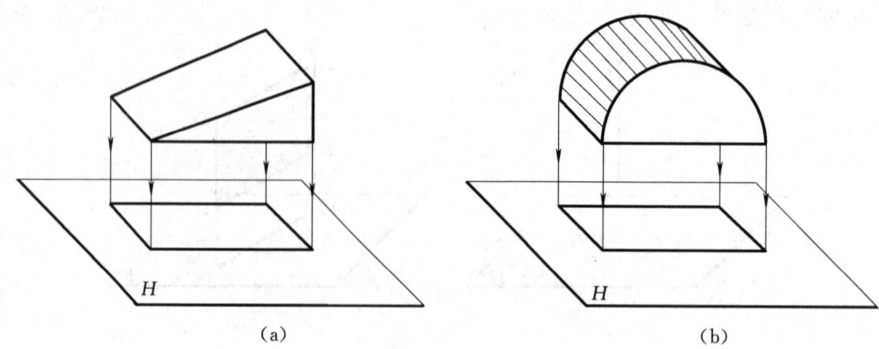

图 2-7　三棱柱及半圆柱的单面投影

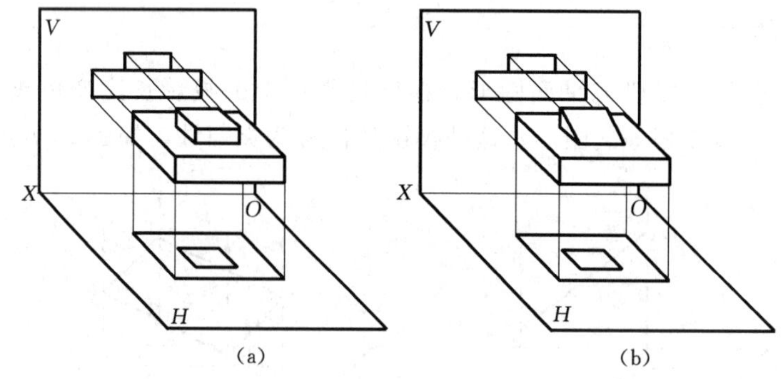

图 2-8　不同形体的两面投影

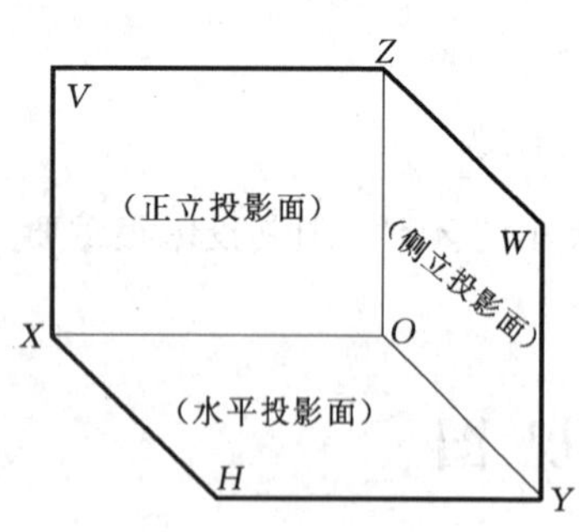

图 2-9　三面投影体系

投影面两两相交得到三根互相垂直的投影轴 OX、OY 和 OZ。三根轴的交点 O 称为原点。

2. 分面进行投影

如图 2-10（a）所示，现将被投影的物体置于三投影面体系中，并尽可能使物体的几个主要表面平行或垂直于其中的一个或几个投影面（使物体的底面平行于“H”面，物体的前、后端面平行于“V”面，物体的左、右端面平行于“W”面），以利于视图能反映物体的真实形状。保持物体的位置不变，将物体分别向三个投影面作投影，就得到了物体的三视图。其中：

主视图：物体在正立面上的投影，即从前向后看物体所画的视图。

俯视图：物体在水平面上的投影，即从上向下看物体所画的视图。

左视图：物体在侧立面上的投影，即从左向右看物体所画的视图。

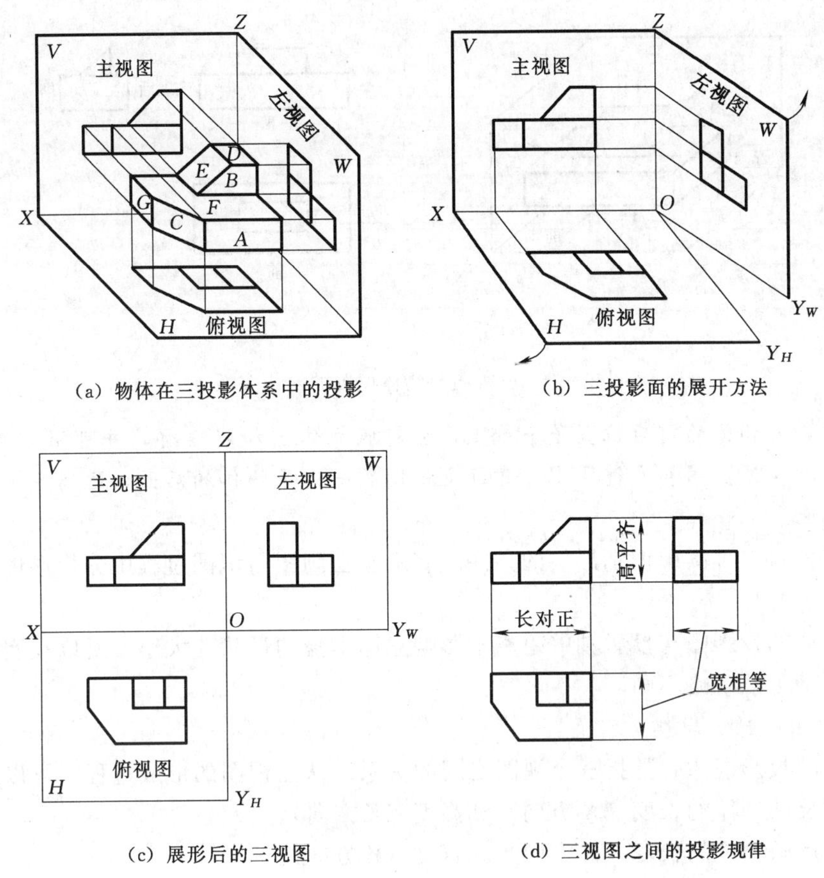

(a) 物体在三投影体系中的投影　(b) 三投影面的展开方法

(c) 展形后的三视图　(d) 三视图之间的投影规律

图 2-10　三视图的形成及投影规律

3. 三投影面的展开

为使三个视图位于同一平面上，需将互相垂直的三个投影面展开成一个平面。方法如图 2-10 (b) 所示：V 面不动，H 面绕 OX 轴向下旋转 90°，W 面绕 OZ 轴向右旋转 90°，使它们与 V 面在同一个平面内。这时 Y 轴被一分为二，随 H 面转至下方的标记为 Y_H，随 W 面转至右方的标记为 Y_W，展开后的三视图如图 2-10 (c) 所示。因为平面是无限大的，原用以表示三个投影面范围的边框已无意义，可以不画，三条轴线也可省略，所画三视图如图 2-10 (d) 所示。

二、三视图的分析

1. 视图与物体的对应关系

物体有前、后、上、下、左、右六个方位，在三视图中，每个视图反映四个方位，如图 2-11 (a) 所示。

主视图反映了物体的上、下与左、右位置。

俯视图反映了物体的前、后与左、右位置。

左视图反映了物体的上、下与前、后位置。

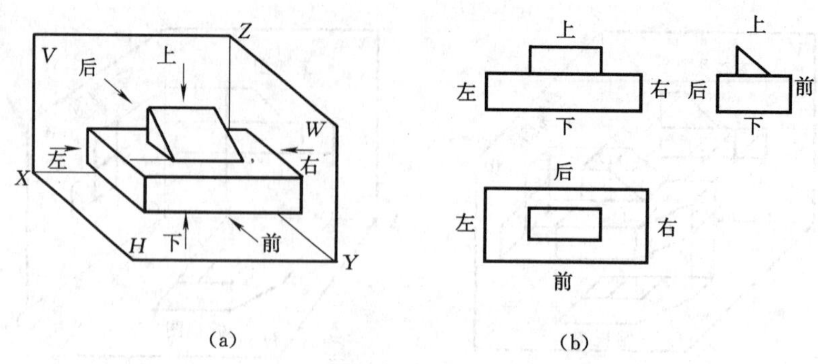

图 2-11　三视图与物体位置的对应关系

注意：判断物体的前后位置是个难点，应对照立体图加以理解，并可用“里后外前”帮助记忆。即在俯视图和左视图中，靠近主视图的一边是物体的后面，远离主视图的一边是物体的前面。

熟练掌握在三视图中识别形体的方向，有助于在画图与识图过程中分析形体各部分之间的位置关系。

由于立体的投影图与投影轴的距离不影响立体本身的形状、大小，所以在实际工程图样中，投影轴可以省略不画。

2. 三视图的投影规律

三视图的投影规律，是指三个视图之间的关系。从三视图的形成过程中可以看出：

主视图反映物体的长度（X 方向）和高度（Z 方向）。

俯视图反映物体的长度（X 方向）和宽度（Y 方向）。

左视图反映物体的高度（Z 方向）和宽度（Y 方向），如图 2-10（d）和图 2-11（b）所示。

因为三视图是在物体安放位置不变的情况下，从三个不同的方向投影所得，它们共同表达一个物体，并且每两个视图中就有一个共同尺寸，所以三视图之间存在如下的度量关系：

主视图和俯视图“长对正”，即长度相等，并且左右对正。

主视图和左视图“高平齐”，即高度相等，并且上下平齐。

俯视图和左视图“宽相等”，其中“宽相等”指在作图中俯视图的竖直方向与左视图的水平方向对应相等。

“长对正、高平齐、宽相等”是三视图之间的投影规律，是画图和读图的重要依据。不论物体的总体轮廓还是局部结构，都必须遵循这一投影规律。

三、三视图的画法

画物体的三视图时，必须利用前面所学的正投影法原理和几何要素的投影特性以及三视图之间的投影关系、投影规律。如要得到形体的主视图，观察者设想自己置身于物体的正前方观察形体，视线垂直于正立投影面；为了获得俯视图，物体保持不动，观察者自上而下地俯视物体，视线垂直于水平投影面；要画左视图，从左向右观察物体，视线垂直于侧立投影面。

初学者最好根据教学模型练习画三视图，并注意以下几点：

(1) 把模型位置摆平放正，同时选定主视图方向。

(2) 开始作图前，应先确定出视图的位置，画出作图基准线，如中心线或某些边线。

(3) 分析模型上各部分形体的几何形状和位置关系，并根据其投影特性（真实性、积聚性、类似性），画出形体各面的投影。

(4) 底稿要画得轻而细，以便修改，作图完成后再描粗加深。

(5) 要注意作图顺序，应先画出具有真实性或积聚性的那些表面。对于具有积聚性的面，宜先画出其积聚成直线的投影，这样就便于画出其在另外两个视图中的类似性投影。

(6) 作图所需尺寸可在模型上量取，每个尺寸只可量取一次。相邻视图之间相应投影的尺寸关系应保持长对正、高平齐、宽相等，而保持宽相等有两种方法，如图 2-12 所示。用量取法和辅助线法，当辅助线为斜角线时，先要定出 P 点，再过 P 点用三角板引出 45°斜线即可；当辅助线为圆弧时，先要定出圆心 O 点，然后画出 1/4 圆即可。

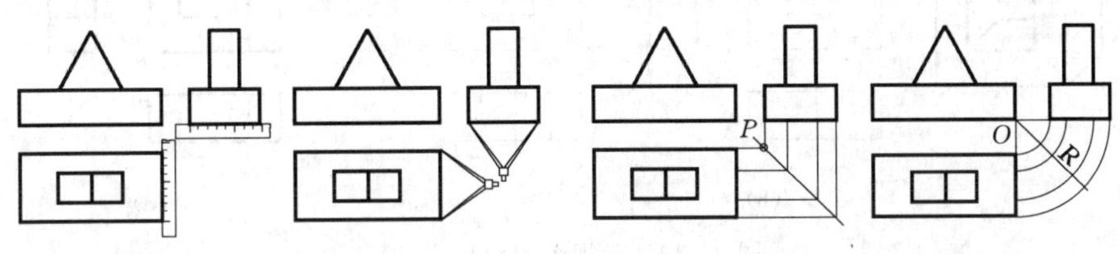

(a) 量取法（直尺和分规）　　(b) 辅助线法（45°斜角线和圆弧）

图 2-12 保持宽相等的方法

三视图的画法步骤（图 2-13）：①根据轴测图选主视方向；②画定位（基准）线及大体形状（一般先画主视图）；③画细部结构形状；④完成三视图，描粗加深。

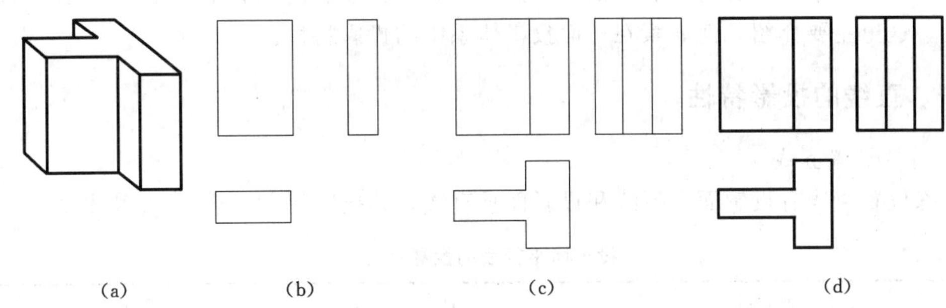

(a)　(b)　(c)　(d)

图 2-13 三视图的画法（一）

【例 2-1】 作图 2-13 (a) 所示柱体的三视图。

分析：

该立体可分为左、右两部分，左边部分和右边部分均为长方体，两部分之间底面平齐，顶面平齐，且前后对称。

作图：

(1) 作左边部分长方体的三视图，如图 2-13 (b) 所示，主视图、俯视图和左视图均为矩形，反映正面、顶面、侧面的实形。

(2) 作右边部分长方体的三视图，如图 2－13 (c) 所示，三个投影均为矩形，反映实形。

(3) 检查并加深图形，如图 2－13 (d) 所示。

【例 2－2】 如图 2－14 (a) 所示，作出门洞的三视图。

分析：

该立体为半圆头柱体叠放在长方体上，且前后、左右平齐，中间挖掉一个与其外形相似的半圆头柱体和长方体。

作图：

(1) 作长方体、半圆头柱体的三视图，主视图反映实形，如图 2－14 (b) 所示。

(2) 作开挖半圆孔和长方体的三视图，主视图反映实形，另外两面视图为虚线，为看不见的轮廓线，如图 2－14 (c) 所示。

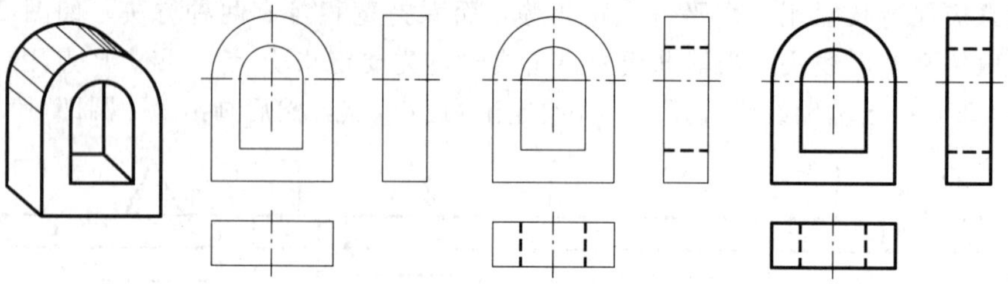

(a)　(b)　(c)　(d)

图 2－14　三视图的画法（二）

第四节　几何元素的投影特性

所谓几何元素即点、直线和平面。前面已经介绍了点、直线和平面在单一投影面的投影特性，这里主要介绍几何元素在三面投影体系中的投影特性。

一、直线的投影特性

1. 特殊位置直线

特殊位置直线有投影面平行线和投影面垂直线，其投影特性见表 2－2 和表 2－3。

表 2－2　　**投影面平行线的投影特性**

名　称	水平线	正平线	侧平线
立体图	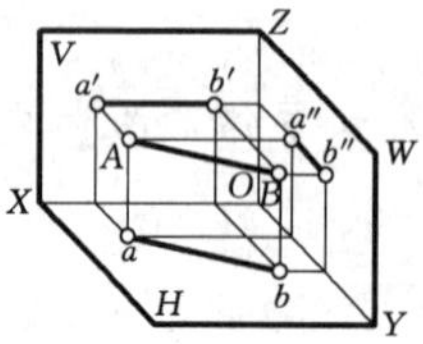	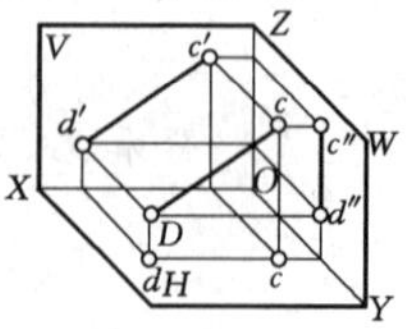	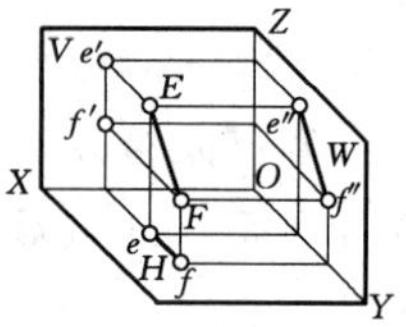

续表

名　称	水平线	正平线	侧平线
投影图			
投影特性	1. 水平投影反映实长，与 X 轴夹角为 β，与 Y 轴夹角为 γ。 2. 正面投影平行 X 轴。 3. 侧面投影平行 Y 轴	1. 正面投影反映实长，与 X 轴夹角为 α，与 Z 轴夹角为 γ。 2. 水平投影平行 X 轴。 3. 侧面投影平行 Z 轴	1. 侧面投影反映实长，与 Y 轴夹角为 α，与 Z 轴夹角为 β。 2. 正面投影平行 Z 轴。 3. 水平投影平行 Y 轴

表 2－3　投影面垂直线的投影特性

名　称	铅垂线	正垂线	侧垂线
立体图			
投影图			
投影特性	1. 水平投影积聚为一点。 2. 正面投影和侧面投影都平行于 Z 轴，并反映实长	1. 正面投影积聚为一点。 2. 水平投影和侧面投影都平行于 Y 轴，并反映实长	1. 侧面投影积聚为一点。 2. 正面投影和水平投影都平行于 X 轴，并反映实长

2. 一般位置直线

一般位置直线与三个投影面都倾斜，因此在三个投影面上的投影都不反映实长，投影与投影轴之间的夹角也不反映直线与投影面之间的夹角，如图 2－15 所示。一般位置直线的实长和倾角可用图解法求得。

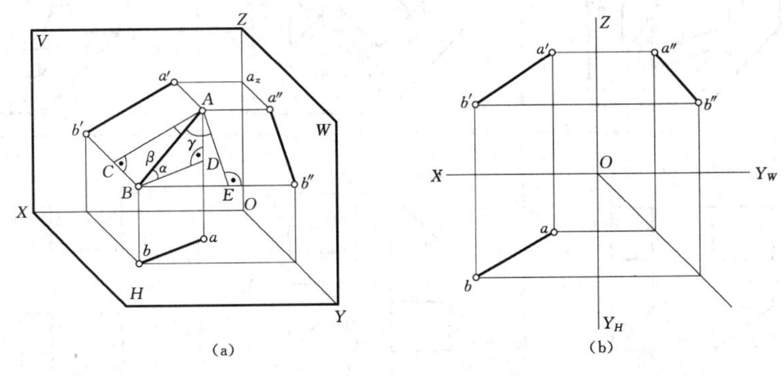

图 2－15　一般位置直线的投影

二、平面的投影特性

1. 特殊位置平面

特殊位置平面有投影面平行面和投影面垂直面，其投影特性见表 2-4 和表 2-5。

表 2-4　　投影面平行面的投影特性

名　称	水平面	正平面	侧平面
立体图	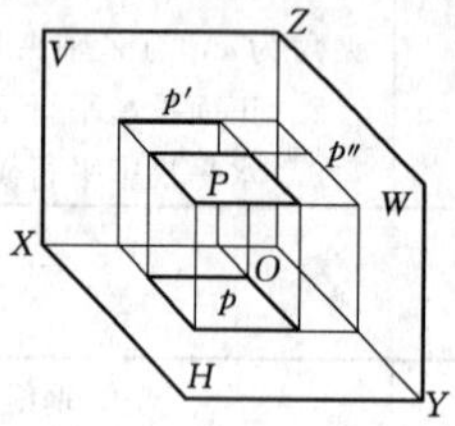	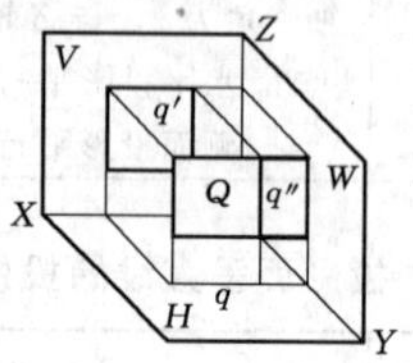	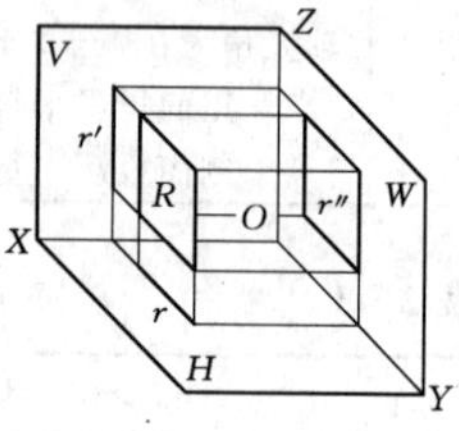
投影图	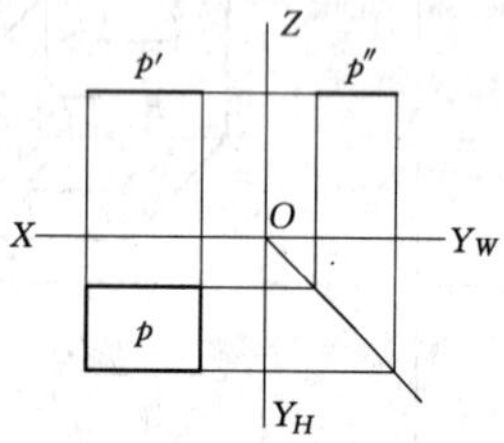	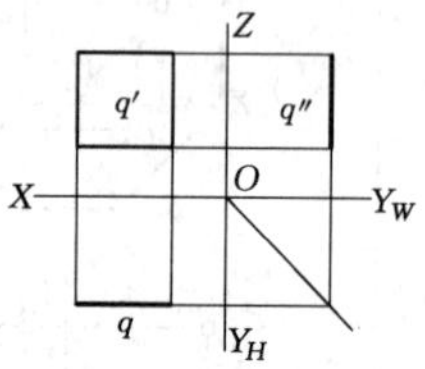	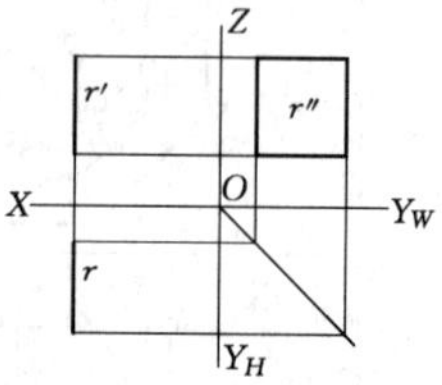
投影特性	1. 水平投影反映实形。 2. 正面投影积聚成平行于 X 轴的直线。 3. 侧面投影积聚成平行于 Y 轴的直线	1. 正面投影反映实形。 2. 水平投影积聚成平行于 X 轴的直线。 3. 侧面投影积聚成平行于 Z 轴的直线	1. 侧面投影反映实形。 2. 正面投影积聚成平行于 Z 轴的直线。 3. 水平投影积聚成平行于 Y 轴的直线

表 2-5　　投影面垂直面的投影特性

名　称	铅垂面	正垂面	侧垂面
立体图	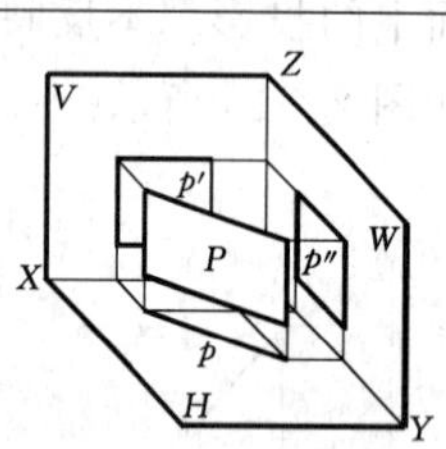	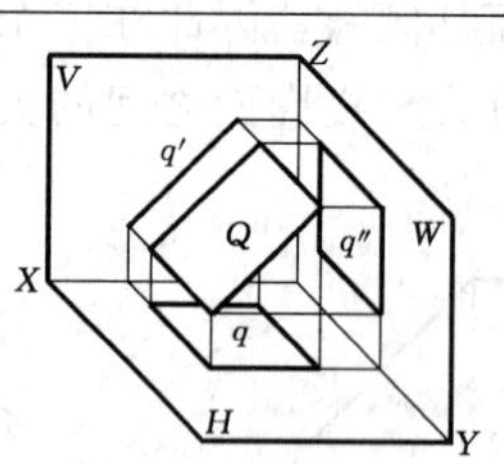	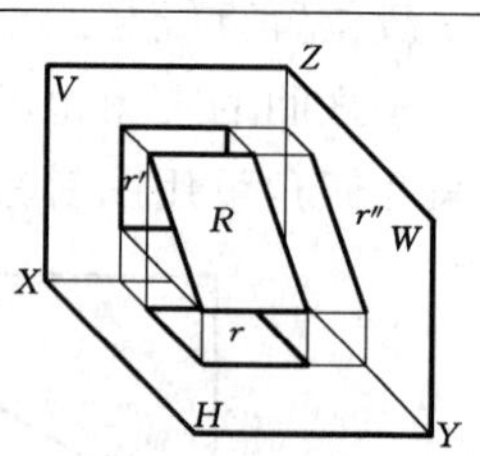
投影图	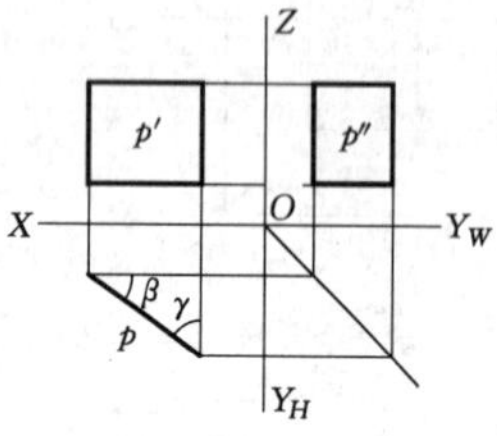	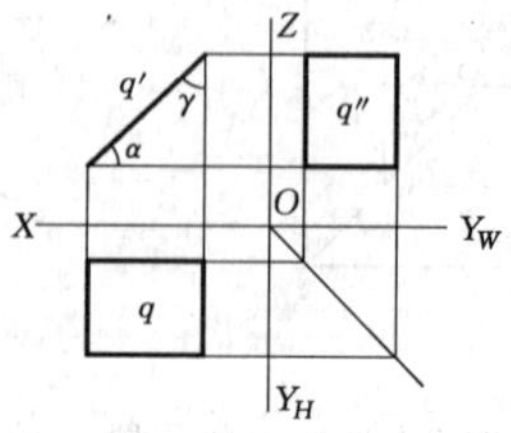	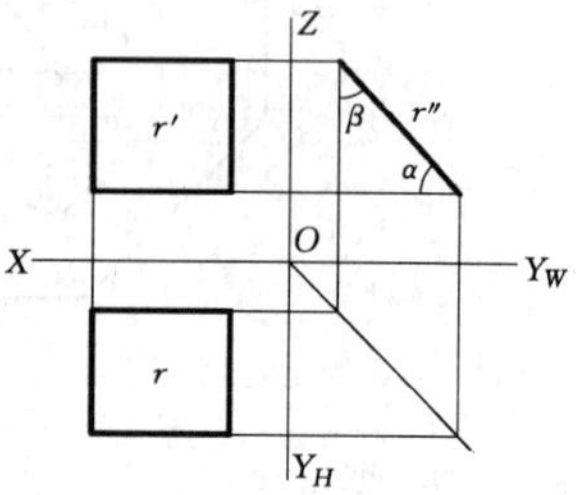

续表

名　称	铅垂面	正垂面	侧垂面
投影特性	1. 水平投影积聚成直线，与 X 轴夹角为 β，与 Y 轴夹角为 γ。 2. 正面投影和侧面投影具有类似性	1. 正面投影积聚成直线，与 X 轴夹角为 α，与 Z 轴夹角为 γ。 2. 水平投影和侧面投影具有类似性	1. 侧面投影积聚成直线，与 Y 轴夹角为 α，与 Z 轴夹角为 β。 2. 正面投影和水平投影具有类似性

2. 一般位置平面

一般位置平面与三个投影面都倾斜，因此在三个投影面上的投影都不反映实形，而是缩小了的类似形，如图 2-16 所示。

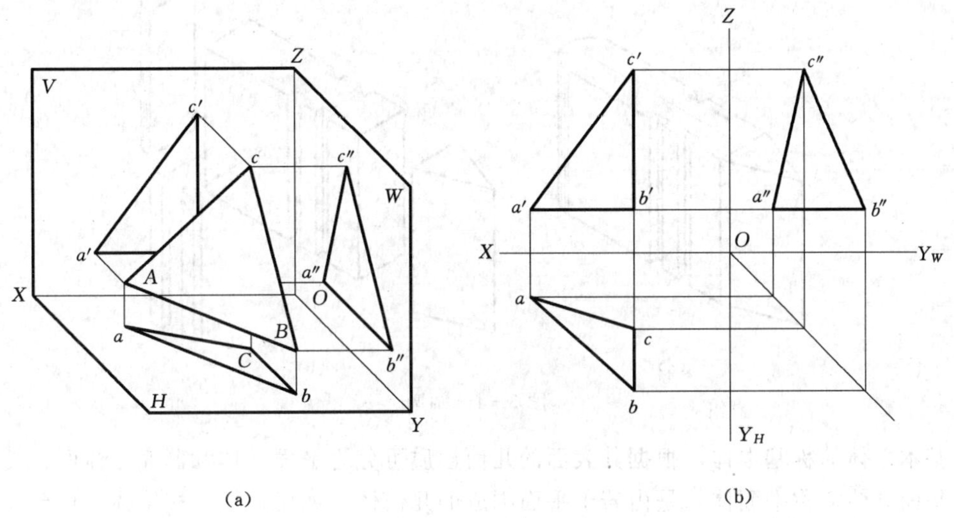

图 2-16　一般位置平面的投影

注意：点在三面投影体系中的投影均为点，但其投影也一定要遵循投影规律。

第三章　立体的投影

最常见的立体有基本立体和简单立体。简单立体也可看作简单的组合体，是由若干平面、曲面所围成的；或者说是由基本立体经过简单的叠加和切割而成的，如图 3-1 所示。

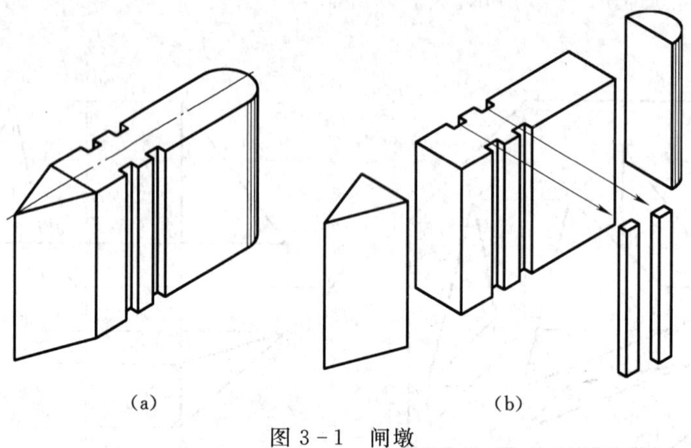

图 3-1　闸墩

基本立体简称基本体，根据其表面的几何性质可分为平面立体和曲面立体两大类。

平面立体简称平面体，是由若干平面围成的几何体，如棱柱体、棱锥体、棱台体等。

曲面立体简称曲面体，是由若干曲面或曲面与平面围成的几何体，如圆柱体、圆锥体、圆台体等。

第一节　平　面　体

平面体的表面都是由平面围成的，作平面体的投影，就是作出各平面的投影，因此，分析组成立体表面之间的相对位置及对投影面的相对位置和其投影特性，为以后更深一层的学习打好基础。常见的平面体有棱柱体、棱锥体、棱台体等，如图 3-2 所示。

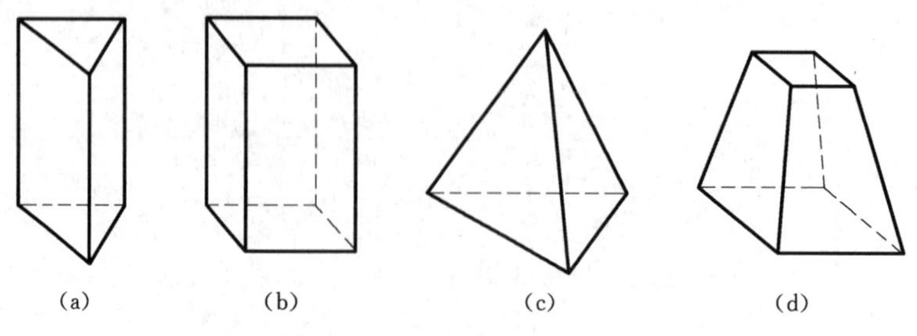

图 3-2　平面体的形体特征

一、棱柱体的三视图

棱柱体根据底面与棱的关系可分为正棱柱和斜棱柱。下面以正六棱柱为例作柱体的三视图。

1. 分析形体

图 3－3 所示基本几何体为正六棱柱，它的上下底面为全等且互相平行的六边形，六个棱面全为矩形且与底面垂直，六条棱线等长，是六棱柱的高。

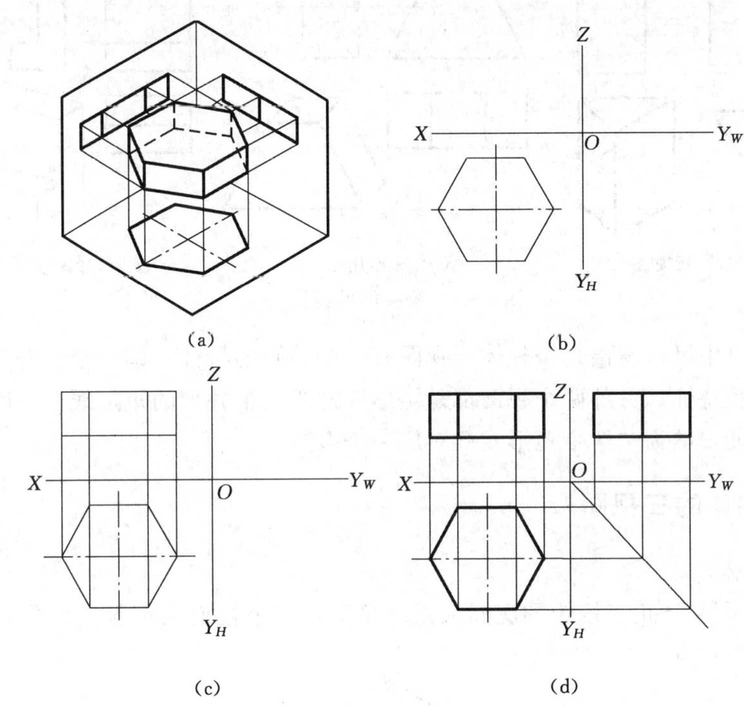

图 3－3 正六棱柱三视图的画法

2. 分析视图

在图 3－3 中，六棱柱的上下底面平行于 H 面，且前后两个棱面平行于 V 面。

(1) 俯视图。由于上下两个底面均平行于水平面，所以水平投影反映正六边形的实形而且重影。它的六个棱面都垂直于水平面，其水平投影积聚在水平投影的正六边形上。

(2) 主视图。为三个并排的矩形线框，中间最大的矩形线框是平行于 V 面的前后棱面的投影，反映其实形；左右两个矩形线框为其余倾斜于 V 面的棱面的投影；上下两条水平位置线是上下底面的积聚性投影。

(3) 左视图。上底面和下底面的侧面投影也积聚为两条水平的直线，其间距与正面投影的高度相同。左右四个棱面的侧面投影重影成两个矩形线框，前后两个棱面的侧面投影积聚为左右两条铅垂的直线。

注意：侧面投影中只有两个矩形线框，其总宽度与水平投影中的宽度相等。

3. 作图

(1) 画中心线、对称线或基准线。

(2) 画反映上下底面实形的俯视图。
(3) 根据“长对正”和六棱柱的高画主视图。
(4) 根据“高平齐，宽相等”画左视图。
(5) 检查并加深全图。
同理分析，可画出如图 3-4 所示的各棱柱体的特征三视图。

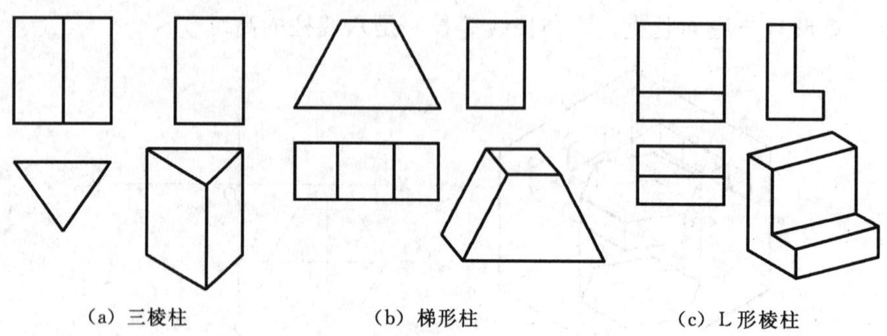

(a) 三棱柱　(b) 梯形柱　(c) L形棱柱
图 3-4　棱柱体的视图特征

从这些图例中可以看出，棱柱体三视图有一个共同的特征，即一个视图为多边形，反映棱柱体的形状特征；另外两个视图都是矩形线框或几个并列的矩形线框。因此，可将棱柱体的视图特征归纳为“两个矩形线框对应一个多边形”。

二、棱锥体的三视图

1. 分析形体

如图 3-5 所示，正三棱锥的底面为正三角形，三个棱面为等腰三角形，轴线通过底面重心并与底面垂直。

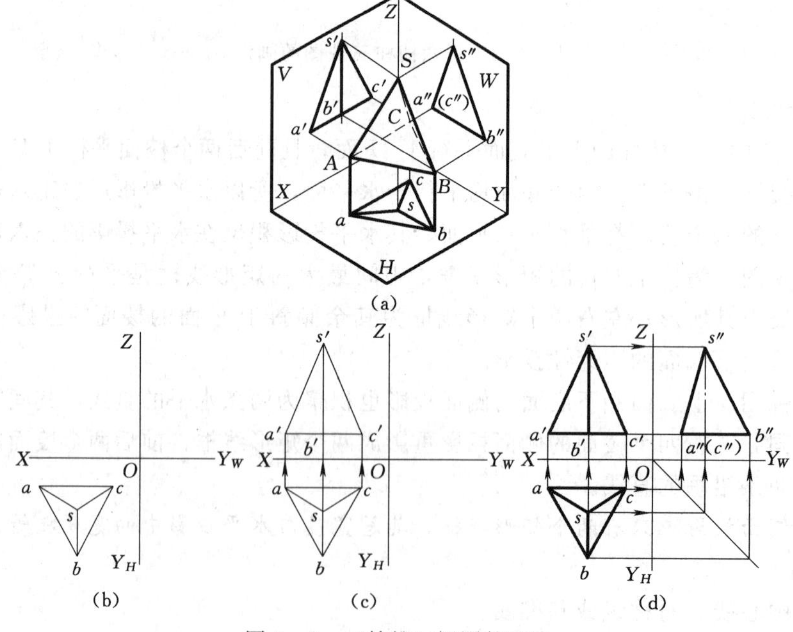

图 3-5　三棱锥三视图的画法

2. 分析视图

图 3-5 中三棱锥底面为水平位置，后棱面为侧垂位置，后底边线 AC 为侧垂线。

(1) 俯视图：外边的正三角形为正三棱锥底面的投影，反映实形；顶点 S 的投影落在正三边形的重心上，其与三个角点的连线即三条棱线的投影。

(2) 主视图：外形为等腰三角形。其中，底边为正三棱锥底面的积聚投影；两条斜边、中间铅垂线是三条侧棱的投影，且左右两个棱面的投影可见，后面的一个棱面投影不可见。

(3) 左视图：外形为一斜三角形。其中，底边为正三棱锥底面的积聚投影；斜边 $s''a''(c'')$ 为三棱锥后侧棱面的积聚投影；$s''b''$ 为前面棱线 SB 的投影，且反映实长（侧平线）；斜三角形为左右两个棱面投影的重合，不反映实形。

3. 作图

(1) 画反映底面实形的俯视图，如图 3-5 (b) 所示。

(2) 根据点的投影规律及三棱锥的高度画主视图，如图 3-5 (c) 所示。

(3) 根据点的投影规律由主、俯视图完成左视图并加深全图，如图 3-5 (d) 所示。

同理分析，可画出如图 3-6 所示各棱锥体的三视图。

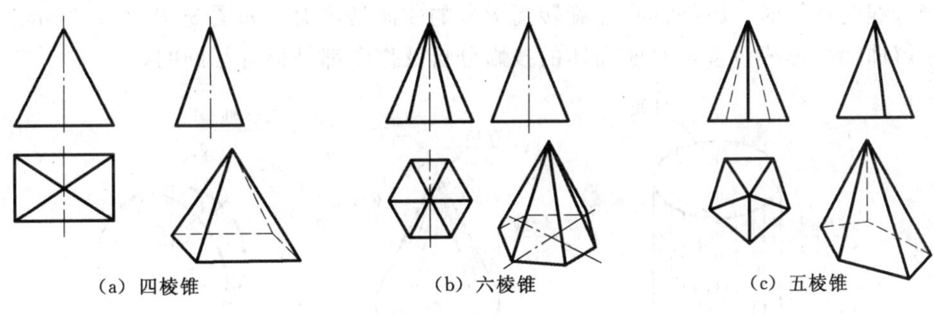

(a) 四棱锥　　(b) 六棱锥　　(c) 五棱锥

图 3-6 棱锥体的视图特征

从以上可以看出，棱锥体三视图也有一个共同的特征，即一个视图外框为反映底面实形的多边形；另外两个视图都是三角形线框或为几个共顶点的三角形线框。为此，可将棱锥体的视图特征归纳为“两个三角形线框对应一多边形”。

三、棱台体的三视图

棱台可以看成是由棱锥被平行于底面截断而形成的，其画法思路同棱锥体。同时需指出，画棱台的各视图时，均应先画出两个底面，然后再连接各侧棱，如图 3-7 所示。

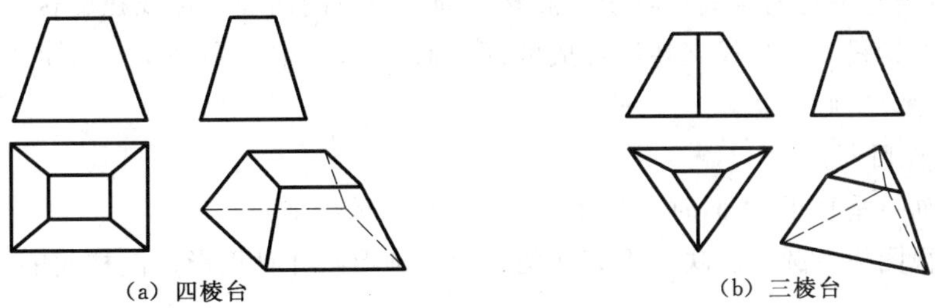

(a) 四棱台　　(b) 三棱台

图 3-7 棱台体的视图特征

同理，可将棱台体的视图特征归纳为："两个梯形线框对应一'大围小'的多边形线框"。

注意：作平面立体的三视图时要注意分析组成立体表面各个面、各条棱线的投影，不但可以利用直线、平面的投影特征检验作图是否正确，还可提高对视图的分析能力。

第二节　曲　面　体

曲面体的表面是由曲面或由曲面和平面组成的。常见的曲面体有圆柱、圆锥、圆台、圆球。它们的曲表面可以看作是由一条动线绕固定轴旋转而成的，这种形体又称为回转体。动线称为母线，母线在旋转过程中的每一个具体位置称为曲面的素线。

当母线为直线时，围绕与它平行的轴线旋转而形成的曲面是圆柱面，如图 3－8（a）所示。

当母线为直线时，围绕与它相交的轴线旋转而形成的曲面是圆锥面，如图 3－8（b）所示。

当母线为曲线时，围绕其直径旋转而形成的曲面是球面，如图 3－8（c）所示。

了解曲面的形成过程，对曲面体的投影分析及作图都是很有帮助的。

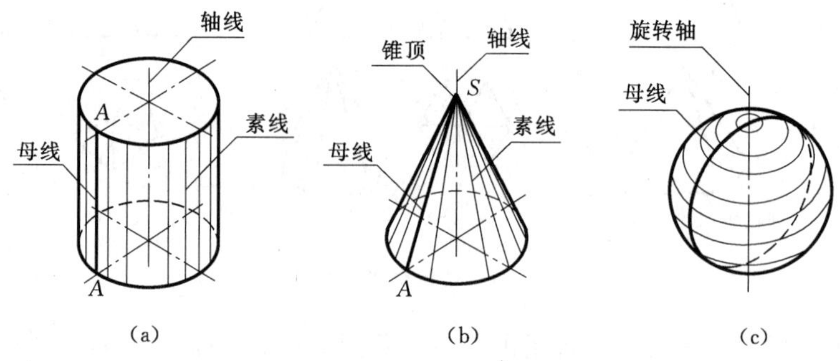

图 3－8　曲面体的形成

一、圆柱

1. 分析形体

圆柱由圆柱面和两个平面所围成。如图 3－8（a）所示，圆柱面可看作是一直线 AA（母线）绕着与它平行的直线（轴线）旋转一周所形成的曲面，母线在旋转时的任一位置，叫作圆柱面的素线，由母线旋转所形成的面（曲面），叫作圆柱面，上下的两个圆形平面叫作圆柱的上、下底面。

2. 分析视图

当圆柱轴线垂直于 H 面时，如图 3－9（a）所示，则：

（1）俯视图为一圆。反映上下底面的实形（圆形）并且重影；圆柱面的投影积聚在该圆周上。

（2）主视图为一矩形。上下边线为圆柱底面的积聚投影；左右两条边是左右两条轮廓素线的投影（因圆柱面是光滑面，所以主视方向只画出最左、最右两条素线的投影）。

（3）左视图为一矩形。上下边线为圆柱底面的积聚投影；前后两条边线是前后两条轮廓素线的投影（左视方向只画出最前、最后两条素线的投影）。

3. 作图

（1）画投影轴，定中心线、轴线位置，如图 3-9（b）所示。

（2）画俯视图，作圆（反映底面实形），如图 3-9（c）所示。

（3）画主视图和左视图。根据“长对正”和圆柱的高度，画出主视图；根据“高平齐、宽相等”画出左视图并加深全图，如图 3-9（d）所示。

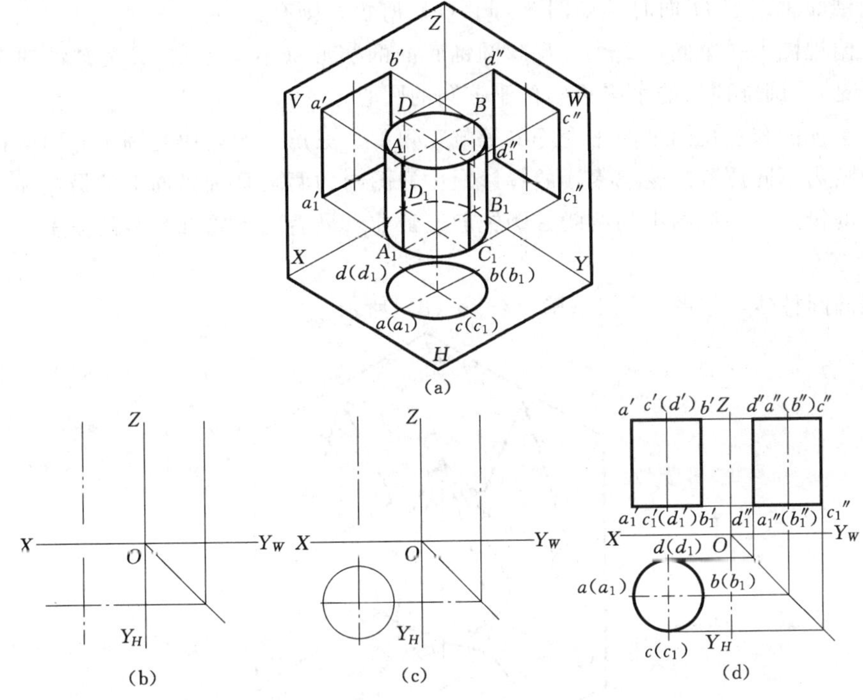

图 3-9　圆柱体三视图的画法

同理可分析画出图 3-10 所示不同位置的圆柱、半圆柱、四分之一圆柱的三视图，并可将圆柱体的视图特征归纳为“两矩形线框对应一圆弧形线框”。

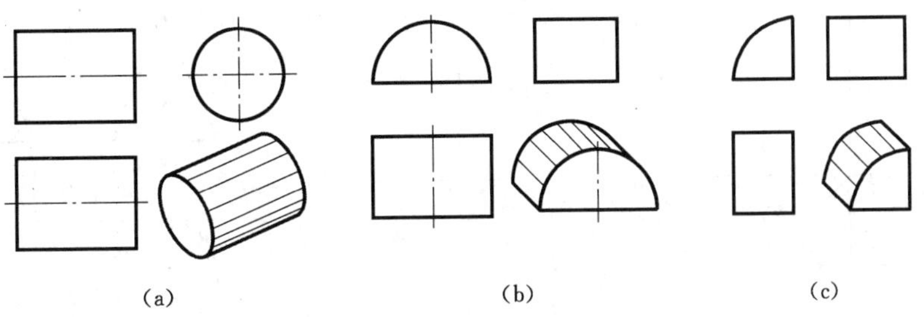

图 3-10　圆柱体的视图特征

二、圆锥

1. 分析形体

圆锥表面由圆锥面和底面（圆形）所组成。如图 3-8（b）所示，圆锥面可看作是一直线 SA（母线）绕着与它相交的直线（轴线）旋转一周而形成的曲面，母线在旋转时的任一位置称为圆锥的素线，由母线所形成的面（曲面）叫作圆锥面，下面的圆形平面叫作圆锥的底面。

2. 分析视图

当圆锥面垂直于 H 面时，如图 3-11（a）所示，则有：

（1）俯视图为一个圆，这个圆反映圆锥底面的实形（不可见），又是圆锥的水平投影轮廓（可见）；圆锥顶点的水平投影位于该圆的圆心。

（2）主视图和左视图是两个全等的等腰三角形。三角形的底边是圆锥底面的积聚性投影，其两腰为不同位置的轮廓素线的投影。主视图中的两腰是圆锥面上的最左和最右两条轮廓素线的投影；左视图中的两腰是圆锥面上最前、最后两条轮廓素线的投影。

3. 作图

步骤同圆柱体，如图 3-11（b）、（c）、（d）所示。

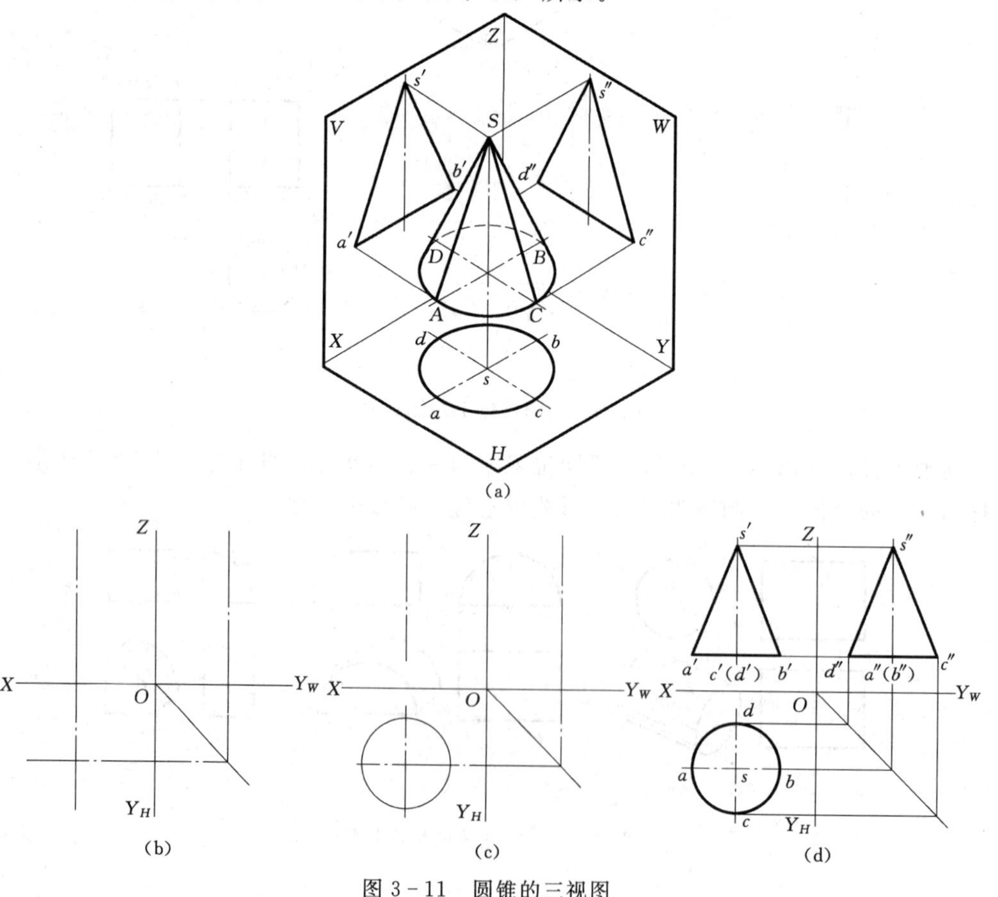

图 3-11　圆锥的三视图

图 3-12 所示为不同位置、不同部分圆锥的三视图，从而归纳出圆锥体的视图特征为“两三角形线框对应于一圆弧形线框”。

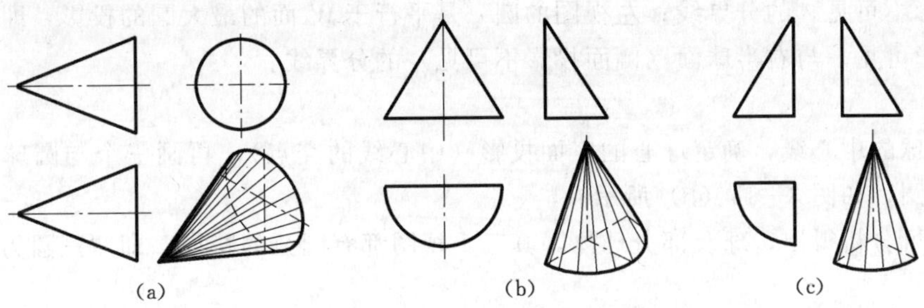

图 3-12　圆锥体的视图特征

三、圆台

圆台可以看作是圆锥被平削去尖端部分，其视图如图 3-13 所示。

同理可总结圆台体的视图特征：“两个梯形线框对应于两圆形线框（同心圆）”。

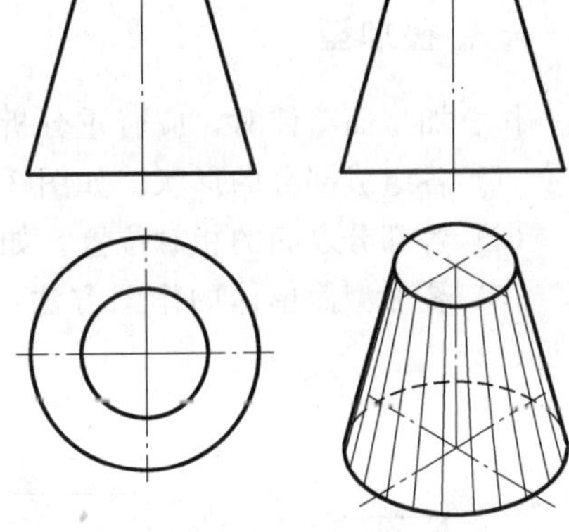

图 3-13　圆台的三视图

四、圆球

1. 分析形体

如图 3-14 所示，球面可看作是一个圆围绕通过圆心的固定轴回转而形成的，此圆称为母线圆，母线圆的任 位置即为球表面的素线。

2. 分析视图

圆球的三个视图是三个直径相等的圆，分别是球面上不同方向轮廓圆的投影。如图 3-14 所示，俯视图的圆 a 是球面上平行于 H 面的最大圆的投

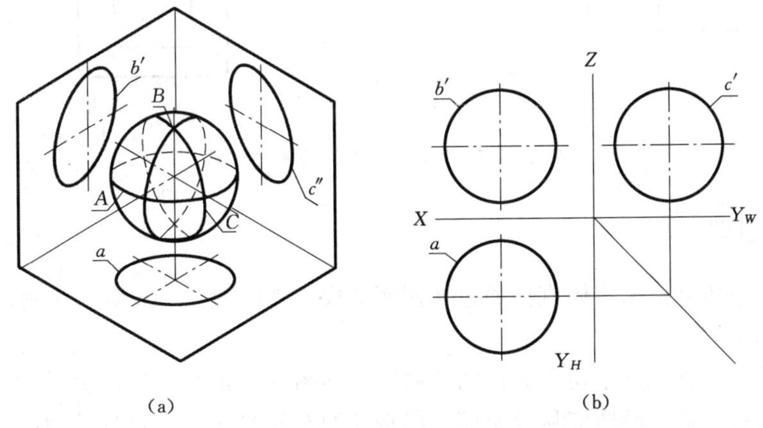

图 3-14　圆球的三视图及其视图特征

影，即上半球面（水平投影可见）与下半球面（水平投影不可见）的分界线；主视图上的圆 b' 是球面上平行于 V 面的最大圆的投影，即前半球面（正面投影可见）与后半球面（正面投影不可见）的分界线；左视图的圆 c'' 是平行于 W 面的最大圆的投影，即左半球面（侧面投影可见）与右半球面（侧面投影不可见）的分界线。

3. 作图

先画球的中心线，确定球心的三面投影（中心线的交点），再画三个与圆球直径相等的外轮廓圆，如图 3-14（b）所示。

同理可分析得出，球及部分球体，其三个视图都有圆弧的特征，即“三圆为球”。

第三节 简 单 体

简单体可看作是由基本体简单的叠加或体简的切割而形成的立体。因此，只有通过基本几何体的视图识读、分析、归纳，对其所表达的对象作出迅速而准确的判断，才能为识读简单体视图打好基础。简单体根据其组合形式可分为以下两种情况。

一、叠加型

作叠加型简单体时，应着重分析以下几个方面：

（1）各组成部分的形状。如图 3-15 所示，该柱体是由两个四棱柱组成。

（2）各部分之间的相对位置。如图 3-15 所示，底部的四棱柱较大，上面的较小。

（3）叠加型简单体的作图方法：先基准后形体，先主后次，先大后小，先可见后不可见。

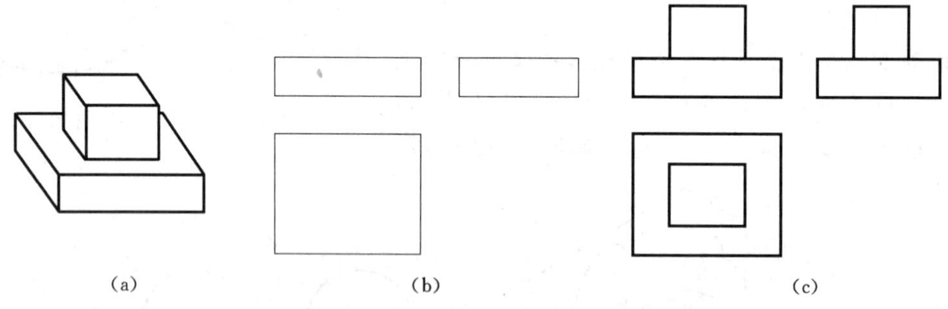

图 3-15 叠加型简单体的画图步骤

二、切割型

切割型简单体是由基本体直接通过切割而形成，现以图 3-16 所示为例，说明该类型简单体的画图步骤。

（1）画外形。首先画未切长方体的三视图，如图 3-16（a）所示。

（2）切去三棱柱。画图应从反映其形状特征的左视图开始，如图 3-16（b）所示。

（3）检查、加粗描深，如图 3-16（c）所示。

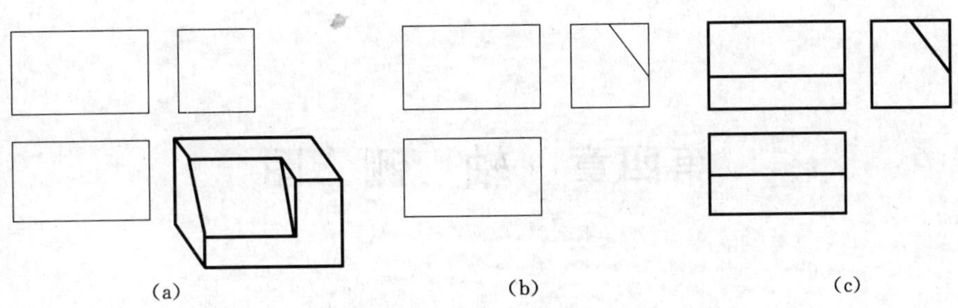

图 3-16 切割型简单体的画图步骤

注意：画切割型简单体，如果有投影面的垂直面，应从具有积聚性的投影开始作图，以防止作图有误差时，而使面的积聚性投影不成一条直线。

第四章　轴　测　图

了解轴测图的形成过程，掌握正等轴测图和斜二等轴测图的画法，可在工程设计时作为一种辅助图，以便进行设计方案的比较。

第一节　轴测投影的基本知识

多面正投影图虽然能够完整、准确地表达形体的形状和大小，并且作图简便，工程应用非常普遍，但它缺乏立体感，对于读图知识欠缺的人来说很难读懂。如果遇到比较复杂的形体，那就更难读懂了。为了帮助阅读多面正投影图，工程上常采用轴测图作为辅助性的图样。

一、轴测投影的形成

如图 4－1 所示，轴测图是根据平行投影原理，将空间形体连同确定的空间直角坐标系，一起沿不平行于任意一坐标面的方向（S）投影到一个单一投影面（P）上所得到的投影。当投影方向（S）垂直于投影面时，所得到的轴测投影称为正轴测投影，如图 4－1（a）所示。当投影方向（S）倾斜于投影面时所得的轴测投影为斜轴测投影，如图 4－1（b）所示。

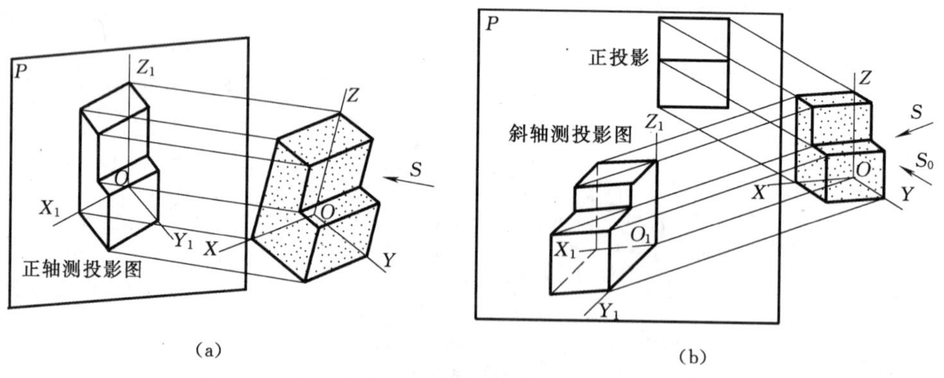

图 4－1　轴测投影的形成

二、轴测图的要素

图 4－2 是空间点 A 和确定点 A 的直角坐标系，用平行投影法将点 A 连同坐标系一同

沿箭头 S 方向，向 P 平面投影得到轴测图，轴测图的各要素如下：

（1）P 平面称为轴测投影面。

（2）轴测投影面上点 A_1，称为空间点 A 的轴测投影。

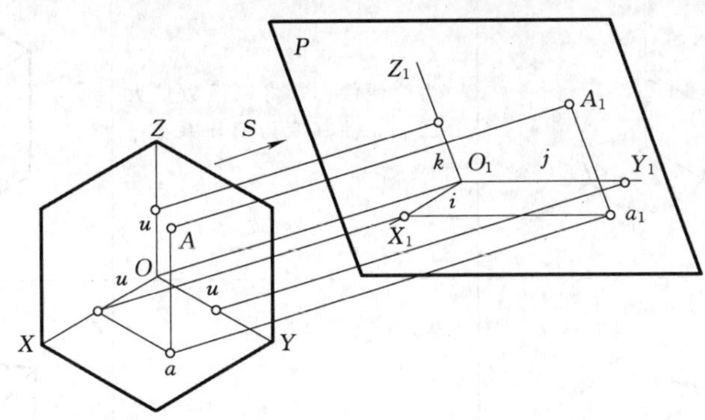

图 4-2　点的轴测投影

（3）确定形体空间位置的直角坐标轴 OX、OY、OZ，在轴测投影面上的投影 O_1X_1、O_1Y_1、O_1Z_1 叫作轴测轴。

（4）两轴测轴间的夹角$\angle X_1O_1Y_1$、$\angle X_1O_1Z_1$、$\angle Y_1O_1Z_1$ 叫作轴间角。

（5）令线段 u 为各直角坐标轴上的单位长度，它在平面 P 上沿 X_1、Y_1、Z_1轴的投影长度分别为 i、j、k，此投影长度与单位长度 u 之比叫作轴向伸缩系数。

$p=i/u$——X 轴向伸缩系数。

$q=j/u$——Y 轴向伸缩系数。

$r=k/u$——Z 轴向伸缩系数。

根据轴向伸缩系数，就可以量度平行于该轴测轴相应的尺寸，轴测投影坐标是由轴间角和轴向伸缩系数确定的，所以，轴测投影最基本的问题就是确定轴间角和轴向伸缩系数。

三、轴测图的分类

根据投影方向 S 和轴测投影面 P 的相对位置关系，轴测投影可以分为两大类：

正轴测投影——S 垂直于 P

斜轴测投影——S 斜倾于 P

这两类轴测投影按其轴向伸缩系数的不同，又可分为三种：

（1）$p=q=r$ 称为正（或斜）等测投影，简称正（斜）等测。

（2）$p=q\neq r$ 或 $p=r\neq q$ 或 $r=q\neq p$ 称为正（斜）二等测投影，简称正（斜）二测。

（3）$p\neq q\neq r$ 称为正（斜）三测投影，简称正（斜）三测。

在实际工程中，由于三测投影作图甚繁，很少采用，常用正等测图和正（斜）二测图。表 4-1 列出了三种常用轴测图的轴间角、轴向伸缩系数、简化系数及用简化系数绘制的单位立方体轴测图示例。

表 4-1　　常用轴测图的轴间角、轴向伸缩系、简化系数及示例

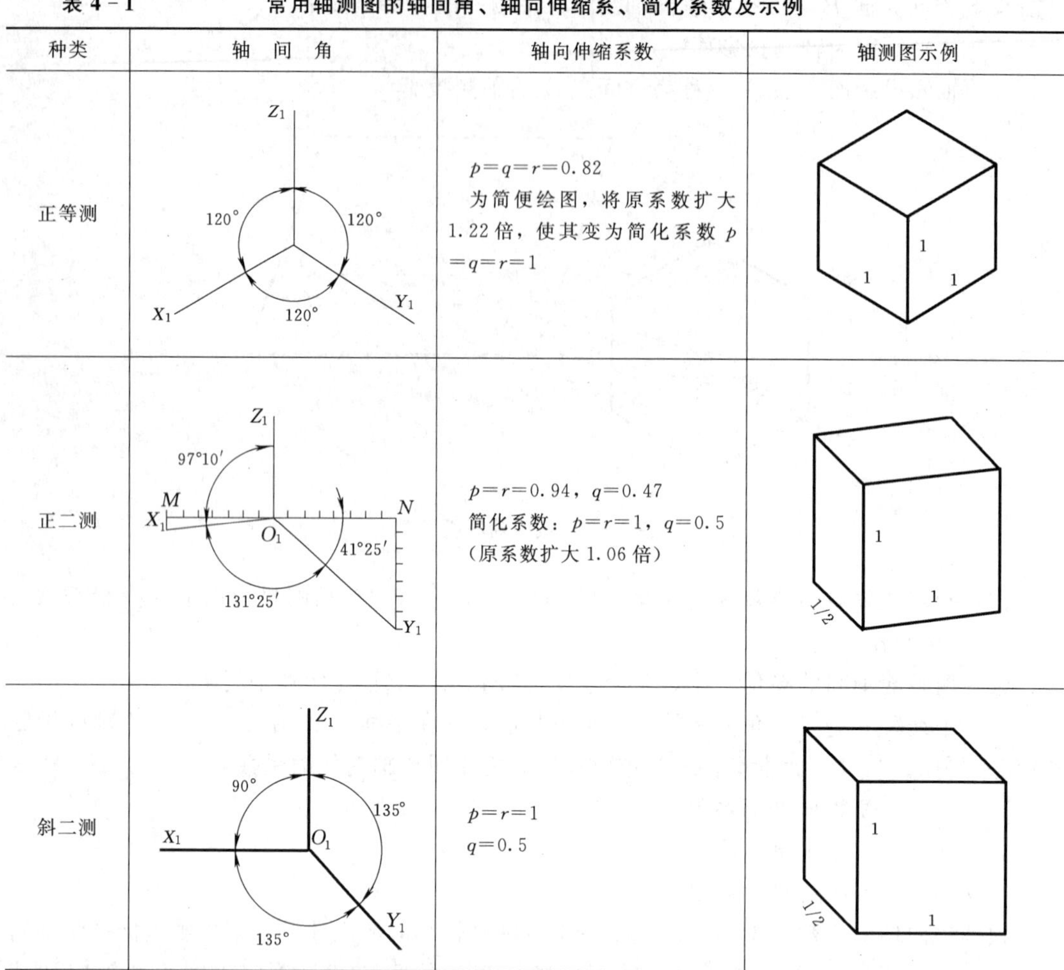

种类	轴　间　角	轴向伸缩系数	轴测图示例
正等测	Z_1、X_1、Y_1；120°、120°、120°	$p=q=r=0.82$ 为简便绘图，将原系数扩大 1.22 倍，使其变为简化系数 $p=q=r=1$	1、1、1
正二测	Z_1、X_1、Y_1、O_1、M、N；97°10′、41°25′、131°25′	$p=r=0.94$，$q=0.47$ 简化系数：$p=r=1$，$q=0.5$ （原系数扩大 1.06 倍）	1、1、1/2
斜二测	Z_1、X_1、Y_1、O_1；90°、135°、135°	$p=r=1$ $q=0.5$	1、1、1/2

四、轴测图的基本特性

由于轴测投影采用的是平行投影法，所以它具有平行投影的性质。

形体上相互平行的线段，它们的轴测投影也相互平行；形体上平行于某坐标轴的线段，其投影也必与相应的轴测轴平行。

形体上互相平行的线段，在轴测投影中有相同的伸缩系数；形体上与坐标轴平行的线段的轴向伸缩系数与轴测轴的轴向伸缩系数相同，因为只有轴测轴的轴向伸缩系数已知，所以绘制轴测图只能沿着轴测轴的方向量取尺寸，这就是“轴测”的含义。

第二节　正等测图的画法

一、平面体

我们知道了正等测图的轴间角和轴向伸缩系数，按轴测图的特性，根据形体的投影图就可以画出相应的轴测图。常用的画图方法有坐标法、特征面法、叠加法、切割法等，作图时，常使 O_1Z_1 轴处于铅垂位置，并根据形体的形状特征选择适当的方法绘制。

1. 坐标法

根据形体的特点，在选定的轴测轴上，按坐标关系画出形体上各顶点的轴测图，连接各顶点而得到形体轴测图的这种方法称为坐标法。

【例 4-1】 画出图 4-3（a）所示三棱锥的正等测图。

分析：

根据三棱锥投影图特点，为方便作图，建立如图 4-3（a）所示的坐标系，使 B 点为原点，AB 与 OX 坐标轴重合，底面与 XOY 面重合。

作图：

（1）画正等测图的轴测轴，定出 B_1 点。

（2）在 O_1X_1 上截取 B_1A_1 等于 AB（即 ab 的长度），如图 4-3（b）所示。

（3）分别沿 O_1X_1、O_1Y_1 轴测轴方向量取 C 点的 X、Y 坐标定出 C_1 点，如图 4-3（b）所示。

（4）利用同样的方法定出 S 点的水平投影 s 位置，再沿 O_1Z_1 方向量取 S 点的 Z 坐标定出 S_1 点，如图 4-3（b）所示。

（5）连接 S_1、A_1、B_1、C_1 各点，即得三棱锥的正等测图，擦去多余的作图线，加深可见轮廓线，不可见的轮廓线画为虚线或擦掉，完成作图，如图 4-3（c）所示。

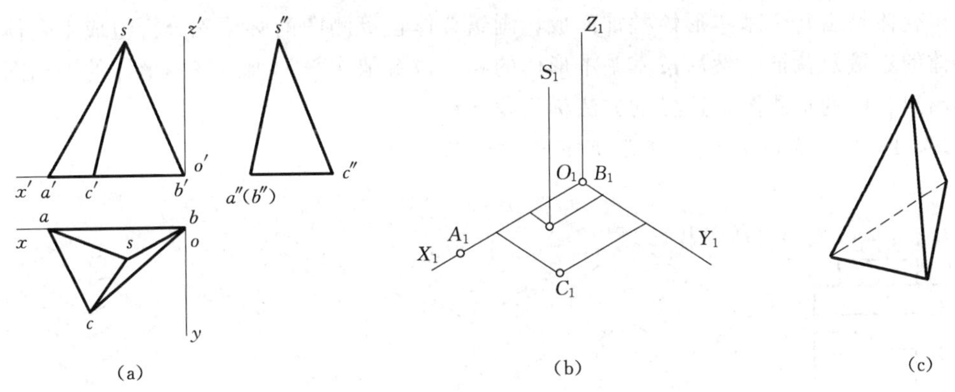

图 4-3　坐标法画正等轴测图

注意：绘制轴测投影图时，轴测图中虚线一般不画。

2. 特征面法

对于柱类形体，通常先画出反映形体特征的一可见端面，然后绘出可见的棱线和底面，从而完成形体的轴测图称为特征面法。

【例 4-2】 画出图 4-4（a）所示正六棱柱的正等测图。

分析：

正六棱柱前后对称，左右对称，为作图简便，坐标原点建在正六棱柱顶面中心，这样绘制顶面时，六条边中只有平行于 OX 轴的两条边可以直接量取，其余四条边不与坐标轴平行，必须先确定每条边的端点才能画出。绘制下底面时，利用棱高及正六棱柱下底面与

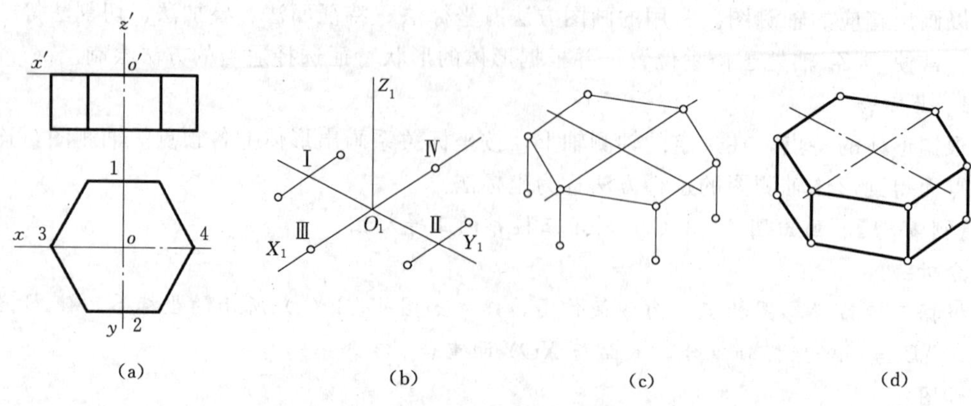

图 4－4　特征面法画正等轴测图

上底面的对应边互相平行的关系来画。

作图：

（1）画正等测图的轴测轴，画出顶面各角点的轴测投影，如图 4－4（b）所示。

（2）连接顶面各顶点的轴测投影，自六边形各顶点向下作 O_1Z_1 轴的平行线，并截取长度为六棱柱的高度，不可见棱线一般不画，如图 4－4（c）所示。

（3）连接各点，即得六棱柱的正等测图，加深可见轮廓线，完成作图，如图 4－3（d）所示。

3. 叠加法

组合体是由几个基本形体叠加而成，画组合体正等测图前必须先分析组成组合体的基本形体的数量及特征，然后按其基本形体的相对位置依次叠加画出基本形体的轴测图，从而得出组合体的轴测图，这样的方法称为叠加法。

【例 4－3】 画出图 4－5（a）所示形体的正等测图。

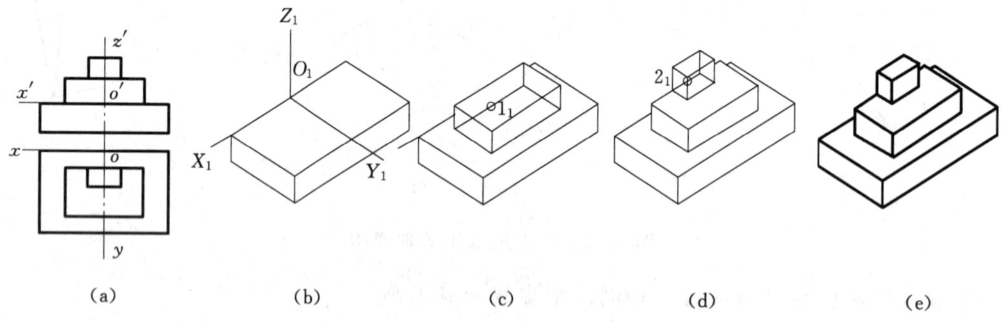

图 4－5　叠加法画正等轴测图

分析：

根据已知视图可知，该形体由三个大小不同的长方体叠加而成，最底下的长方体与中间长方体中心对齐，而中间长方体与顶部长方体后表面中间对齐，为作图方便，建立如图 4－5（a）所示的坐标系，根据长方体的对齐方式先后绘制出三个长方体叠加即可。

作图：

(1) 画正等测图的轴测轴，画出底部长方体，如图 4-5 (b) 所示。

(2) 沿 Y_1 方向定出中间长方体后表面底边上的 1_1 点，画出该长方体，如图 4-5 (c) 所示。

(3) 再找出 2_1 点，根据上部长方体的尺寸画出该长方体，如图 4-5 (d) 所示。

(4) 擦去多余的作图线，加深可见轮廓线，完成全部作图，如图 4-5 (e) 所示。

4. 切割法

绘制切割体的轴测图，一般先画出基本形体的轴测图，再逐步切去多余部分的方法称为切割法。

【例 4-4】 画出图 4-6 (a) 所示形体的正等测图。

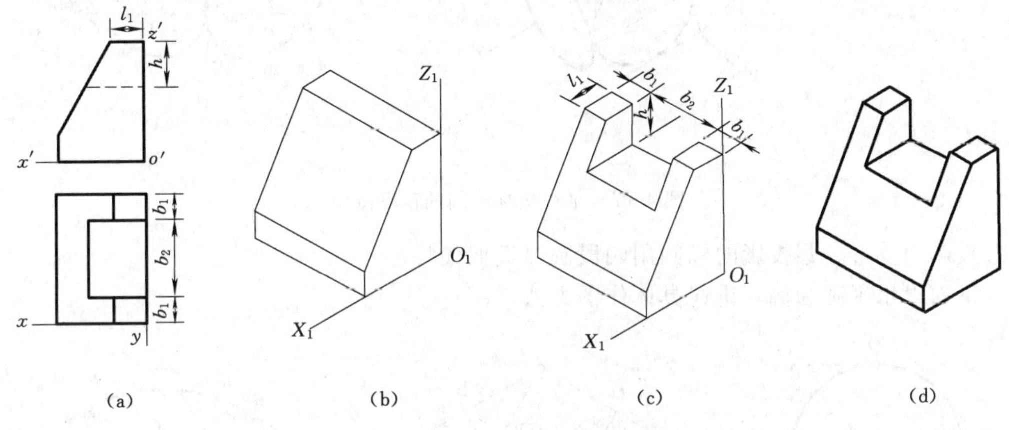

图 4-6 切割法画正等轴测图

分析：

该形体由五棱柱切割而成，先画出五棱柱的轴测图，再切去上边的四棱柱，建立坐标如图 4-6 (b) 所示。

作图：

(1) 画正等测图的轴测轴，由特征面法画出五棱柱的轴测图，如图 4-6 (b) 所示。

(2) 根据 b_1、b_2 和 h 截去上方中间四棱柱，如图 4-6 (c) 所示。

(3) 擦去多余的作图线，加深可见轮廓线，完成全图，如图 4-6 (d) 所示。

二、曲面体

1. 圆的正等测图

物体上平行于三个坐标面的圆，其正等测图都是大小相等的三个椭圆。由于它们所平行的坐标面不同，所以椭圆的长、短轴的方位也各不相同。如图 4-7 所示，水平圆在正等测图中的椭圆，长轴垂直 Z 轴，短轴平行于 Z 轴；正平圆在正等测图中的椭圆，长轴垂直于 Y 轴，短轴平行与 Y 轴；侧平圆在正等测图中的椭圆，长轴垂直于 X 轴，短轴平行于 X 轴。三个椭圆的长、短轴的长度，按简化系数作图时，长轴约为圆直径的 1.22 倍，短轴约为直径的 0.7 倍。

平行于坐标面圆的正等测图，在实际绘图中常用的画法——菱形法。就是圆的外切正

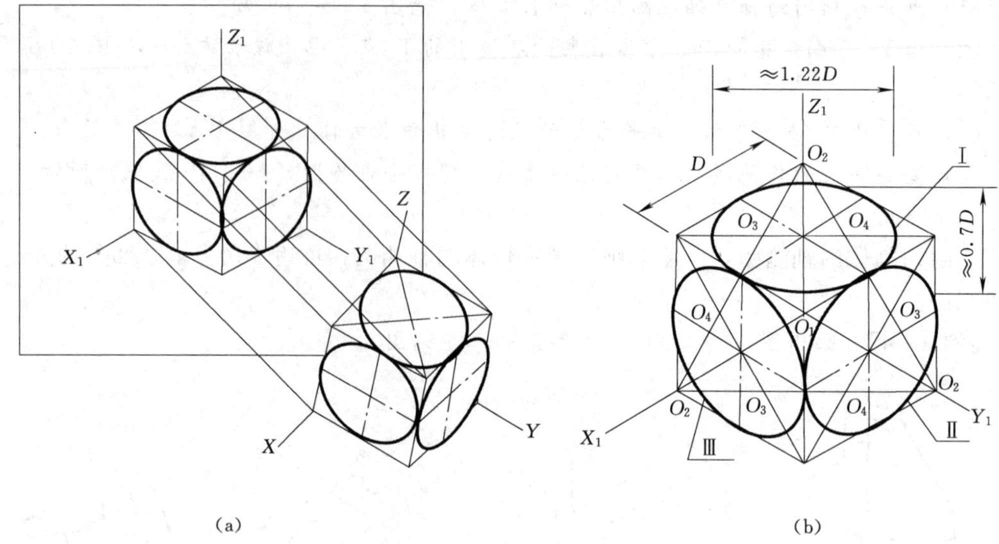

(a) (b)

图 4-7 平行坐标面圆的正等测图

方形投影为菱形，圆投影的椭圆用四段圆弧近似代替。

下面以水平圆为例，讲述具体作图方法：

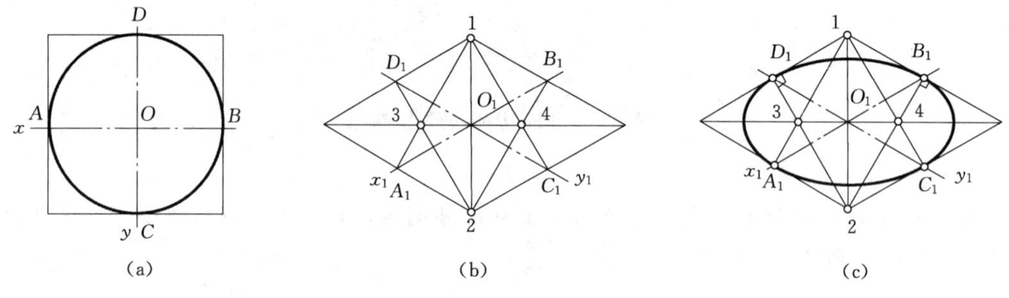

(a) (b) (c)

图 4-8 菱形法画椭圆

(1) 在投影图中，画圆的外切正方形，如图 4-8 (a) 所示。

(2) 以圆心的投影 O_1 为原点，以 O_1 为中心绘制轴测轴，沿轴测轴方向截取半径长度为 R，得到椭圆上四个点 A_1、B_1、C_1、D_1，过这四个点分别作轴测轴的平行线得到菱形。菱形对角线的端点 1、2 为两段圆弧的圆心。

(3) 连接菱形 $1A_1$ 和 $2B_1$ 交菱形的长对角线于 3、4 点为另外两个圆弧的圆心，如图 4-8 (b) 所示。

(4) 分别以 1、2 点为圆心，以 $1A_1$、$2B_1$ 为半径画 A_1C_1、B_1D_1 圆弧，再分别以 3、4 点为圆心，以 $3A_1$、$4B_1$ 为半径画 A_1D_1、C_1B_1 圆弧，即得到水平圆的正等测图，如图 4-8 (c) 所示。

用同样的方法可作出正平面圆和侧平面圆的正等测图，只是轴的方向发生变化。

2. 圆角的正等测

平行坐标面的四分之一圆角，它的正等轴测投影是部分椭圆，通常根据菱形法绘制。

【例 4-5】 绘制图 4-9（a）所示的带圆角的长方体正等测图。

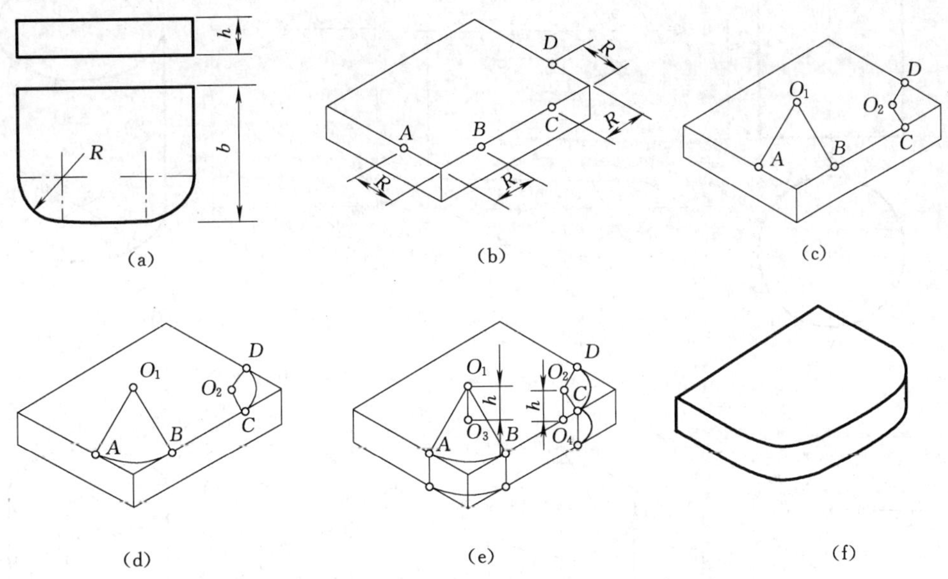

图 4-9　圆角的正等测图画法

（1）画长方体正等测图，并在其上由顶点沿两边分别截取圆角半径 R，得切点 A、B、C、D，如图 4-9（b）所示。

（2）过各切点 A、B、C、D 分别作所在边的垂线得交点 O_1、O_2，如图 4-9（c）所示。

（3）分别以 O_1、O_2 为圆心 O_1A、O_2C 为半径画弧，得到上底面圆角的正等测图如图 4-9（d）所示。

（4）将圆心 O_1、O_2 和各切点沿 Z 轴向下移长方体的高度 h，得到底面圆心 O_3、O_4 与各切点，再分别以 O_3、O_4 为圆心，以上底面上对应的半径为半径画弧，得到下底面圆角的正等测图，如图 4-9（e）所示。

（5）作右边上、下两圆弧的公切线，擦去多余线并加深轮廓线，结果如图 4-9（f）所示。

3. 曲面体的正等测图

工程上常见的曲面体有圆柱、圆锥（台）球等，绘制它们的正等测图就是绘制它们的上、下底面圆的投影以及曲面的外形轮廓线。作图时，首先应明确圆所在的平面和哪一个坐标面平行，才能保证画出的椭圆正确。

【例 4-6】 绘制图 4-10（a）所示圆柱正等测图。

分析：

从视图看来该圆柱体轴线是铅垂线，所以圆柱的上、下底圆均平行于水平面（XOY 坐标面），所以，上、下底圆的投影在轴测投影面上是椭圆。

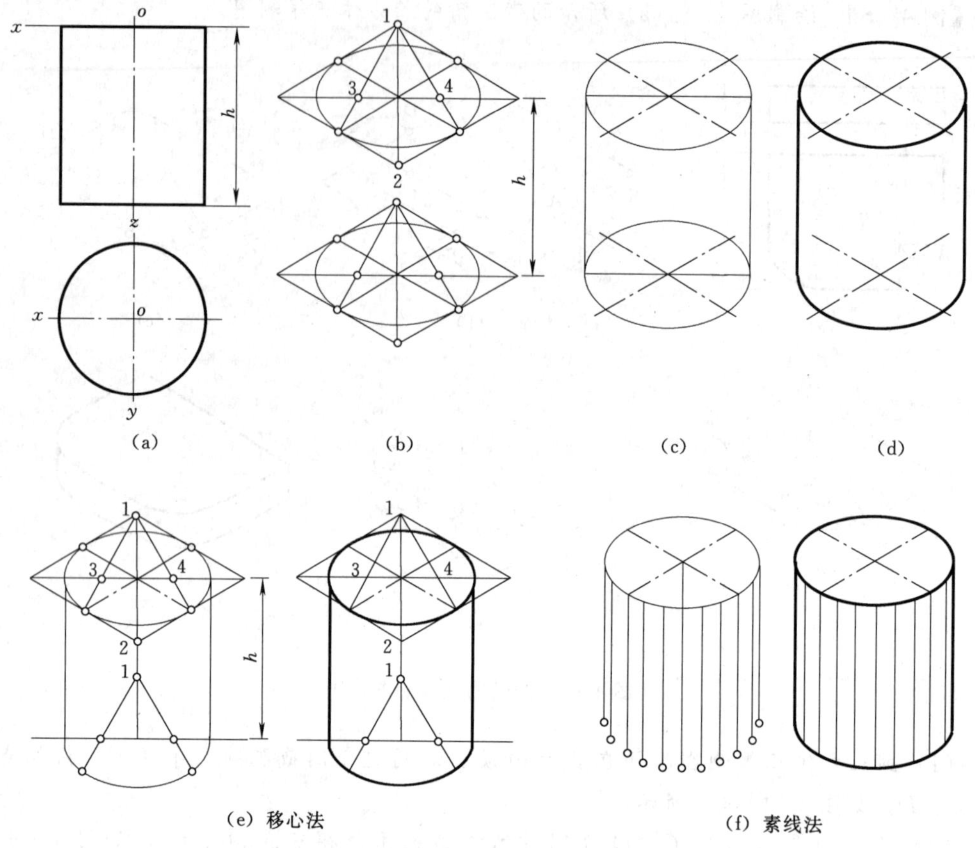

图 4-10　圆柱体正等测图的画法

作图：

(1) 先在视图上建立如图 4-10 (a) 所示的坐标系。

(2) 根据圆柱高度 h 定出上、下底圆的中心，利用菱形法绘制如图 4-10 (b) 所示的椭圆。

(3) 再画出两椭圆的公切线，即得圆柱轮廓线。如图 4-10 (c) 所示。

(4) 擦去多余线条，加深轮廓线，完成全图，如图 4-10 (d) 所示。

从画成的圆柱轴测图看上下两个椭圆完全相等，且对应点之间的距离均为 h。所以只要完整地画出上底椭圆，下底椭圆及各段圆弧相连处的切点，沿 Z 轴方向量取高度 h 均可找到，这是实际作图常用的方法，称为移心法，如图 4-10 (e) 所示，它可以简化作图，保持图面整洁、清晰。

注意：如图 4-10 (f) 所示，从椭圆上作任意条等长素线的方法称为素线法。

图 4-11 是圆柱轴线垂直不同的投影面的正等轴测投影，作图方法与图 4-10 相同，只是椭圆中心线方向不同。

图 4-12 (a) 是圆锥的正等测图。绘制时先画锥底圆和锥顶的轴测投影。再过锥顶作锥底椭圆切线，即得轮廓线。

图 4-12 (b) 是圆球的正等测图，圆球的正等测图它的外形轮廓是一个圆，其直径

等于球的直径，为了加强立体感，常需要画出三个坐标面最大平行圆的轴测投影椭圆，分别以 $X_1O_1Y_1$、$X_1O_1Z_1$、$Y_1O_1Z_1$ 为坐标面画出三个椭圆。

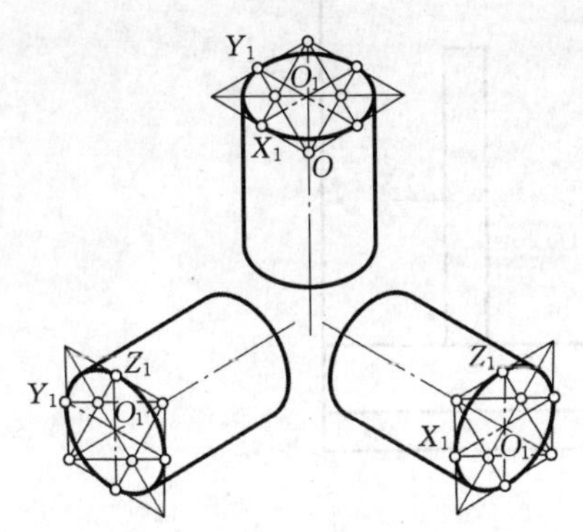

图 4-11 圆面平行于不同坐标面的圆柱正等测图

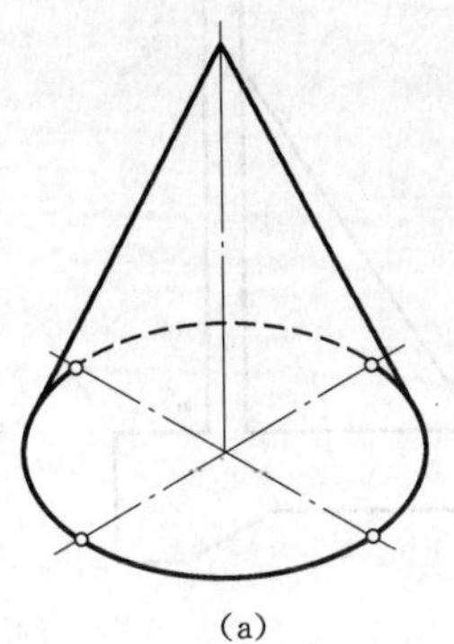

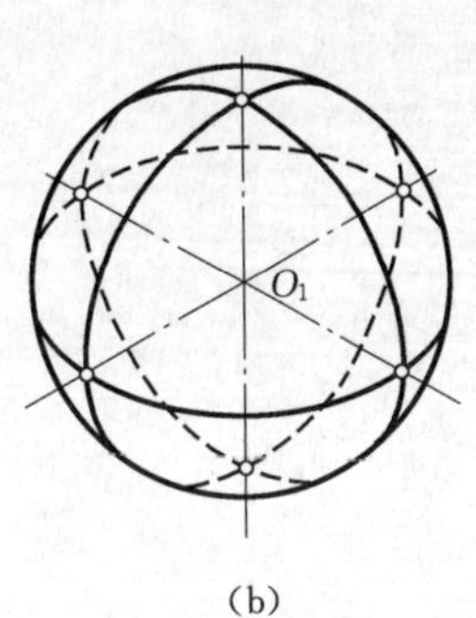

图 4-12 圆锥、球的正等测图

第三节 斜二测图的画法

一、平面体

斜二测图是斜轴测投影的一种，绘制斜轴测图与正等测图方法相同，只是轴测轴的方向与轴向伸缩系数不同。绘制斜二测一般是将形体摆平放正，主要特征面平行于轴测投影面，投影方向与轴测投影面倾斜。

【例 4-7】 画出图 4-13 (a) 所示的挡土墙的斜二测图。

分析：

由投影图可以看出，挡土墙可以看作一个直多棱柱和一个三棱柱叠加而成，正面投影反映各形体的真实形状，故取轴测投影面与正面平行，绘制正面斜二测图，建立坐标如图 4-13 (a) 所示。

作图：

(1) 画正等测图的轴测轴，画出直多棱柱的轴测图，Y_1 方向 $q=0.5$，如图 4-13 (b) 所示。

(2) 根据视图定出扶壁的位置，画出三棱柱的三角形底面，如图 4-13 (c) 所示。

(3) 画完扶壁的轴测图，擦去多余的线，加深可见轮廓线，完成全图，如图 4-13 (d) 所示。

二、曲面体

1. 圆的斜二测图

在斜二测图中，若坐标面上的圆与轴测投影面平行，投影反映圆的实形，另外两个坐标面上的圆投影则为椭圆，椭圆的长、短轴方向与相应的轴测轴既不垂直也不平行，如图

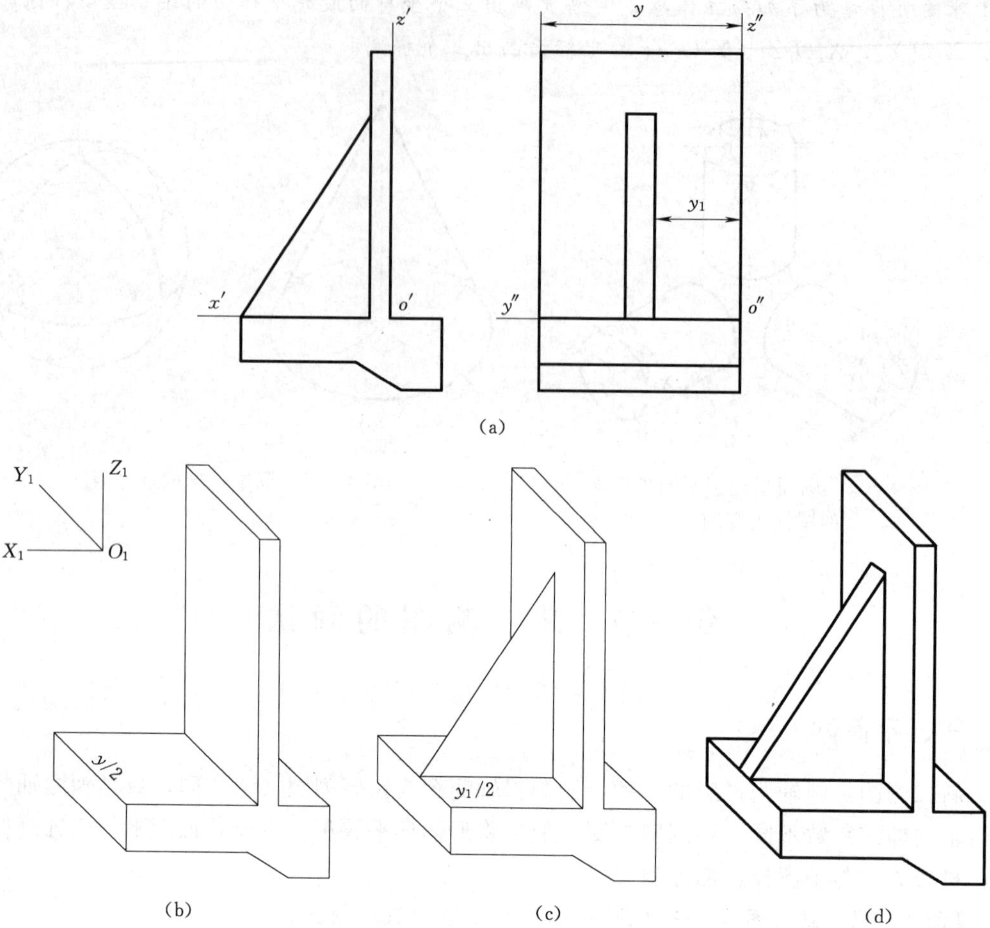

(a)

(b)　　(c)　　(d)

图 4－13　挡土墙的斜二测图

4－14 所示，作这些椭圆可以利用已知圆的共轭直径，采用八点作出，也可以用平行弦法画出。

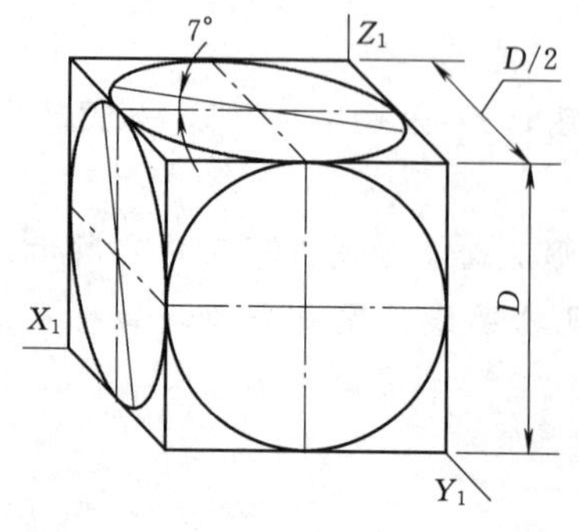

图 4－14　平行坐标面圆的斜二测图

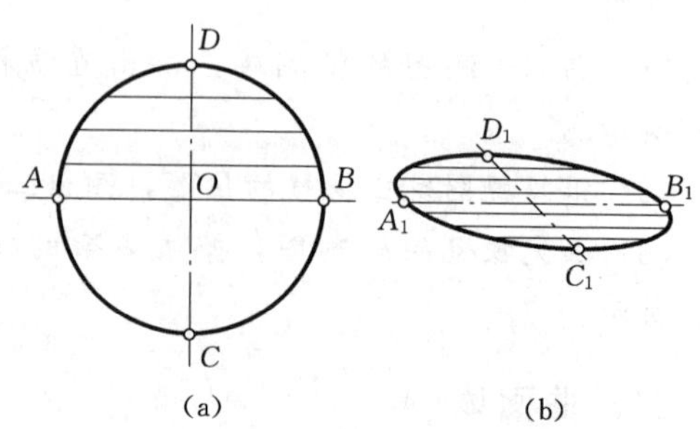

图 4－15　平行弦法画椭圆

平行弦法就是利用平行于坐标轴弦的端点定出圆周上各点的位置，其实质仍是坐标法，此法也适用于正轴测投影椭圆的绘制。

作图方法如图 4-15 所示，以圆心为坐标原点，中心线为坐标轴，将 Y 轴方向 n 等分，图 4-15（a）中为八等分，过每一等分点作与 OX 平行的弦。用坐标法在轴测图上画出相应的弦，求出各端点，用光滑的曲线连起来即为轴测投影椭圆，如图 4-15（b）所示。

注意：O_1Y_1 轴与 O_1X_1 轴方向的轴向伸缩系数不同。

2. 形体斜二测图

【例 4-8】 画图 4-16（a）所示 U 形渡槽的斜二测图。

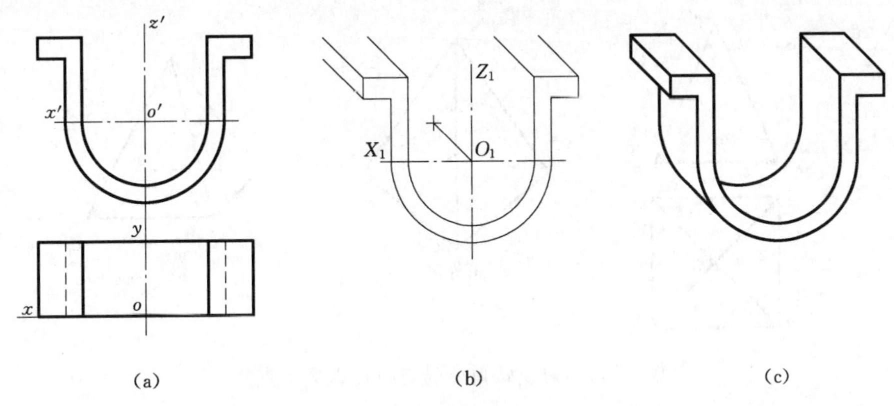

图 4-16　U 形渡槽的斜二测图的画法

分析：

U 形渡槽正面（XOZ 面）投影反映了该形体的主要特征，Y 方向上只是直线。所以正平面是特征面，在斜二测图中特征面平行轴测投影面反映实行，Y 方向上缩小一半绘制。

作图：

(1) 绘制轴测轴，画出 U 形渡槽正面投影实形，如图 4-16（b）所示。

(2) 沿 Y_1 方向截取 U 形渡槽一半长度，绘制后面的可见圆弧及轮廓线。

(3) 绘制外轮廓线两圆弧的公切线并加深，完成作图，如图 4-16（c）所示。

第四节　轴测图的选择

一、轴测图种类选择

轴测投影图由于轴间角和轴向伸缩系数的不同，致使形体采用不同的类型，画出的图形立体感强弱不同，画图的难易程度也不同，绘制轴测图时，应以立体感强和作图简单为原则。正等测一般适用于三个方向复杂成度相当或者各个坐标面都有圆、圆角或者曲线的形体；斜二测一般适用于某一坐标面上平面图形比较复杂或者有圆、圆角，其余方向是直线或者比较简单的形体。

选择投影类型应注意以下几点：

(1) 避免转角处的交线投影成一直线。轴测投影方向（种类）的选择，应尽量不与物体转角处交线所确定的平面平行，如图 4-17 所示，该物体左前方转角处的四条棱线均恰好在与 V 面成 45°的铅垂面上，与正等测的轴测投影方向平行、该四条棱线的正等测必然投影成一直线。此时正等测就不如斜二测。

(2) 避免轴测图成左右对称的图形。轴测投影方向应尽量不与物体的对称平面平行，如图 4－17、图 4－18 所示物体，由于两物体的对角线平面（对称平面）恰好与正等侧的轴测投影方向平行，因此，两物体的正等测图均左右对称；其正等测图就显得呆板，直观性差。选用斜二测就无此弊病。这一要求只对平面形体而言，因为圆柱、圆锥、圆球的正轴测投影总是左右对称。

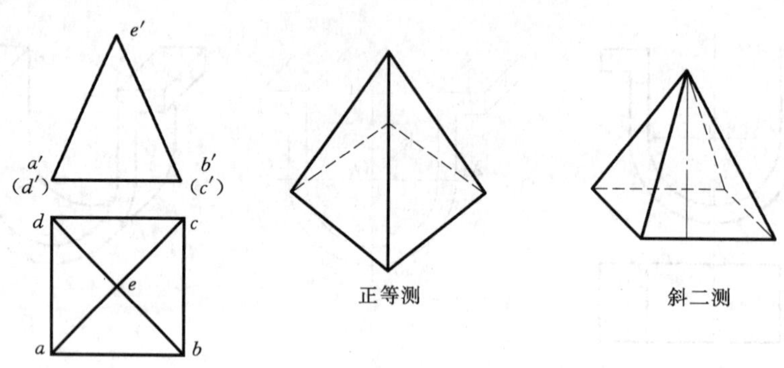

图 4－17　避免转角处的交线投影成一直线

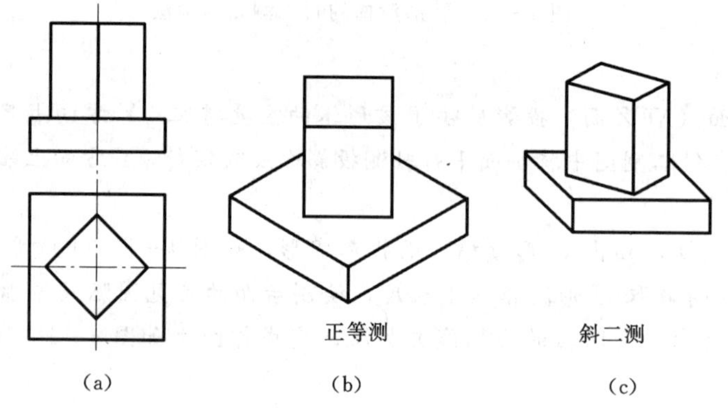

图 4－18　避免轴测图成左右对称图形

(3) 避免形体的侧表面轴测投影积聚成一条直线。如形体有一个侧面恰好与 X 轴成 45°或 70°方向，它的正等测或斜二测投影就聚积成一条直线（与投影方向平行），如图 4－18 所示。由于物体上四棱柱有两个侧面与 V 面成 45°的铅垂面，与正等测的轴测投影方向平行，两个侧表面就聚积成一条直线，应选用斜二测图或其他轴测投影图。

(4) 避免被遮挡。轴测图上尽可能将隐蔽的部分表达清楚，要能看透孔洞或看见孔洞的底面。图 4－19 是一个压盖，采用正等测，通孔看不出穿透，椭圆也难画；若采用斜二测通孔可以看穿，作图也简便。

二、轴测图观察方向的选择

轴测投影作图时由于观察方向不同，轴测轴位置的不同，图形的效果也不同，画图的目的是反映形体需要表达部分的结构形状。如图 4－20 所示的形体就是从不同的方向

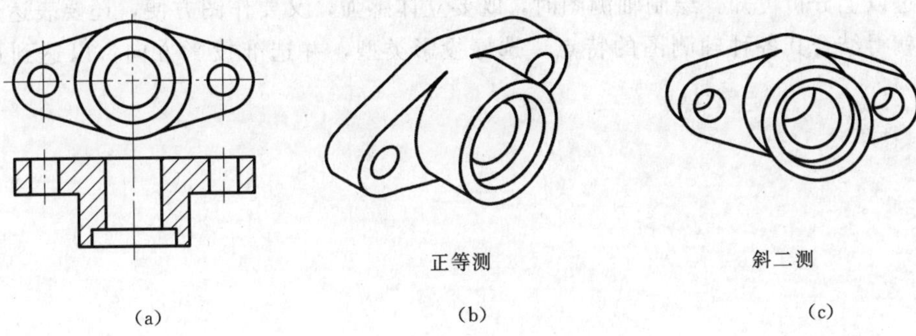

图 4-19 轴测图对隐蔽结构的表达效果比较

观察形体，得到的轴测图。图 4-20（b）就比图 4-20（c）表达得清晰、完整，效果也好。

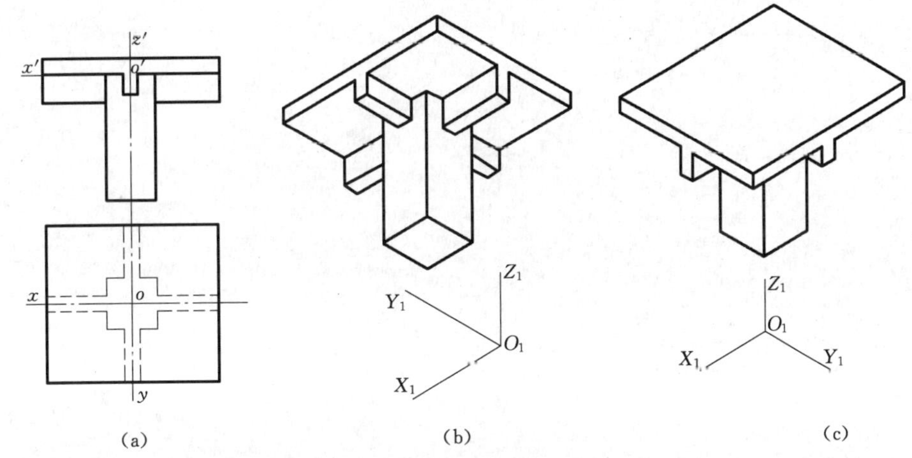

图 4-20 形体不同投影方向的比较

图 4-21 是启闭机平台的轴测图，请自行阅读并判别优缺点。

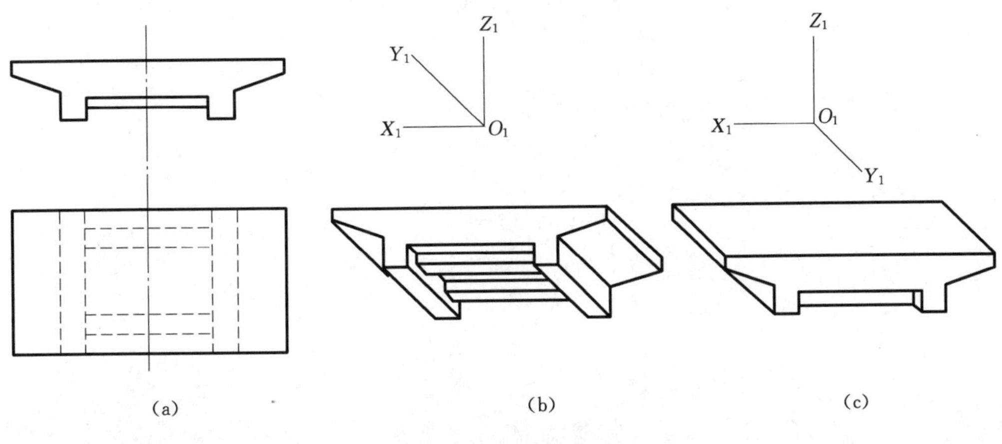

图 4-21 启闭机平台

通过以上分析可知，绘制轴测图时，既要立体感强，又要作图方便，还要表达形体完整，这就得结合其各种轴测图的特点，选好投影类型，并选准投影方向，以达到预期的目的。

第五章　立体表面的交线

工程建筑物可以看作是由一些立体经过某种形式的组合而形成的。这些立体在组成建筑物时，有的表面被截切，有的表面与另一立体表面相交，产生表面交线，如图 5-1 所示。这些交线按其形成常常被称为截交线和相贯线。画工程建筑物的视图时，需要将其表面的截交线或相贯线准确地画出来。识读工程建筑物的视图时，同样也需要分析其表面交线。

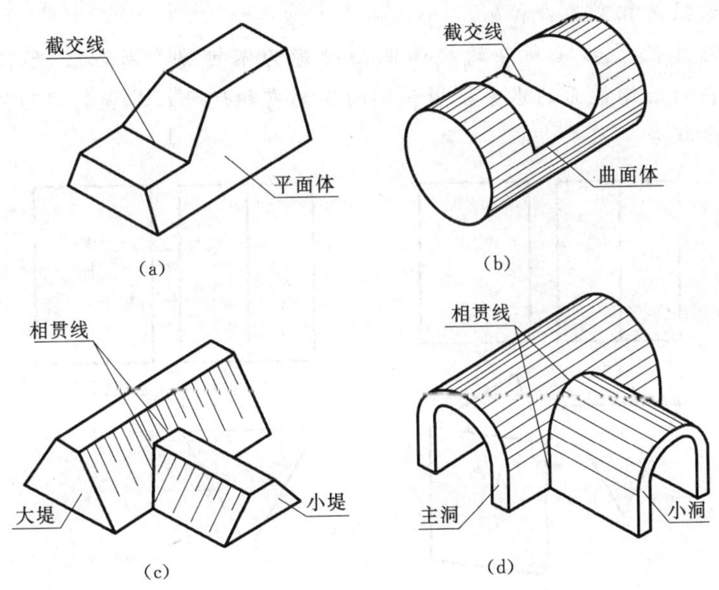

图 5-1　表面交线实例

从图 5-1 中可以看出，截交线是平面截切立体所产生的表面交线，相贯线是两个立体相交所产生的表面交线。截交线和相贯线都是平面与立体或两个立体表面的共有线，也是相交两面的分界线。这些分界线是由一系列共有点所组成的。因此，要掌握立体表面截交线和相贯线的画法，必须能够在立体表面取点，即掌握求立体表面共有点的方法。

第一节　立体表面取点

一、积聚性法

积聚性法是利用点所在立体表面投影有积聚性的特点，直接求点的投影的方法。

需要指出：立体的投影图中存在着某表面可见与不可见的问题，因此其表面上点的投影也需要判别可见性。即点所属表面的投影可见，则点的投影也可见；反之为不可见。

【例 5-1】 已知三棱柱表面上点 A 和点 B 的正面投影 a' 和 (b')，如图 5-2 (a) 所示，求它们的水平投影和侧面投影。

分析：

由于点 A 的正面投影可见，且位于右侧，可判定点 A 位于三棱柱的右侧棱面内。由于点 B 的正面投影不可见，可判定点 B 在三棱柱的后侧棱面内。由于三棱柱表面的水平投影有积聚性，因此，可利用积聚性直接求出水平投影，再根据投影规律求出侧面投影。

作图步骤如图 5-2 (b) 所示：

(1) 求投影。由 a' 向下作竖直线，与三棱柱右侧棱面的积聚投影相交为 a；根据投影规律，由 a' 和 a 求出侧面投影 a''。由 (b') 向下作竖直线、向右作水平线，分别与三棱柱后侧棱面的积聚投影相交为 b 和 b''。

(2) 判定可见性。点 A 所在的棱面侧面投影为不可见，所以 a'' 为不可见，标记为 (a'')；点 B 所在的后侧棱面的水平投影和侧面投影有积聚性，其点的同面投影从属于其积聚投影，不需要括号。

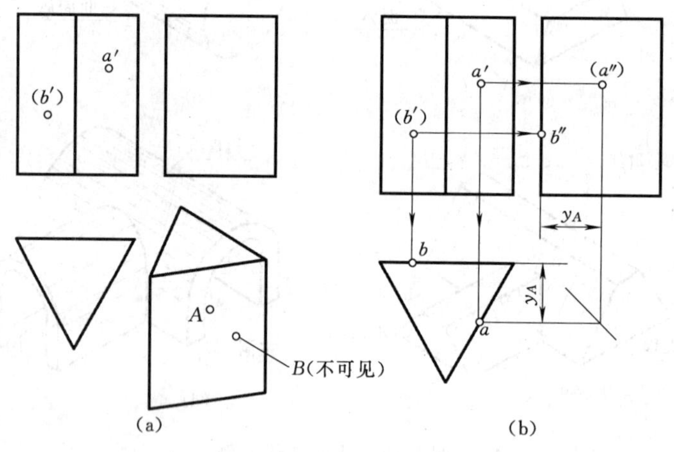

图 5-2　三棱柱表面取点

【例 5-2】 已知圆柱体表面上 A、B 两点的正面投影，求作另外两面投影，如图 5-3 (a) 所示。

分析：

圆柱的水平投影积聚为一圆，则 A、B 两点的水平投影 a、b 必在该圆周上；由于 a'、b' 为可见，判定 A、B 两点均位于圆柱的前半柱面上，且点 A 位于最前轮廓素线上。

作图步骤如图 5-3 (b) 所示：

(1) 过 a'、b' 向下作竖直线与前半圆周相交于 a、b 点。

(2) 过 a' 向右作水平线，与圆柱最前轮廓素线相交于 a''；再按投影规律，由 b、b' 求出 b''。

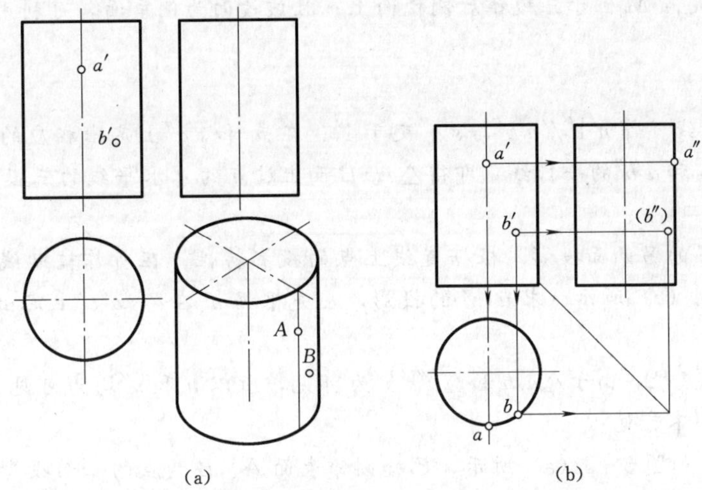

图 5-3　圆柱表面取点

(3) 判定可见性。点 B 位于右半圆柱面上，其侧面投影为不可见，注记为 (b'')。

二、辅助直线法

辅助直线法是当点所处的立体表面投影无积聚性时，需在该立体表面上过已知点作一条辅助直线，先求辅助直线的投影，再根据直线上点的投影特性，求出该点的投影。

【例 5-3】　已知三棱锥表面上点 N 的正面投影 n 和点 M 的水平投影 m，求它们的另两面投影，如图 5-4 (a) 所示。

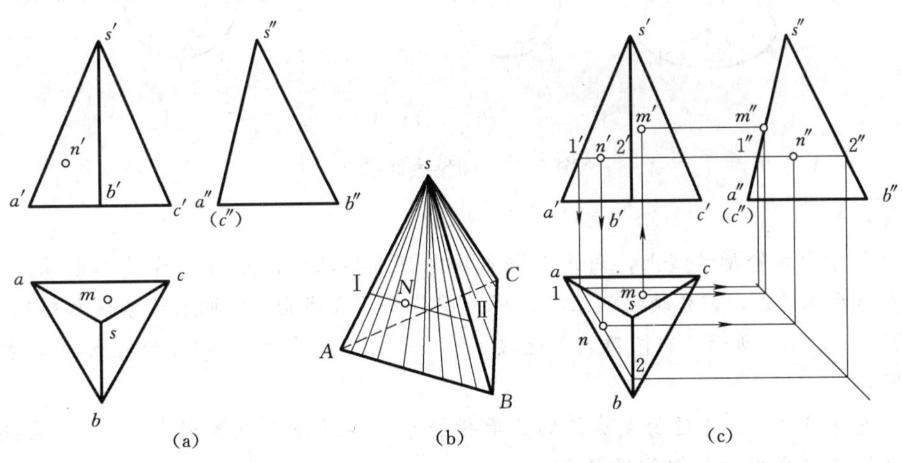

图 5-4　三棱锥表面取点

分析：

根据点 N 的正面投影 n' 可见，在 $\triangle a's'b'$ 内，可判定点 N 位于三棱锥右侧棱面上；且该棱面为一般位置平面，需在该面上作辅助直线，如图 5-4 (b) 平行于底边的水平线作辅助线，然后利用辅助线的投影，求出 N 点的其他投影。而点 M 的水平投影 m 可见，在

$\triangle asc$ 内，可判定点 M 位于三棱锥后侧棱面上；且该棱面为侧垂面，可利用积聚性法直接求出。

作图：

（1）作辅助线。作 $n'1' /\!/ a'b'$ 与 $s'a'$ 交于 $1'$；在 sa 和 $s''a''$ 上定出相应的 1 及 $1''$，再过 1 及 $1''$ 分别作 ab 和 $a''b''$ 的平行线，即得$\triangle ASB$ 面上过点的 n 水平线的三投影，如图 5-4（c）所示。

（2）求点 N 的另两面投影。根据直线上点的投影特性，在所作辅助线上由 n' 求出 n 及 n''，如图 5-4（c）所示；求点 M 的投影，应先根据 m 在$\triangle s''a''c''$上定出 m''，再由 m、m'' 求出 m'。

（3）判定可见性。由于$\triangle asb$ 和$\triangle a''s''b''$为可见，所以 n 和 n'' 均为可见。因为$\triangle a's'c'$不可见，所以 m' 不可见。

【例 5-4】 如图 5-5（a）所示，已知圆锥表面 A、B 两点的正面投影，求作其他两面投影。

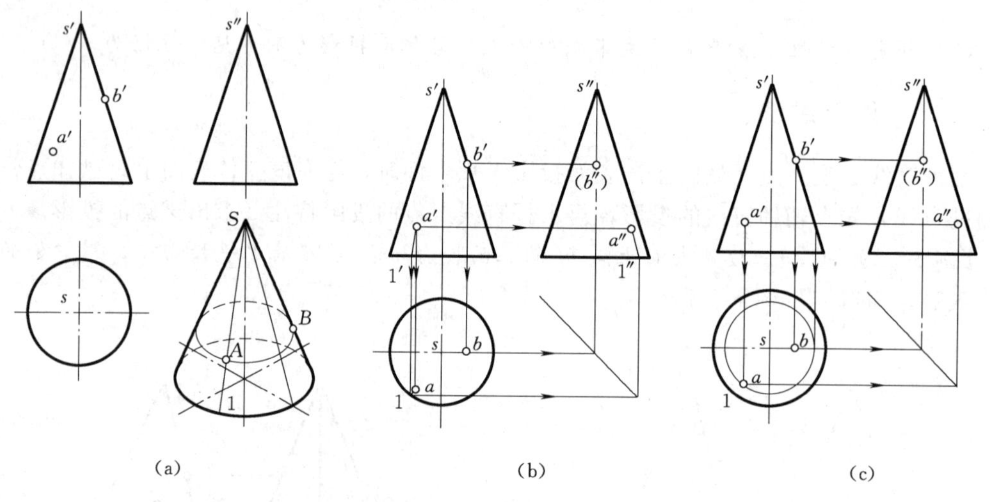

图 5-5 圆锥表面取点

分析：

点 B 位于最右轮廓素线上，用线上取点法即可直接求之；点 A 位于圆锥表面上，由于其表面投影无积聚性，需作辅助线求之。因为圆锥面是直线面，可取表面素线作辅助直线求之。如图 5-5（b）所示，在圆锥表面连接 SA 并延长交底圆于Ⅰ，SⅠ即为过点 A 的素线。

作图：

（1）连接直线 $a's'$ 并延长交底圆的正面投影于 $1'$，根据 $1'$ 直接求出 1、$1''$；连接两点，即得辅助线的水平投影和侧面投影。

（2）由直线上点的投影在 $s1$ 和 $s''1''$ 上求出 a 及 a''，如图 5-5（b）所示。

（3）判定可见性。由于点 A 在左半圆锥面上，其侧面投影为可见。

三、辅助圆法

回转体表面上任一点，在随着其母线旋转一周过程中所形成的轨迹为一垂直于轴线的圆。辅助圆法就是根据这一原理，过所求点在其表面先取一圆，求出圆的投影后，再求该点的投影，如图 5-5（c）圆锥立体图和图 5-6（a）圆球表面取点。

【例 5-5】 辅助圆法求图 5-5（a）所示圆锥表面 A 点的水平投影和侧面投影。

作图：

（1）过 a' 作圆锥轴线的垂直线，交于圆锥左右轮廓素线，其轴线至轮廓素线的距离即该辅助圆的半径 R；在水平投影上以 S 为圆心，以 R 为半径，作辅助圆的水平投影。由 a' 求得 a，由于 a' 是可见的，所以 a 在前半锥面上。

（2）由 a'、a 求得 a''。由于 A 点在左半锥面上，所以 a'' 为可见的。

作图结果如图 5-5（c）所示。

【例 5-6】 如图 5-6（a）所示，已知圆球表面 A 点的正面投影和 B 点的水平投影，求作其他两面投影。

分析：

点 B 水平投影位于中心线上，说明该点位于前后方向轮廓圆上，可直接求得；点 A 位于球面上，由于球面的三个投影都没有积聚性，可用辅助圆法求解。

作图过程如图 5-6（b）所示。

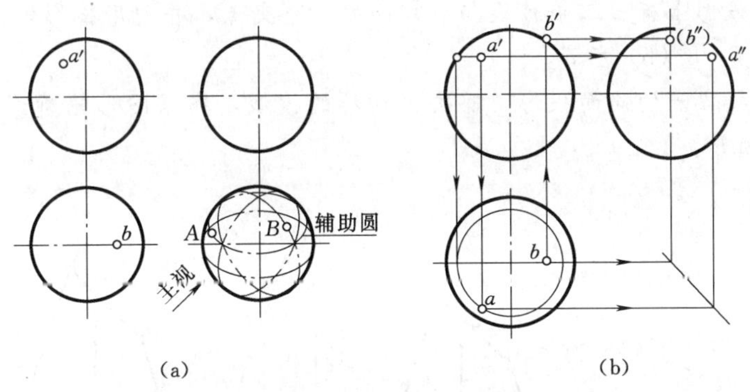

图 5-6 圆球表面取点

第二节 截 交 线

如前所述，立体被平面截切所产生的交线称为截交线。通常把用来截断立体的平面称为截平面，被截断的立体称为截断体，截交线与所围成的平面区域称为截断面。那么，截交线具有如下特性：

（1）截交线为封闭的平面图形。

（2）截交线既在截平面上，又在立体表面上，因此截交线是截平面与立体表面的共有线，截交线上的点都是截平面与立体表面的共有点。所以，求作截交线就是求截平面与立体表面的共有点和共有线。

一、平面体截交线

平面体截交线一般是平面多边形，多边形的边数可由立体上参与截交的棱面（或底

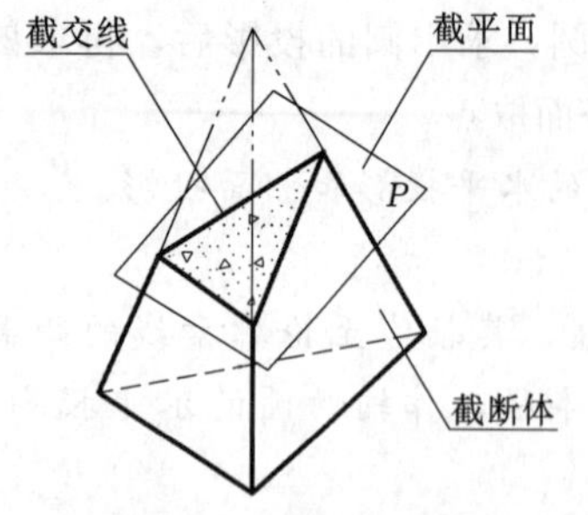

图 5-7　平面体截交线形成示例

面）数量决定，多边形的角顶点是参与截交的棱线（或底面边线）上的点。平面截交线的形成如图 5-7 所示。因此，求截交线时，要先求出被截立体上各棱线（或底面边线）与截平面的交点，然后依次连成多边形即可。

作图的基本思路是：首先根据立体特征及截切位置判断出截交线的空间形状，再分析截交线的投影情况，确定作图顺序与方法。

【例 5-7】 已知正三棱锥被正垂面截切，试作截交线的投影，如图 5-8（a）所示。

分析：

三棱锥被正垂面截切，截断了三条棱线，截交线为三边形，三边形的角顶点即为三条棱线与正垂面的交点。截交线的正面投影积聚成一斜直线为已知，三个交点的正面投影就在该斜线上。采用“线上取点法”可求各交点的另两面投影，然后依次连接各点的同面投影，即得截交线的投影。

作图：

(1) 在正面投影上标出三条棱线与正垂面的三个交点，并利用投影规律求出三点的另两面投影，如图 5-8（b）所示。

(2) 依次连接各点的同面投影，擦去被切掉的棱线，描深图形轮廓线，即完成作图，如图 5-8（c）所示。

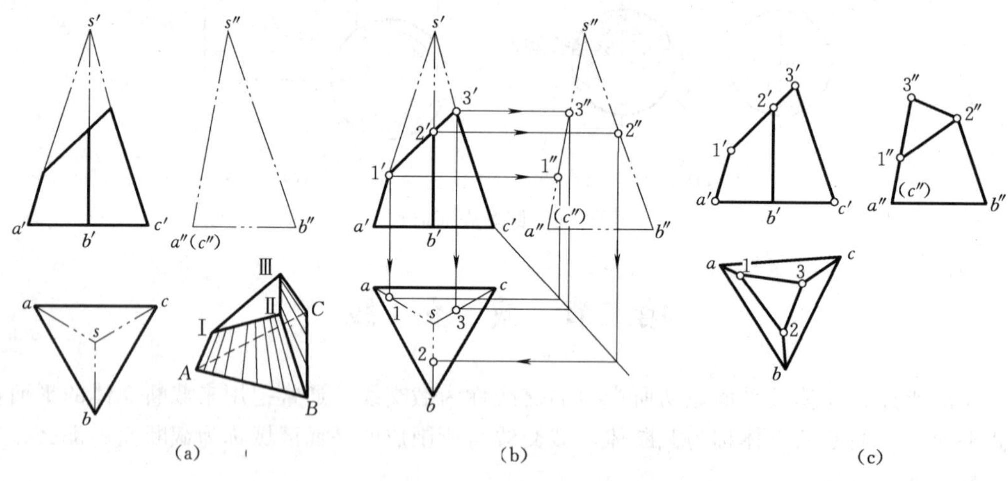

图 5-8　求作三棱锥截交线

【例 5-8】 已知正六棱柱被截切后的正面投影，试完成其水平投影和侧面投影，如图 5-9（a）所示。

分析：

六棱柱被两个相交平面切割，其中一个是侧平面，截交线为矩形，其正面投影和水平投影均积聚为直线，侧面投影反映实形。另一个是正垂面，截交线为七边形，其正投影积聚成倾斜直线，其六条边的水平投影与六棱柱表面的积聚投影重合，其侧面投影与水平投影为类似形。两平面相交有一公共边为正垂线。

作图：

(1) 作出完整六棱柱的侧面投影。

(2) 在正面投影上标出各转折点及两相交平面的投影。

(3) 由正面投影作出各点的水平投影和侧面投影。

(4) 依次连接各点的同面投影，擦去被切掉的线条，描深可见轮廓线（不可见轮廓线以虚线画出），即完成作图，如图 5-9 (b) 所示。

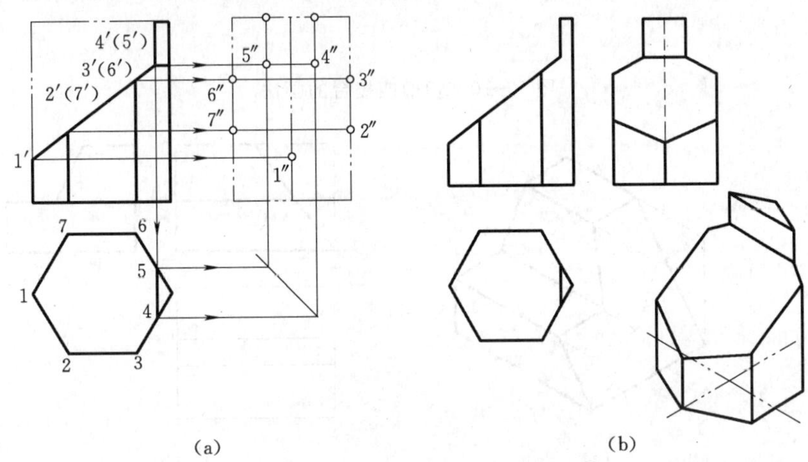

图 5-9 求作六棱柱截交线

【例 5-9】 试画出图 5-10 (a) 所示切槽四棱台的三面投影。

分析：

该四棱台的槽为两侧平面和一个水平面截切而成。两个侧平面在 V 面和 H 面投影都有积聚性；一个水平面在 V 面和 W 面投影有积聚性。这样，该槽的正面投影有积聚性，可直接画出；侧面投影其槽底为不可见，可根据正面投影直接画出；水平投影为可见，需根据其两面投影画出。

作图：

(1) 画出四棱台的三面投影，正面投影上含贯通的槽，侧面投影上含槽底的虚线，如图 5-10 (b) 所示。

(2) 再按投影规律补出槽底的俯视图，如图 5-10 (b) 所示。

(3) 擦去被切掉的线条，加深整理，完成作图，如图 5-10 (c) 所示。

【例 5-10】 图 5-11 (b) 所示为直六棱柱被正垂面截切，求作截交线的投影。

分析：

直六棱柱被正垂面截切，截断了体上六条棱，截交线为六边形，如图 5-11 (a) 所示。截交线的正面投影积聚成一斜直线为已知，侧面投影与直棱柱左视图六边形重合，水平投影应为类似形，需要进一步求作。

作图：

(1) 在侧面投影中标出截交线各顶点 1″、2″、3″、4″、5″、6″，再在正面投影上对应

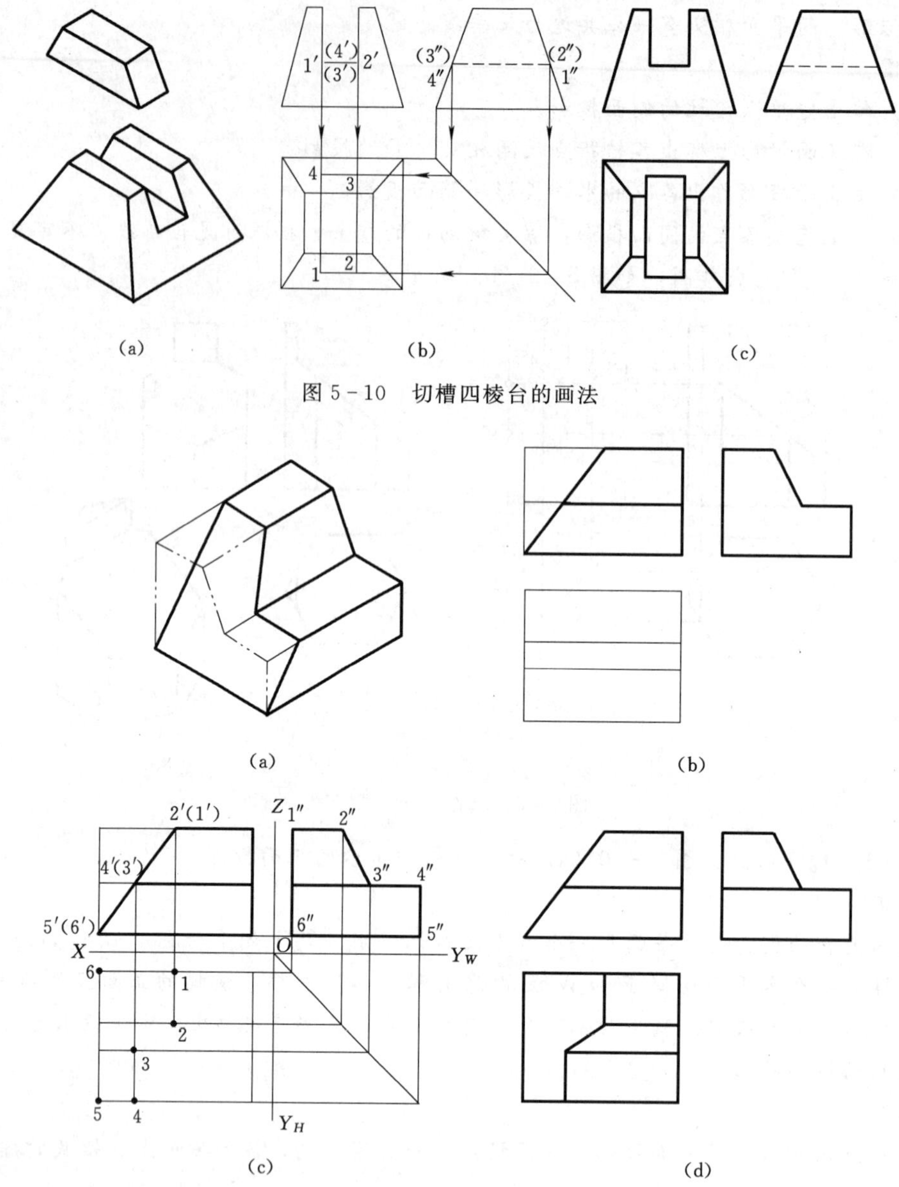

图 5-10　切槽四棱台的画法

图 5-11　求作六棱柱截交线

标出 1′、(2′)、(3′)、4′、5′、(6′)，然后根据投影规律，求出截交线上各顶点的水平投影 1、2、3、4、5、6，如图 5-11 (c) 所示。

(2) 依次连接 1、2、3、4、5、6 点，即得截交线水平投影。擦去被切掉的线条，加深完成作图，如图 5-11 (d) 所示。

二、曲面体截交线

1. 曲面体截交线的形状

(1) 圆柱体。圆柱被平面截割后产生的截交线，因截平面与圆柱轴线的相对位置不同，有三种不同的形式，见表 5-1。

表 5-1　　平面与圆柱相交的三种情况

截平面位置	平行于轴线	垂直于轴线	倾斜于轴线
截交线形状	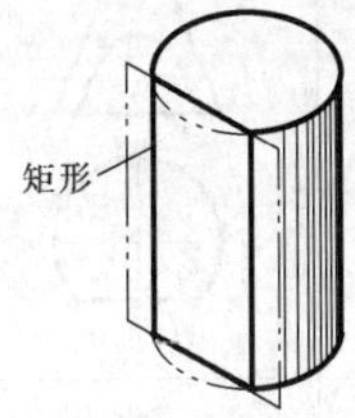 矩形	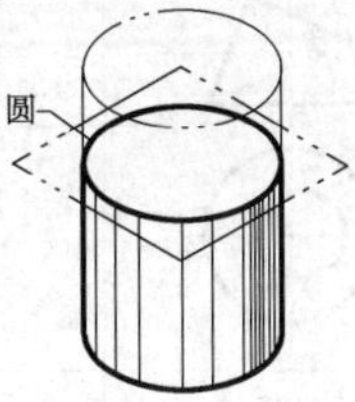 圆	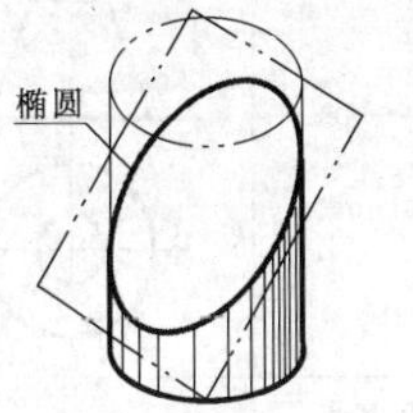 椭圆
投影情况	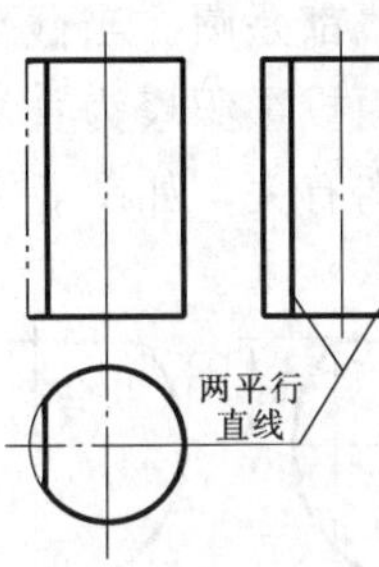 两平行直线	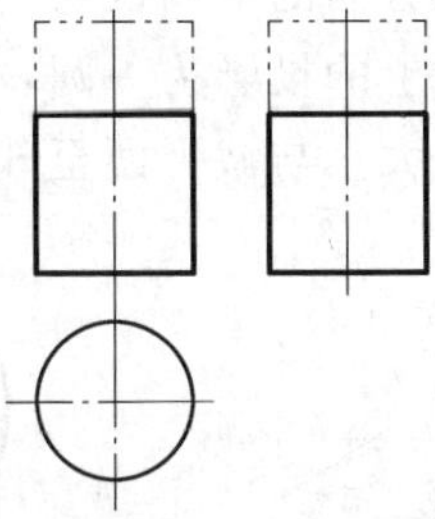	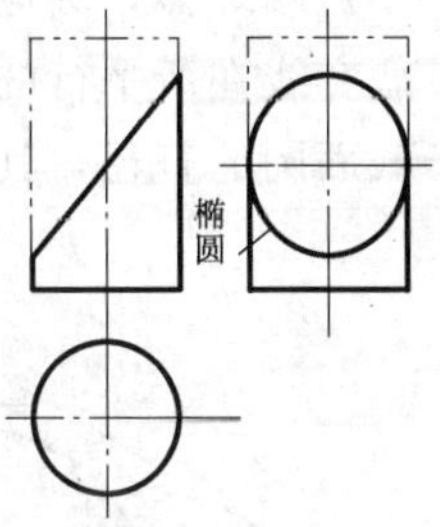 椭圆

1）当截平面平行于圆柱轴线时，截交线的形状是矩形。

2）当截平面垂直于圆柱轴线时，截交线的形状是圆柱表面的圆。

3）当截平面倾斜于圆柱轴线时，截交线是椭圆。椭圆的形状和大小随截平面对圆柱轴线的倾斜程度不同而变化，但短轴总是圆柱的直径。

（2）圆锥体。圆锥体被平面截割后产生的截交线，因截平面与圆锥轴线的相对位置不同，有五种不同的形式，见表 5-2。

1）截平面垂直于圆锥轴线时，截交线是圆。

2）截平面倾斜于圆锥轴线并与所有素线相交时，截交线是椭圆。

3）截平面倾斜于圆锥轴线并与一条素线平行时，截交线是抛物线。

4）截平面平行于圆锥轴线时，截交线是双曲线。

5）截平面通过圆锥顶点时，截交线是三角形。

表 5-2　　平面与圆锥相交的五种情况

截平面位置	垂直于轴线 $\theta=90°$	与所有素线相交 $\theta>\alpha$	平行于一条素线 $\theta=\alpha$	平行于两条素线 $\theta=0°$	过锥顶 $\theta<\alpha$
轴测图	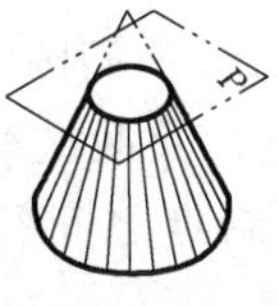 P	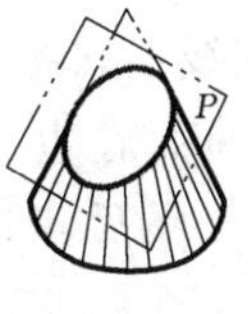 P	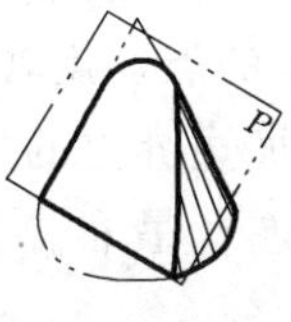 P	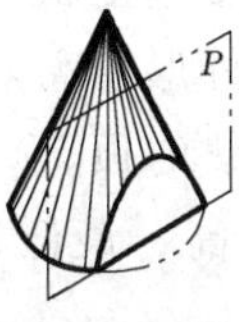 P	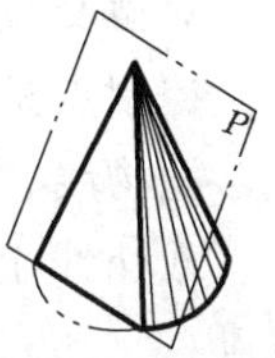 P

续表

截平面位置	垂直于轴线 $\theta=90^{\circ}$	与所有素线相交 $\theta>\alpha$	平行于一条素线 $\theta=\alpha$	平行于两条素线 $\theta=0^{\circ}$	过锥顶 $\theta<\alpha$
投影图	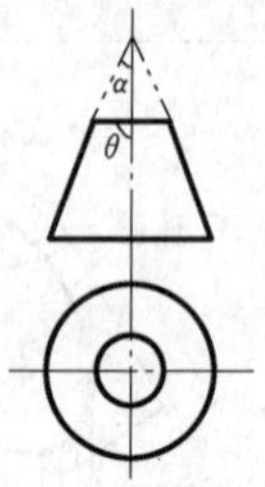	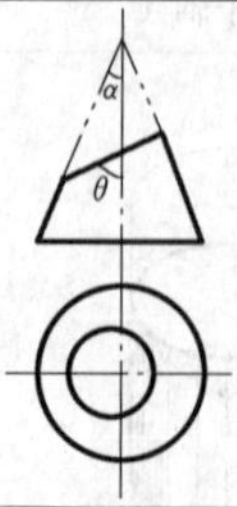	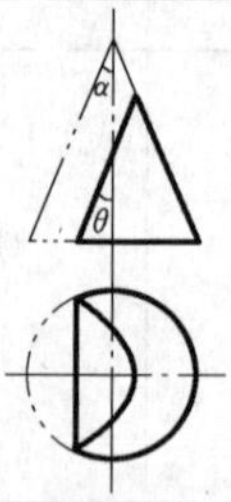	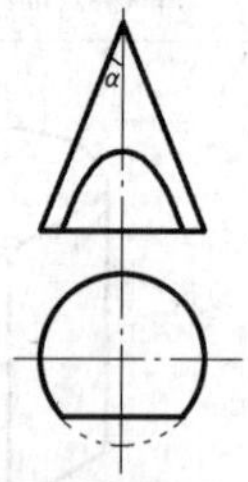	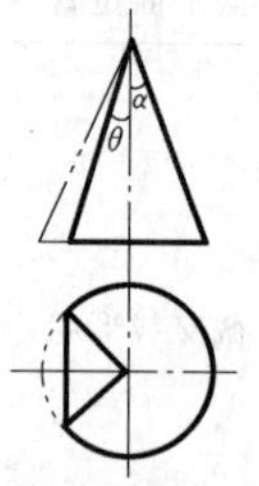
截交线	圆	椭圆	抛物线	双曲线	相交二直线

(3) 圆球体。圆球被任意方向的平面截切，其截交线都是圆。当截平面与投影面平行时，截交线在所平行的投影面上的投影为一圆，其余两面投影积聚为直线；该直线的长度等于截面圆的直径，其直径的大小与截平面至球心的距离有关，如图 5-12 所示。

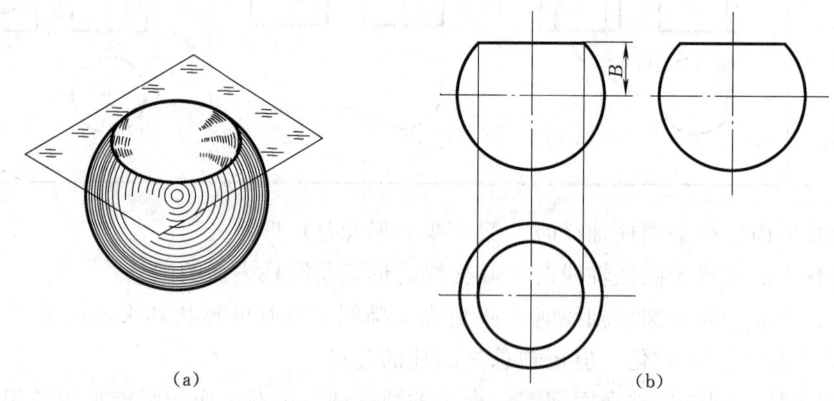

图 5-12　圆球被水平面截切

2. 曲面体截交线的画法

根据曲面体截交线的形状特点，求作曲面体截交线时可分为以下两种情况：

(1) 当截交线为直线或平行于投影面的圆时，投影可由已知条件根据投影规律直接求出。

(2) 当截交线为椭圆、抛物线、双曲线等非圆曲线或非投影面平行圆时，需求出曲面和截平面上的一系列共有点，然后连成光滑曲线。求共有点常用的方法是“体表面取点法”。

为使所求截交线的形状准确，作图迅速，在求作非圆曲线截交线时，应按照先求控制点（对截交线的投影起控制作用的点），再求中间点的步骤作图。

控制点是曲面外形轮廓素线上的点、反映截交线形状特征的点（如椭圆的长、短轴端点，抛物线、双曲线的顶点）、曲面边界上的点（曲面底边上的点）及截交线的极限位置点（截交线上的最高、最低、最左、最右、最前、最后点）；控制点之间补充的点是中间点。

【例 5-11】 补出开槽圆柱的三面投影，如图 5-13（a）所示。

分析：

圆柱上端开槽部分是由两个与轴线平行的侧平面和一个与轴线垂直的水平面截切而成的。两个侧平面与圆柱面的截交线是左右对称的两个矩形，矩形的两边是前后对称的铅直素线，上边是截平面与顶面的交线；水平面与圆柱的截交线是水平圆而缺左、右两个弓形；三个截平面两两相交，交线为两条正垂线，即两矩形的下边。由于三个截平面的正面投影都有积聚性，故截交线的正面投影为已知，只需求其水平和侧面投影。

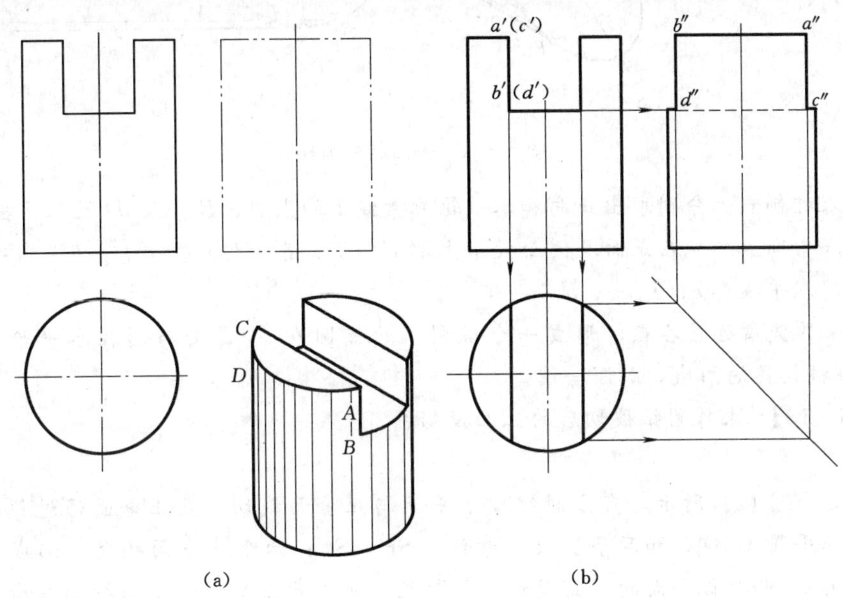

图 5-13 开槽圆柱截交线的画法

作图步骤如图 5-13（b）所示：

（1）侧平截交线的投影可根据侧平面的投影特点和圆柱面的积聚性直接求得（注意矩形的水平投影与侧面投影宽度相等）。

（2）水平截交线的水平投影反映实形，无须另求，其侧面投影积聚成一水平线段，长度等于圆柱直径；两条交线的侧面投影为虚线。

注意：其中前后两段圆弧的侧面投影是两小段实线。

（3）加深保留轮廓线，注意侧向轮廓素线的上部已被截断，不能加深。

【例 5-12】 如图 5-14（a）所示，试作圆柱被正垂面截切后的三视图。

分析：

圆柱被正垂面倾斜于轴线截切，截交线为椭圆。该椭圆截交线上有四个控制点 A、B、C、D，是截平面与圆柱四条轮廓素线的交点，又是椭圆长短轴的端点（长轴 AB 为正平线，短轴 CD 为正垂线）。由于截平面的正面投影及圆柱的侧面投影有积聚性，且截交线是截平面与圆柱表面的共有线，故椭圆的正面投影积聚为一条斜线，侧面投影与圆周重合，只需求水平投影。

作图步骤如图 5-14（b）所示：

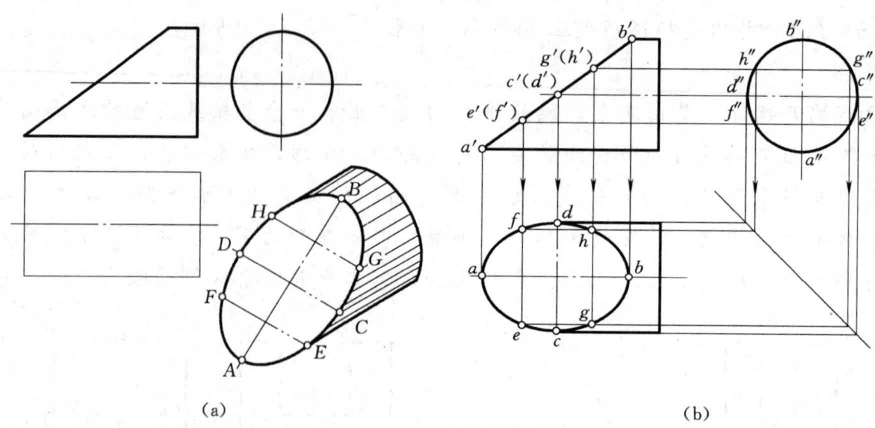

图 5-14 平面斜切圆柱

(1) 求控制点。分别求出正向和水平轮廓素线上的点 A、B、C、D 的三面投影。

(2) 求中间点。先在正面及侧面投影上取 e' (f') g' (h') 和 $e''f''g''h''$，再根据投影规律求出其水平投影 e、f、g、h。

(3) 依次光滑连接各点，形成一个椭圆（此椭圆在 c、d 处与圆柱水平轮廓素线相切），擦去被切掉的图线，加深全图。

【例 5-13】 求作圆锥被切后的三面投影图。

分析：

如图 5-15 (a) 所示，直立圆锥被水平面与正垂面截切，且正垂面通过锥顶，其表面交线为水平圆弧 BAC 和两条直线（素线）SB、SC；两个截平面相交，形成一条交线为正垂线 BC。两个截平面的正面投影有积聚性，所以表面交线的正面投影积聚在两条相交直线上为已知。水平圆弧的水平投影反映实形，侧面投影积聚为水平直线段；两直线交线的水平投影、侧面投影仍为直线。

作图步骤如图 5-15 (b) 所示：

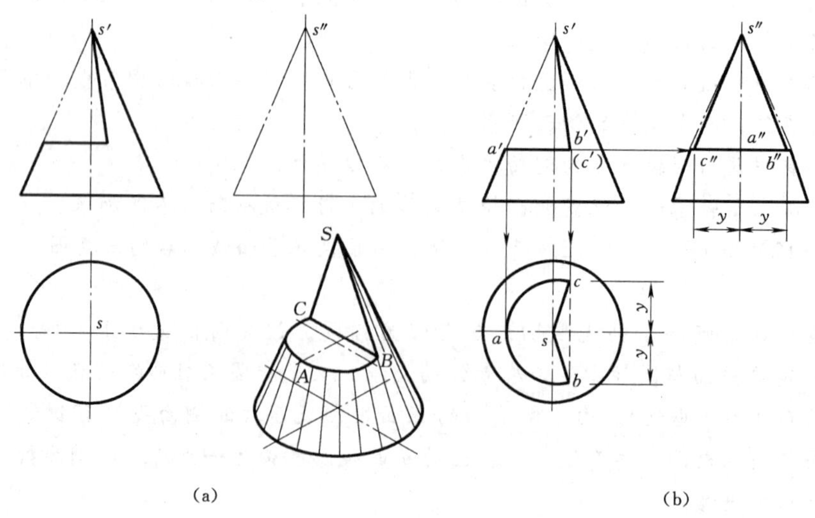

图 5-15 圆锥切口的画法

(1) 作圆弧的水平投影与侧面投影：以 s 为圆心，sa 为半径作圆，自 b' 向下作铅垂线与所作圆交于 b、c，圆弧 bac 为截交线水平圆弧的水平投影；根据投影规律作出水平圆弧的侧面投影，注意 b''、c'' 与 b、c 的宽度对应，它们并非前后轮廓素线上的点。

(2) 连接 sb、sc 及 $s''b''$、$s''c''$ 得直线交线的水平及侧面投影。

(3) 作两截平面的交线，其水平投影 bc 为不可见。

(4) 加深作图轮廓，完成作图。

【例 5-14】 圆锥被一正平面截切，求作截交线的三面投影，如图 5-16 (a) 所示。

分析：

截平面为正平面，与圆锥的轴线平行，所以截交线为双曲线。其水平投影和侧面投影分别积聚为一直线，只需求作正面投影。

作图步骤如图 5-16 (b) 所示：

(1) 求控制点：Ⅲ为最高点（即圆锥前面轮廓素线上的点），根据 $3''$ 可求出 $3'$；Ⅰ、Ⅴ为最低点（圆锥底面上的点），根据 1、5 可求出 $1'$ 与 $5'$。

(2) 求中间点：在水平投影中作一辅助圆，与截交线的积聚投影相交于 2、4 两点，对应做出辅助圆的正面投影，并根据"长对正"求出 $2'$、$4'$。

(3) 依次光滑连接 $1'2'3'4'5'$ 各点，即得截交线的正面投影。

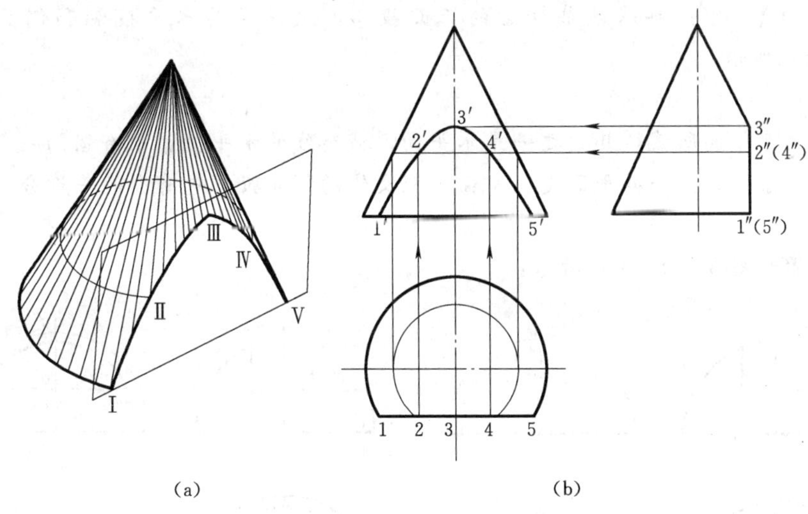

图 5-16　圆锥被正平面截切的画法

【例 5-15】 图 5-17 (a) 圆锥被正垂面截切，求作截交线的投影。

分析：

圆锥被正垂面切断所有素线，截交线为椭圆。该椭圆截交线上有六个控制点 A、B、C、D、E、F，其中 A、B 是圆锥正向轮廓素线上的点，又是椭圆长轴的两端点和截交线的最高、最低点；C、D 是圆锥侧向轮廓素线上的点，又是截交线与圆锥面的切点；E、F 是椭圆短轴上的端点，又是截交线的最前、最后点，其正面投影位于截交线积聚投影的中点。AB 为正平线，EF 为正垂线。由于该椭圆的正面投影积聚为一斜线为已知；其水平投影与侧面投影为类似形，需要求作截交线。

作图：

（1）求控制点：先在正面投影上确定六个控制点的位置，用线上取点法求 A、B、C、D 的水平投影和侧面投影；辅助圆法求 E、F 的水平投影和侧面投影，如图 5－17（b）所示。

（2）用辅助圆法求截交线上中间点 G、H 的水平投影和侧面投影。

（3）分别依次光滑连接各点，加深完成作图，如图 5－17（c）所示。

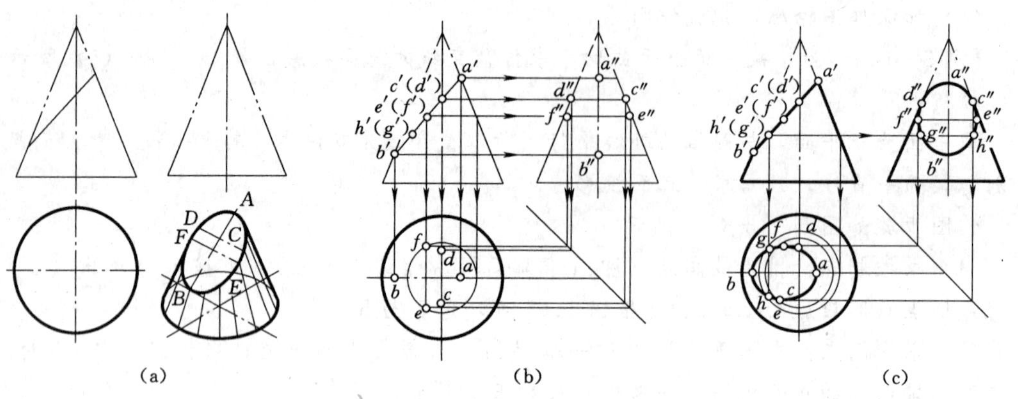

图 5－17　平面斜截圆锥的画法

【例 5－16】　已知半球被截切后的正面投影，试完成其水平投影和侧面投影，如图 5－18（a）所示。

分析：

半球被两个平面所截，其中之一是水平面，截交线的水平投影中有圆的一部分，侧面投影积聚为一直线。另一截平面是侧平面，截交线的侧面投影中有圆的一部分，其水平投影积聚为一直线。

作图步骤如图 5－18（b）所示：

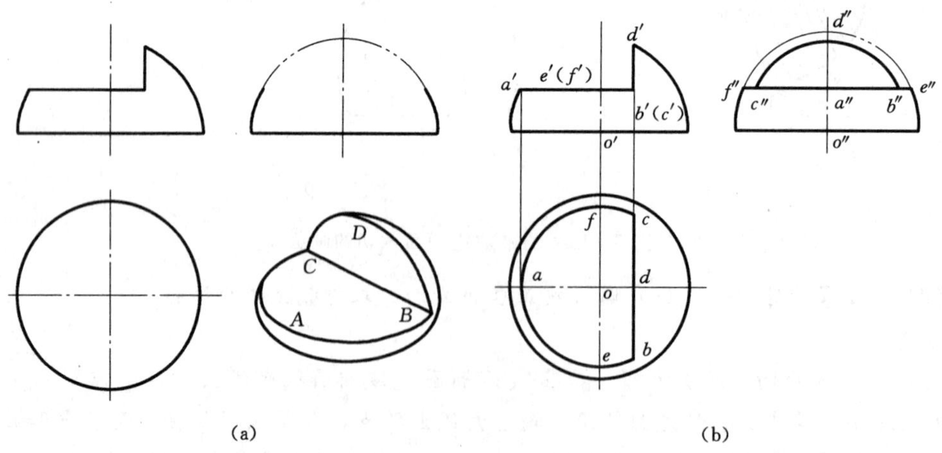

图 5－18　半球被截切后的投影

（1）求水平面与半球的截交线。截平面与正向轮廓圆的交点 A 和该段圆弧的两个端点 B、C 的正面投影可直接确定。求出 a，以 o 为圆心，oa 为半径画圆，与过 b'、c' 的竖

直线交于 b、c，即得该圆和直线段 BC 的水平投影，其侧面投影 $b''a''c''$ 为一水平直线。

(2) 求侧平面与半球的截交线。截交线圆弧的顶点 D 和圆弧两端点 B、C 的正面投影已确定，D 在正面投影轮廓圆上，其侧面投影 d'' 可直接求出。以 o'' 为圆心，$o''d''$ 为半径作圆弧，与水平截交线的交点即为 $c''b''$。该截交线的水平投影积聚为一直线，与水平圆交于 b、c 两点。

(3) 加深图线，完成作图。

第三节 相 贯 线

两个立体相交所产生的表面交线叫相贯线。由于两立体表面形状、大小及相对位置不同，相贯线的形状也不同。但任何相贯线都具有以下两个基本性质：

(1) 相贯线是两个立体表面的共有线，是由一系列共有点组成的。

(2) 由于立体表面具有一定的范围，所以相贯线一般是封闭的。

一、两平面体相交

1. 相贯线的形状

如图 5-19 所示，两平面体相贯，相贯线一般情况下是封闭的空间折线；只有当两立体有两个棱面共面时，相贯线才不封闭。

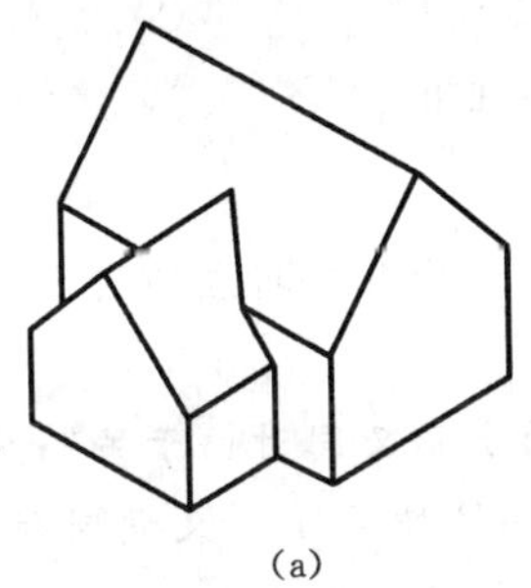
(a)

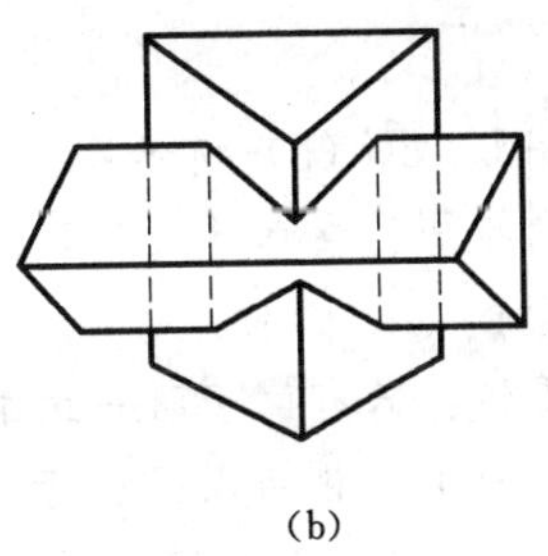
(b)

图 5-19 两平面体相交

2. 相贯线的求法

从图 5-19 中可以看出，相贯线上的各个转折点是平面立体的棱线与另一个平面立体表面的交点或两立体棱线的交点，折线的各段就是两平面立体的两相交棱面的交线。因此，可按如下步骤求两平面立体的相贯线：

(1) 求两立体中参与相交的棱线与另一立体棱面（或底面）的交点。如果相贯线的某一投影有积聚性，则可利用在立体表面取点的方法，求出相应点的投影。

(2) 依次连接所求各点的同面投影。连点时应注意，只有位于两立体相交的两个面上的点才能连接；当立体的投影有积聚性时，其顺序可参照立体的积聚性投影。

(3) 判定可见性。只有两个可见棱面的交线才是可见的，否则为不可见。由于两立体相交后已成为一个整体，凡是参与相交的棱线，两交点之间的线段已不存在，故不予画出。

【例 5-17】 图 5-20 (a) 为两棱柱相交，试作其相贯线的投影。

分析：

图中 ABC 三棱柱的侧棱垂直于水平面，DEF 三棱柱的侧棱垂直于侧面。参与相交的棱线有 B 棱、D 棱和 F 棱，棱面有 AB、BC 和 DE、EF、DF 五个表面。其中 B 棱分别与 DE、EF 二棱面相交Ⅰ、Ⅳ两点，D、F 棱线分别与 AB、BC 棱面相交于Ⅱ、Ⅲ和Ⅴ、Ⅵ四点。因为 DE、EF 棱面为侧垂面，AB、BC 棱面为铅垂面，故可运用积聚性法求各交点的投影。

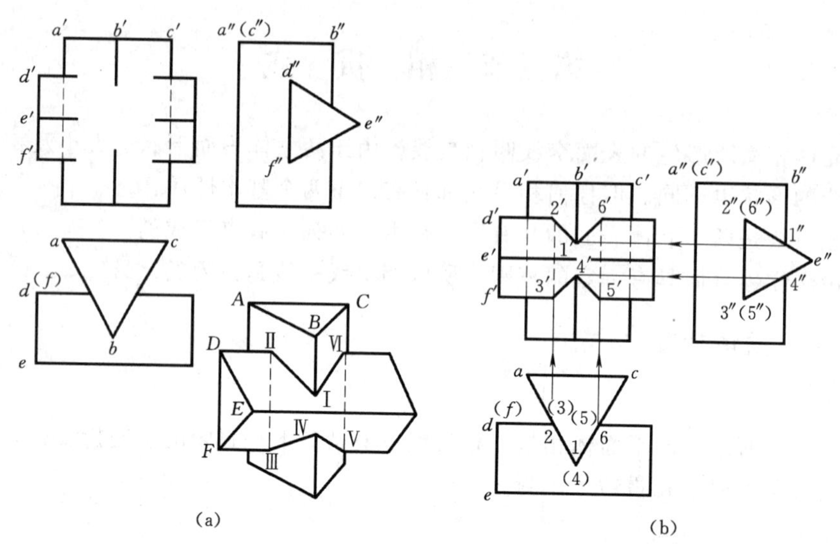

图 5-20 两正三棱柱相交

作图步骤如图 5-20（b）所示：

（1）求各点的投影：在水平投影与侧面投影上注出各转折点的投影，根据投影规律求出各点的正面投影。

（2）连接相贯线：只有位于同一立体同一棱面上而又同时位于另一立体的同一棱面上的两点才能连接。如Ⅰ、Ⅱ两点是位于三棱柱的 AB 棱面上，又同时位于另一三棱柱的 DE 棱面上，所以可以连接。根据这个原则分析，在正面投影上应连接 $1'2'$、$2'3'$、$3'4'$、$4'5'$、$5'6'$和 $6'1'$成一封闭折线，如图 5-20（b）所示。

（3）相贯线的可见性：根据参与相贯的两个棱面是否可见来判断。如果两个棱面都是可见的，则相贯线为可见；如果两个棱面中有一个棱面为不可见，则相贯线也不可见。从正面投影分析，参与相贯的棱面只有 DF 棱面为不可见，故位于 DF 棱面上的ⅡⅢ和ⅤⅥ的正面投影 $2'3'$和 $5'6'$两条线为不可见，如图 5-20（b）所示。

二、平面体与曲面体相交

1. 相贯线的形状

平面体与曲面体相交，相贯线是由若干段平面曲线或平面曲线和直线所组成。

2. 相贯线的求法

相贯线中的各段平面曲线或直线是平面立体上各棱面与曲面立体的截交线。每段交线的转折点是平面立体的棱线与曲面立体的交点。因此，求平面立体与曲面立体的相贯线，可按求截交线的方法，分别求出平面体各棱面与曲面体的截交线，组合起来，即得相贯线的投影。

【例 5-18】 如图 5-21（a）所示，护坡与翼墙相交，求做相贯线的投影。

分析：

本例为河床护坡（直棱柱体）与闸室翼墙（包含 1/4 圆柱面的组合面）的外表面相交实例。其表面交线由两段组成：护坡与翼墙平面段的交线 AB 是直线（侧平线），护坡与翼墙曲面段的交线 BC 是 1/4 椭圆，B 点是直线段与曲线段的分界点。A、B、C 为三个控制点。

护坡的侧面投影积聚为一斜线，所以交线的侧面投影都积聚在这条斜线上。

翼墙表面的水平投影有积聚性，所以交线的直线段 AB 的水平投影积聚在铅直线上，交线的曲线段 BC 积聚在 1/4 圆周上，C 点的水平投影是直线与 1/4 圆弧的切点。

由于护坡与翼墙圆柱面的正面投影都没有积聚性，所以交线的正面投影也没有积聚性，需作图求出来。

注意：翼墙平面段的正面投影有积聚性，其交线的正面投影也具有积聚性。

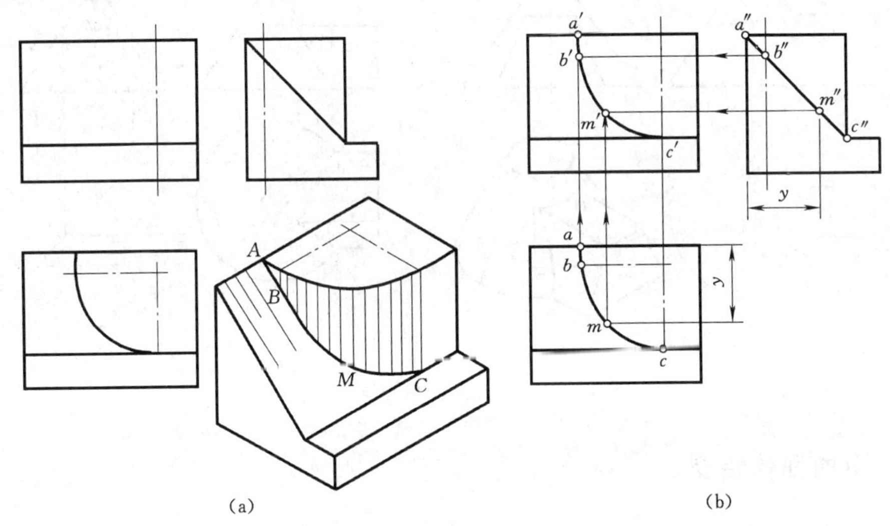

图 5-21 护坡与翼墙相交

作图步骤如图 5-21（b）所示：

（1）求直线段：先在侧面和水平投影上标出 A、B 的投影，并根据投影规律求出其正面投影 a'、b'。

（2）求曲线段：先确定控制点 B、C（1/4 椭圆的端点）的水平侧面投影；并由此求出其正面投影；再在两个控制点之间补充一个中间点如 M，在交线的水平投影及侧面投影上取 m、m''，根据投影规律求其正面投影 m'。

（3）光滑连接直线段 $a'b'$ 及曲线段 $b'm'c'$，即完成作图。

【例 5-19】 图 5-22（a）所示梯形柱体与圆锥台相交，求作相贯线的投影。

分析：

梯形柱体有三个表面与圆锥面相交，所以相贯线为三段平面曲线组成。由于梯形柱的顶面为水平位置，所以其与圆锥面的截交线为一段圆弧；梯形柱两斜面与圆锥面的截交线则为两段平面曲线（椭圆）。因为相贯线是前后对称的，所以相贯线的正面投影前后重合。由于梯形柱侧面投影有积聚性，所以相贯线的侧面投影为已知，需求水平投影和正面投影。

作图步骤如图 5-22（b）所示：

（1）求控制点：梯形柱的底边和圆锥底圆的交点 A、B 为相贯线的起止点。在水平投影中找到 a、b，再由 a、b 向上作垂线，在正面投影中求得 a'、b'；梯形的顶面边线和圆锥的交点 C、D，是三段截交线的分界点。可在圆锥面上作辅助圆，其与梯形顶面边线的交点，即为 C、D 的水平投影。

（2）求中间点：在相贯线的侧面投影上取两对称点 e''（f''），运用辅助圆法求 e、f 及 e'、f'。

（3）相贯线在正面投影和水平投影中均可见，用粗实线依次平滑连接 a、e、c 及 b、f、d 和 a'、e'、c'（$b'f'd'$ 曲线与它重影）各点，再用圆弧连接 c、d。

注意：c'、（d'）不在圆锥的轮廓素线上。

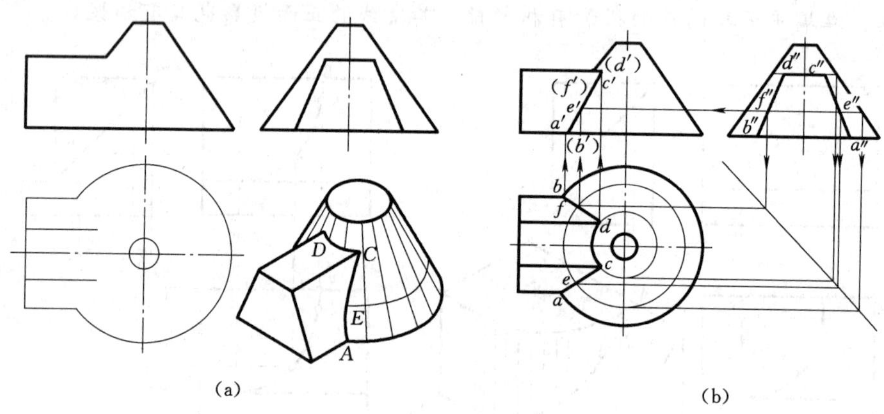

图 5-22　梯形柱体与圆锥台相交

三、两曲面体相交

1. 相贯线的形状

两曲面立体相交，相贯线一般情况下是封闭的空间曲线，如图 5-23 所示。特殊情况下可能是直线、圆或平面曲线。相贯线的具体形状取决于两立体的形状、大小和它们的相对位置。

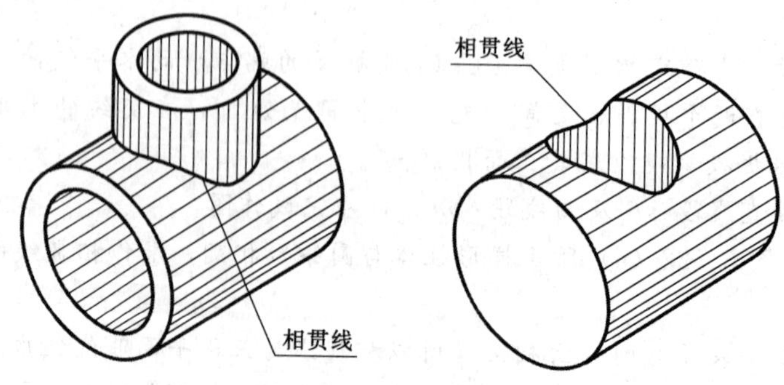

图 5-23　两曲面体相交

2. 相贯线的求法

轴线垂直相交的两圆柱相贯是最常见的相贯形式，求其相贯线的投影，一般可采用表面取点法和简化画法作图。

【例 5-20】 图 5-24（a）两个直径不等的圆柱正交，求作相贯线的投影。

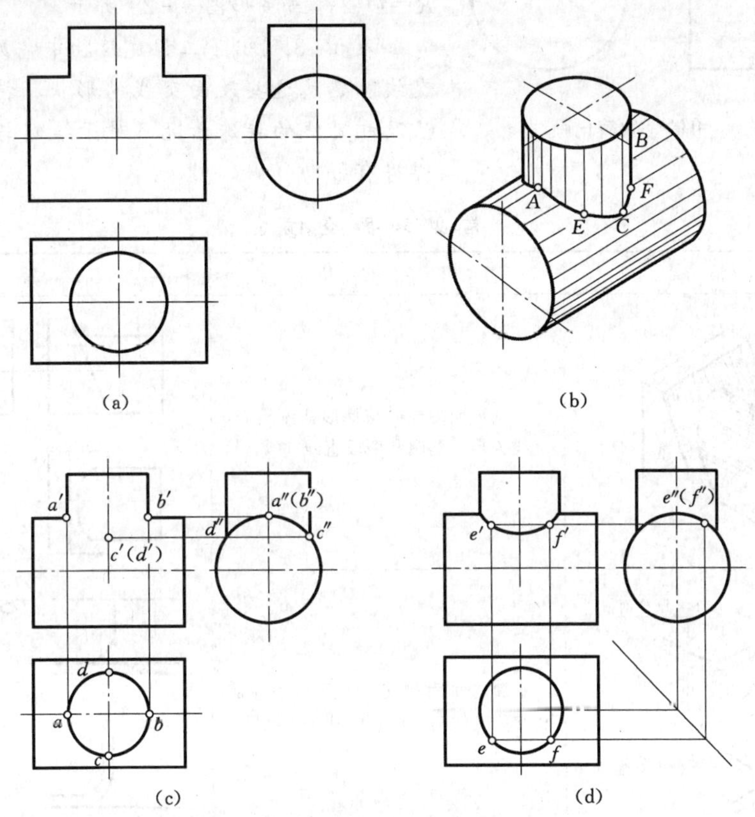

图 5-24 表面取点法求相贯线

分析：

两圆柱直径不等而轴线正交，相贯线是一条前后对称、左右对称的空间曲线，其水平投影与小圆柱有积聚性的水平投影重合，其侧面投影重合在大圆柱面有积聚性的投影上，故只需求出相贯线的正面投影。因相贯线前后对称，其正面投影的可见部分与不可见部分重合，两圆柱正向轮廓素线在同一平面上，交于 A、B 两点。

作图：

（1）表面取点法如图 5-24（b）所示：

1）求控制点　先在已知的水平投影和侧面投影中标出 a、b、c、d 和 a''、b''、c''、d''，然后根据投影规律求出 a'、b'、c'、d'，如图 5-24（c）所示。

2）求中间点　在水平投影中取左右对称点 e、f，并标出相应的侧面投影 e''、f''，然后根据投影规律求出正面投影 e'、f'，如图 5-24（d）所示。

3）依次光滑连接各点为粗实线，即完成作图。

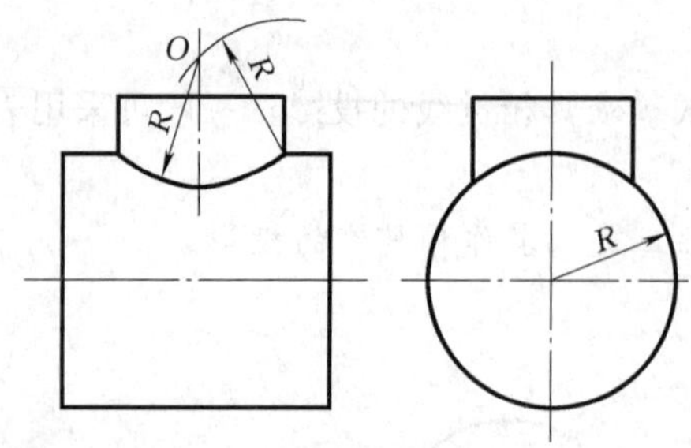

图 5-25　相贯线的简化画法

(2) 简化作图法。在工程图中经常遇到两个圆柱直径不等轴线正交相贯线的作图问题，为了简化作图，其相贯线的非积聚投影，可用近似的圆弧代替，圆弧的半径 R 等于大圆柱的半径，即 $R=D/2$，画法如图 5-25 所示。

表 5-3 列出了工程建筑物中常见的一些表面交线。熟悉这些表面交线的形状、特点、简化画法及相贯线的特殊情况，对于绘制与阅读工程图样将有帮助。

表 5-3　　常见表面交线

空间情况	相交分析	投影图
胸墙 洞身	半圆顶面的柱体与梯形柱体相交，交线为半个椭圆和两段直线	
平面 1/4 圆柱面 翼墙 护坡 1/4 椭圆	平面与平面相交、平面与圆柱面相交，交线为一段直线和 1/4 椭圆	
圆锥面 交线 斜坡	平面与圆锥面相交，交线为平面曲线	
	两圆柱内表面相交，交线同外表面相交，为凸向大圆柱轴线的空间曲线	

续表

空间情况	相交分析	投影图
	圆柱正穿圆孔，即内外圆柱面相交，交线同两外圆面相交	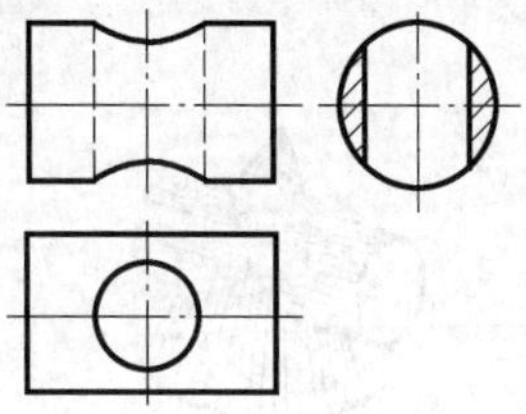
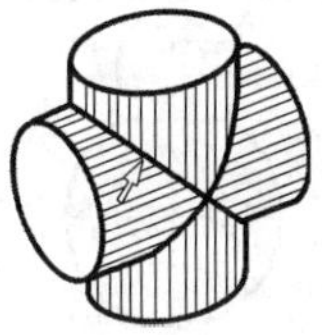	正交两圆柱公切于一球，交线为两个相等的椭圆	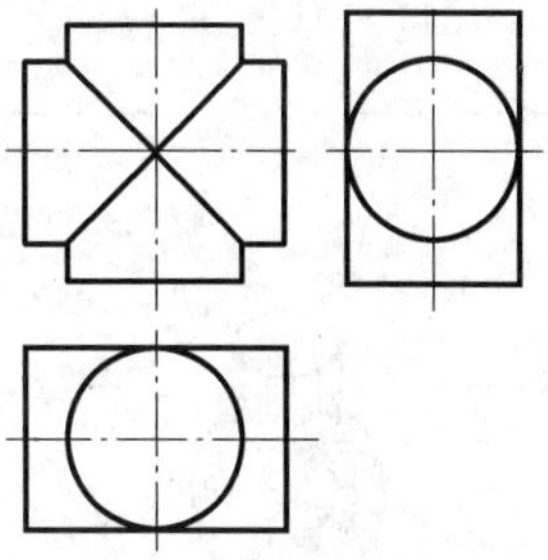
	斜交两圆柱公切于一球，交线为两个半个椭圆	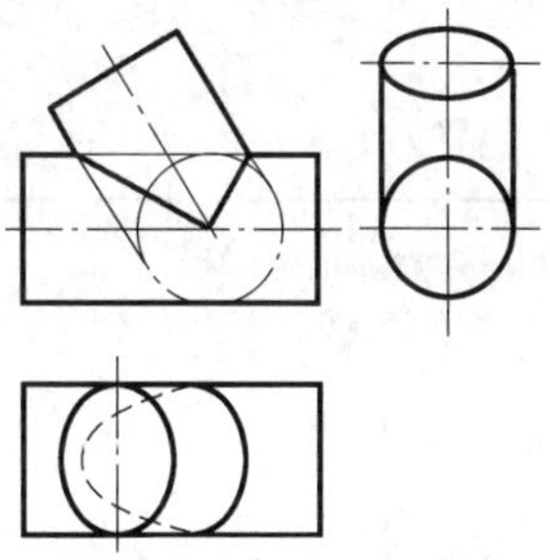
	两平面相交、两半圆柱相交，交线为两段直线和一段空间直线	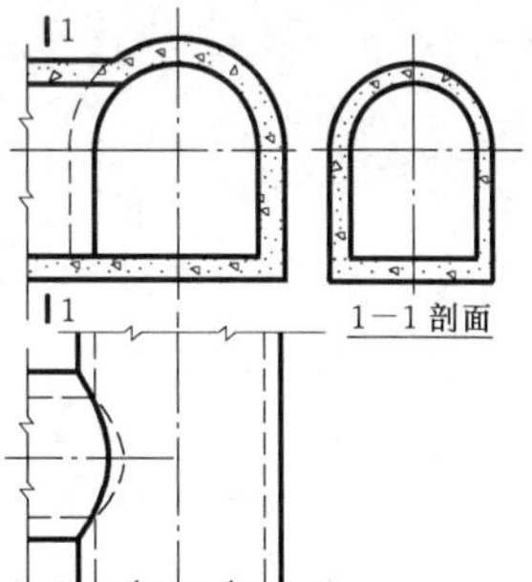 1 1 1—1 剖面
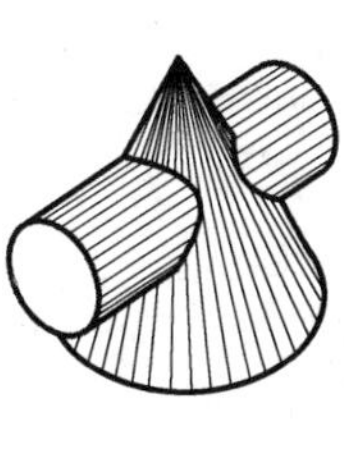	圆柱与圆锥相交，交线为前后对称的两空间曲线	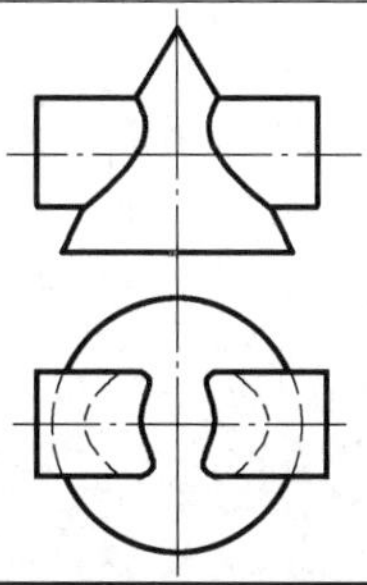

续表

空间情况	相交分析	投影图
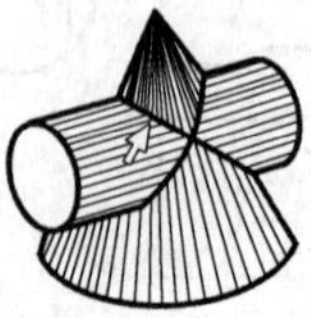	圆柱与圆锥正交公切于一球，交线为两个相等的椭圆	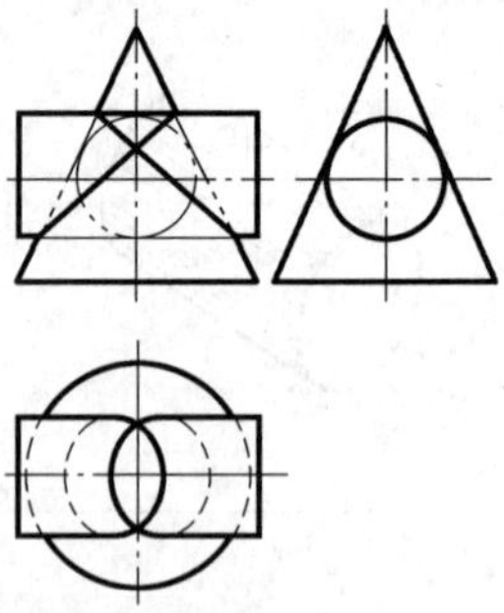
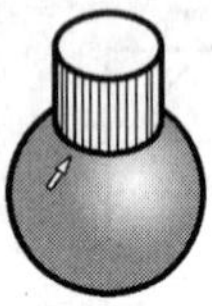	共轴的圆柱与圆球相交，交线为垂直于轴线的圆	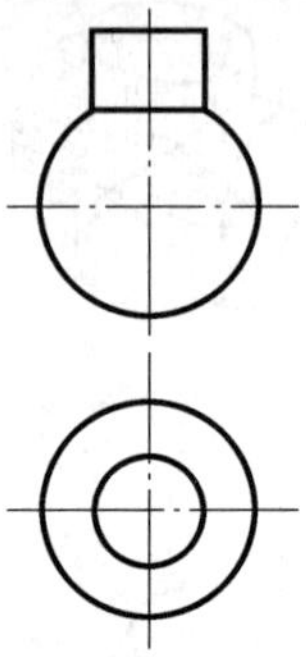

第六章　组　合　体

形体复杂的立体可以看成是由较多的基本形体通过叠加、相交、相切、切割或综合等方式而成，称为组合体。工程中的建筑物，不论繁简如何，都可以看成是组合体。研究组合体的组成形式、组合体视图的画法、尺寸注法和读图方法是绘制和阅读工程图样的基础。

第一节　组合体的形体分析

一、形体分析法

作一个组合体分解为几个基本体，并分析它们的形状及其位置关系，这种分析方法叫做形体分析法。

形体分析法是绘制组合体视图、读图和标注尺寸的重要方法。

二、组合体的组合形式及画法

1. 叠加

图 6-1（a）为扶壁式挡土墙，可以把它看成是由四棱柱底板、四棱柱直墙和三棱柱支撑板三个基本体叠加而成。其中，直墙放在底板上稍偏右的位置，其前后表面分别与底板的前后表面平齐。支撑板位于底板左边，且在其前后方向的中央。作图时需注意：表面平齐没有分界线，如图 6-1（b）所示。

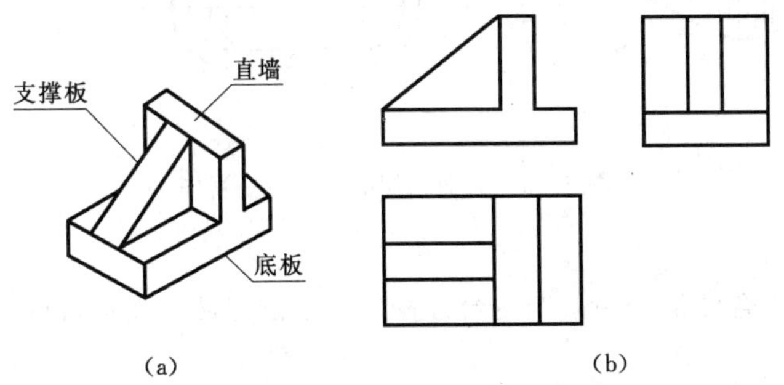

图 6-1　叠加形成的挡土墙及三视图

2. 相交

图 6-2（a）为柱基础，可以看成是由三个基本体组合而成。它们的中心轴线重合

为一条铅垂线。其中圆柱和圆锥的结合处是叠加，而四棱柱的棱面和圆锥表面相交，交线是四段曲线。作图时需注意：两个基本体相交的表面交线要画出，如图 6－2（b）所示。

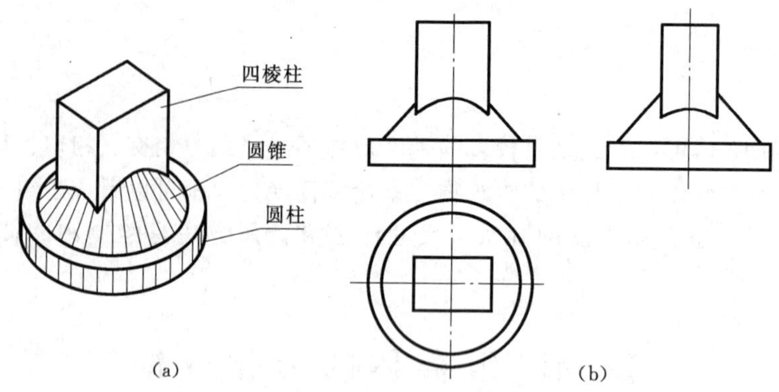

图 6－2　表面相交的柱基础及三视图

3. 相切

图 6－3（a）为一基础，其上下两部分都是长圆柱体，是由左右两端各半个圆柱和中间一个四棱柱所组成。这里要注意的是：两半圆柱的表面和四棱柱的前后表面相切而形成光滑过渡表面，形体间的切线投影不画，如图 6－3（b）所示。

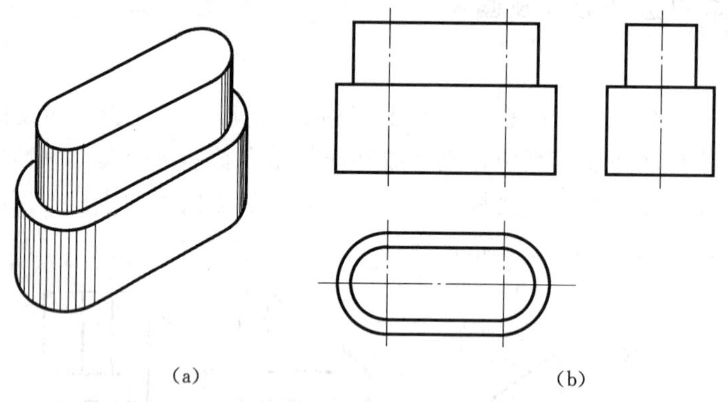

图 6－3　表面相切的基础及三视图

4. 切割

图 6－4（a）组合体是由一个四棱台被挖切一个倒四棱台而形成的立体。

5. 综合

图 6－5（a）八字形翼墙进水口是一个综合式组合体，可以看成是由下部的齿墙式梯形底板、带拱形洞的长方体直墙和前后对称的由六个面围成的翼墙组成。其三个视图和组合体的整体如图 6－5（b）所示。

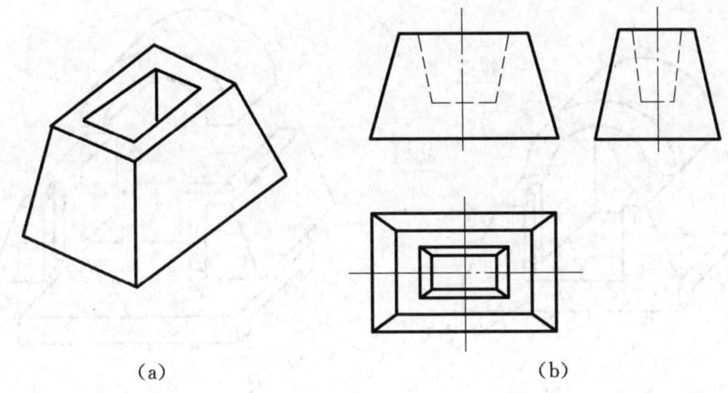

图 6-4　切割形成的立体及三视图

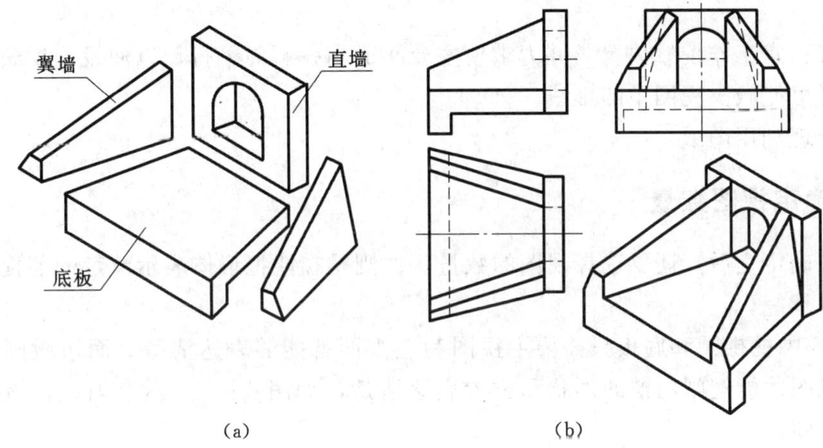

图 6-5　综合形成的八字形翼墙进水口及三视图

第二节　组合体视图的画法

下面以图 6-6 所示闸室为例，说明画组合体视图的方法与步骤。

一、形体分析

首先对组合体进行形体分析。图 6-6 所示水闸闸室，可以看作是由四个基本体经过切割及叠加而形成：其中底板为一四棱柱，下部再切去一个四棱柱；左、右两个边墩为梯形棱柱体，并在其内侧切去一个四棱柱体；上部放置一个拱圈，形状为空心圆柱体的一半。左右两个边墩与底板前后平齐，拱圈放置在边墩上，后面与边墩平齐。

二、选择主视图

选择主视图一般要考虑以下几点：

(1) 主视图一般应能明显地反映出物体形状的主要特征及其相互位置关系。

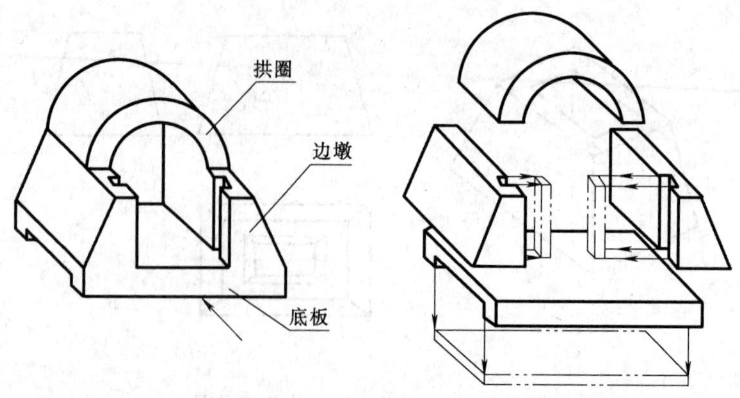

图 6-6　闸室的形体分析

(2) 按正常工作位置放置，并力求使主要平面与投影面平行，以使投影反映实形。

(3) 尽可能减少视图中的虚线。

(4) 合理利用图纸。

三、确定视图数量

主视图确定之后，还要选择视图的数量。原则是在能把形体表示清楚的前提下，视图的数量越少越好。

图 6-6 中的拱圈和底板只需要主视图和左视图就能够表达清楚。而边墩则需要用主视图和俯视图才能把闸门槽的形状和位置表达清楚，如图 6-7 所示。因此，该闸室必须选择三个视图。

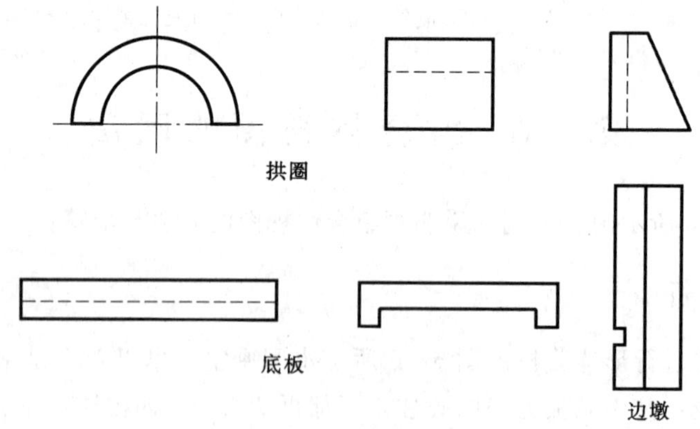

图 6-7　表达闸室各部分需要的视图

四、画图

1. 选定比例，确定图幅

视图选择后，需根据组合体的大小和复杂程度，视图所占面积及标注尺寸所需位置，确定绘图比例与图幅。考虑的原则是：对立体表达清楚，图线疏密适当，预留的标注尺寸位置充裕，而且方便作图。

2. 布置视图

为了图面布置匀称，一般是估计每个视图所占位置大小，画各个视图的作图基准线，以确定其具体位置。作图基准线一般选用对称线、较大的轮廓面或较大圆的中心线和轴线，基准线是画图和量取尺寸的起始线。

3. 画底稿图

为了迅速而准确地画出组合体的三视图，画底稿图时，应注意以下两点：

（1）画图的先后顺序：一般应从形状特征明显的视图入手，先画主要部分，后画次要部分；先画看得见的部分，后画看不见的部分；先画圆或圆弧，后画直线。

（2）运用形体分析法画图，就是按各个基本体逐一画出，并注意三个视图配合着画。这样，不但可以提高绘图速度，还能避免漏线、多线。不要先把一个视图画完后再画另一视图。

4. 检查描深

全图底稿完成后，应对照立体检查表面连接关系和有无错、漏线，修改无误后，再按标准要求逐一描深，最后完成全图。

闸室的画图步骤如图 6-8 所示。

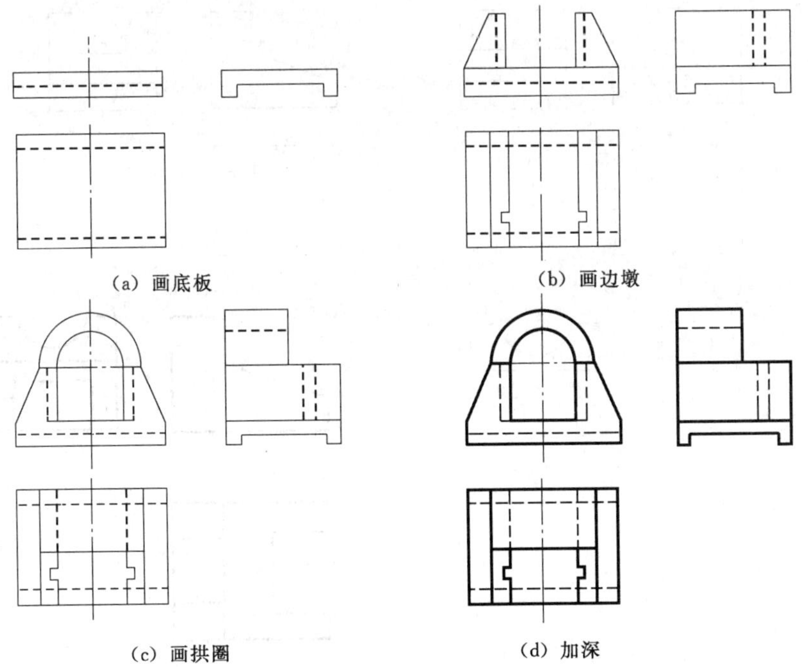

图 6-8　闸室的三视图画法

【例 6-1】　图 6-9（a）为一切割型组合体，试画其视图。

分析：

该形体可以分析为由长方体三次切割而成，如图 6-9（b）所示。以箭头所指作为主视图的投影方向，可明显地反映形状特征，其他投影均无虚线，图纸利用也较合理。

作图：

（1）画出长方体的三视图；再从主视图着手切去梯形块Ⅰ，并补全另两面视图，如图6-9（c）所示。

（2）切去半圆柱Ⅱ，从投影特征明显的左视图入手，然后画主视图和俯视图，如图6-9（d）所示。

（3）切去梯形口Ⅲ，先投影特征明显的俯视图，再画主视图、左视图中因切割而产生的交线，如图6-9（e）所示。

（4）按规定线型加深，完成作图，如图6-9（f）所示。

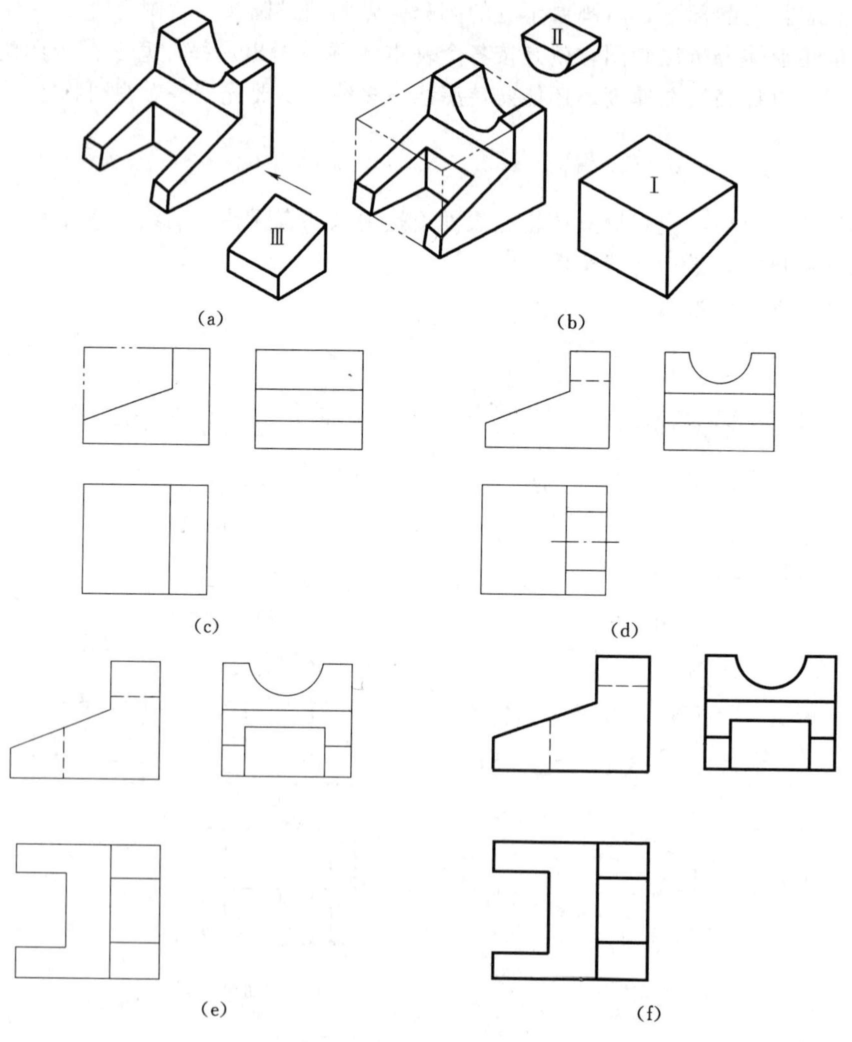

图6-9　切割式组合体视图的画法

第三节　组合体的尺寸标注

一、尺寸标注的基本要求

尺寸是施工的重要依据，尺寸标注的要求是正确、完整、清晰、合理。

1. 正确

正确是指尺寸标注要符合国家和行业制图标准的基本规定。

2. 完整

完整是指所注尺寸能够完全确定组合体的形状和大小，读图时能直接读出各部分的尺寸，不需要临时计算。完整的尺寸应包括定形尺寸、定位尺寸和总体尺寸三部分。

（1）定形尺寸：确定各基本形体大小的尺寸。常见的基本形体有棱柱、棱锥、棱台、圆柱、圆锥、圆台、圆球等。标注基本形体尺寸的原则是：能够确定基本形体的形状大小，且不重复。如图 6－10 所示，是常见的基本形体的尺寸标注。

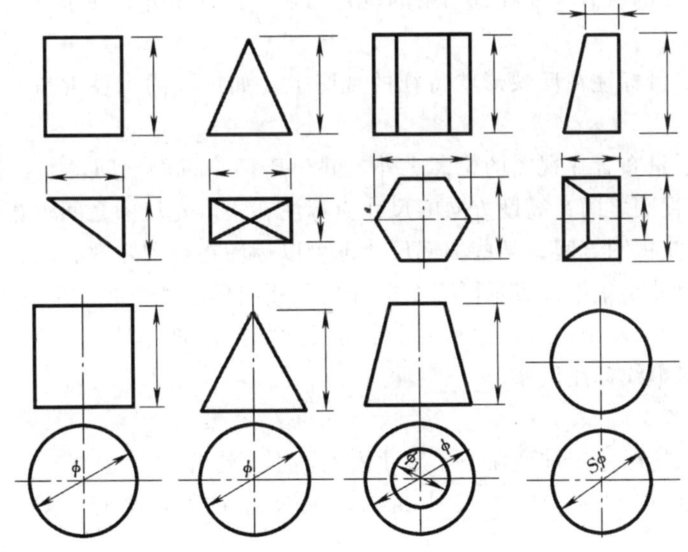

图 6－10　基本体的定形尺寸

（2）定位尺寸：确定各基本形体之间相对位置的尺寸。标注定位尺寸的起始点，称为尺寸的基准。在组合体的长、宽、高三个方向上标注的定位尺寸都要有基准。对一般物体来说，其高低位置常以底面为基准；对称物体（包括对称布置的圆孔）以对称轴线为基准；不对称的物体以较大的或重要的外表面为基准。回转体的定位尺寸，一定要标注出回转轴线到基准面的距离。不对称的物体要标注三个方向的定位尺寸。

图 6－11（a）的半圆柱需标注三个方向的定位尺寸；如图 6－11（b）所示，由于四个圆孔大小、形状均相同，且以板的两条对称中心线为中心对称布置，则只需标注一对圆孔轴线间的距离 d 和 l；图 6－11（c）的上部半圆柱体，因左右在对称中心线上，上下位于底板上面，前后与底板后面平齐，定位尺寸可以省略。

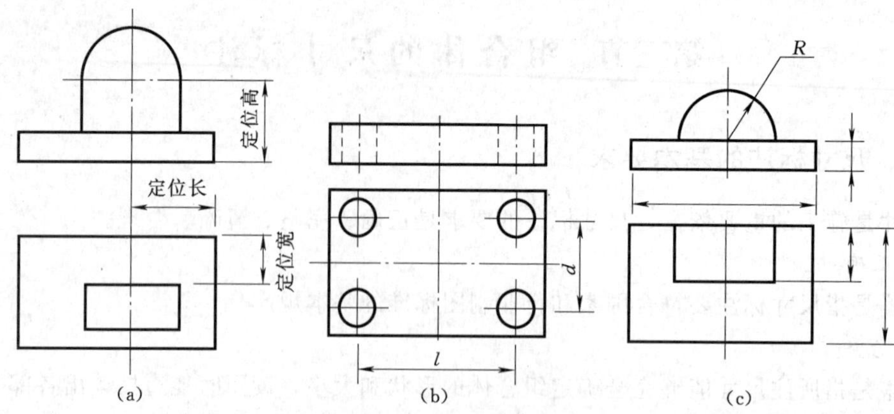

图 6-11　组合体的定位尺寸

(3) 总体尺寸：总体尺寸是确定组合体外形总长、总宽和总高的尺寸。

3. 清晰

清晰是指标注的所有尺寸在视图中的位置明显、排列整齐、便于读图。

(1) 位置明显。

1) 尺寸应尽量标注在反映形状特征的视图上，如拱圈的半径 $R36$、$R22$ 注在其主视图上。

2) 尺寸应尽量布置在视图的轮廓之外，并位于两个视图之间，如：长度方向的尺寸应标注在主、俯视图之间；高度方向的尺寸应标注在主、左视图之间；宽度方向的尺寸应标注在俯视图与左视图之间。某些细部尺寸也可以标注在视图之内。

3) 相关的尺寸要集中。表示同一个部分的尺寸应尽量集中在一个或两个视图上标注，如反映边墩上门槽的两个定形尺寸和一个定位尺寸标注在俯视图中。

4) 尽量不对虚线标注尺寸。

(2) 排列整齐。

1) 同一方向的尺寸应排列在一条尺寸线上，不要错开。

2) 相互平行的尺寸，应小尺寸在内，大尺寸在外，平行、等距，距离一般为7～10mm。

4. 合理

合理是指所注尺寸既能满足设计要求，又便于施工。要符合设计施工要求，需要具备一定的设计和施工知识后才能逐步做到。

二、尺寸标注的步骤

在对组合体进行形体分析之后，按如下步骤进行标注：

(1) 标注各个基本形体的定形尺寸。

(2) 标注各个基本形体相互间的定位尺寸。

(3) 标注总体尺寸。

如图 6-12 所示，按形体分析法将闸室各部分单独注出。底板的定形尺寸 102 注在主视图上，其余宽 80、高 16 以及齿坎的定形尺寸 10、6 均集中在反映形状特征的左视图上。拱圈的定形尺寸为两个半径 $R22$、$R36$ 标注在主视图上，宽 40 标注在左视图上。边墩的定形尺寸除宽 80 外，梯形的上、下底 14、29 和高 38 均应注在主视图上，而门槽的定形尺寸 6、8 则应注在反映门槽形状特征的俯视图上，16 是门槽的定位尺寸。

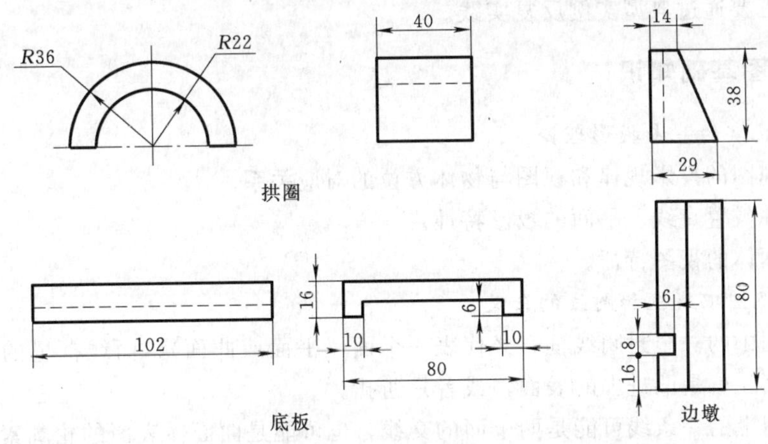

图 6-12　闸室各部分尺寸的分析

按此分析，整理出组合体所需的尺寸，删去其中重复的尺寸，再按定位尺寸和总尺寸的要求，对所注尺寸进行适当的调整，注出组合体的尺寸，如图 6-13 所示。其中，闸室边墩上、下底的尺寸 14 和 29 省略，增加了边墩的定位尺寸 44（该尺寸也是闸室的净宽）。闸室的总长、总宽在标注的尺寸中已能体现，其总高尺寸，由于闸室上部的拱圈是回转体，闸室的总高只注到拱圈的中心 54，不必注到拱圈顶部。

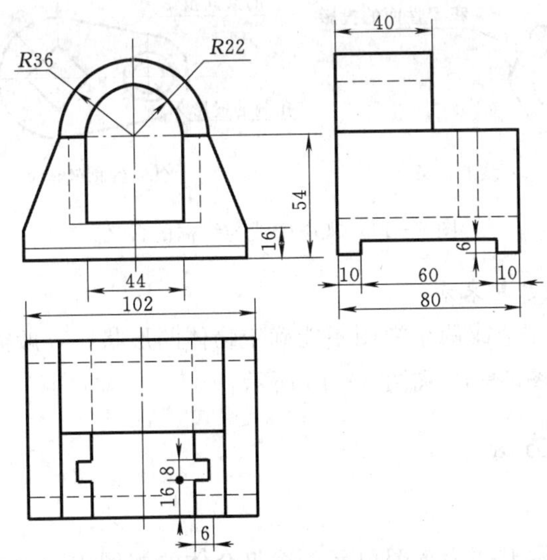

图 6-13　闸室的尺寸标注

注意：相贯线、截交线以及相切处都不需要标注尺寸。

第四节　组合体视图的识读

画图是把空间形体用一组视图在一个平面上表示出来，读图则是根据形体的一组视图想象其空间形状。要能正确迅速地读懂图，一要有扎实的读图基础知识，二要掌握正确的读图方法，三要通过典型实例反复实践。

一、读图基础知识

1．具有扎实的基本投影理论

（1）三视图的投影规律和视图与物体方位的对应关系。

（2）各种位置直线、平面的投影特性。

（3）基本体的视图特征。

2．弄清视图中线框和图线的含义

（1）视图中的一个封闭线框，必代表一个面（平面或曲面）；而线框里的线框，不是凸出来的表面，就是凹进去的表面，或者是通孔。

（2）视图上的一条线可能是两个面的交线，也可能是曲面体表面的轮廓素线，或一个有积聚性的面。视图上相邻的封闭线框，必是物体上相交或错开的两个面的投影，如图6－14所示。

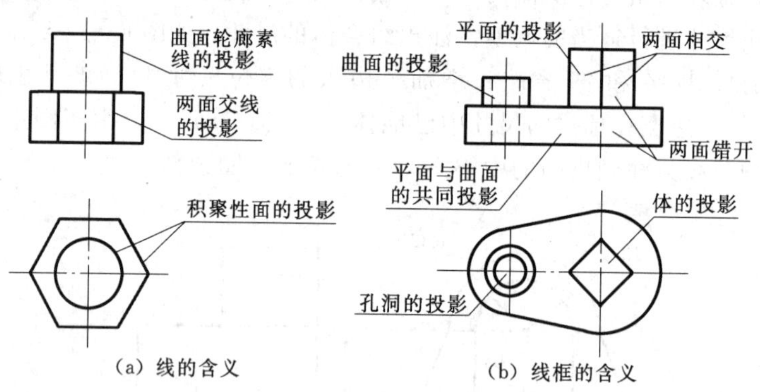

图6－14　视图中线与线框的含义

3．要把几个视图联系起来看

一般情况下，只看一个或两个视图不能确定物体的形状，一般需要从主视图入手，各视图联系起来分析，如图6－15和图6－16所示。

二、读图的基本方法

1．形体分析法

形体分析法是以基本形体为读图单元，将组合体的视图先分解为若干个简单的线框，然后判断各线框所表达的基本形体的形状，最后按相对位置综合成整体的形状。一般的读图步骤为：

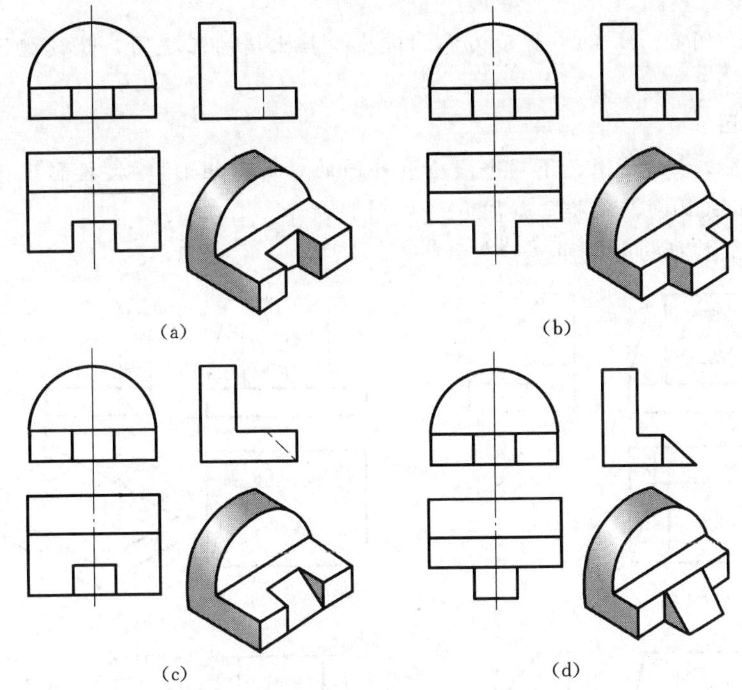

图 6-15　主视图相同的组合体

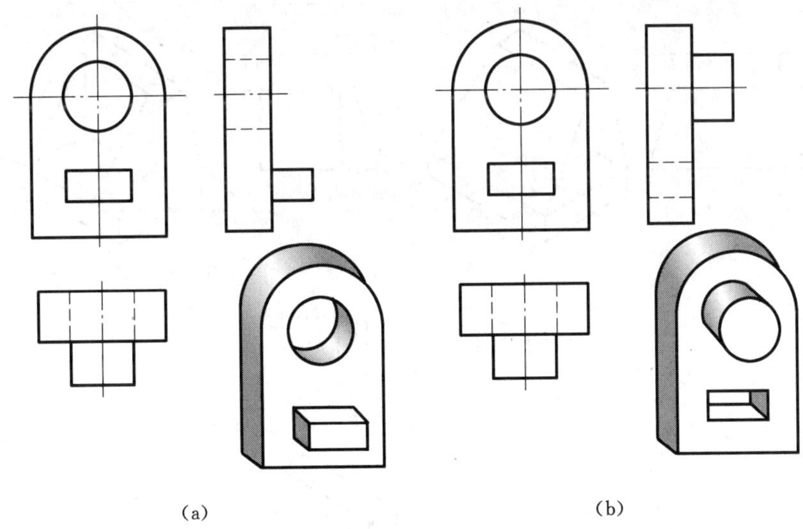

图 6-16　两组视图相同的两个组合体

(1) 划分线框，分解视图。一般从投影重叠较少、结构关系明显的视图入手，按线框把视图分解为几个部分。

(2) 确定各部分的形状。根据划分的线框和投影规律，确定每一部分所对应的三视图，并根据基本体的视图特征，判断各部分的空间形状。

(3) 综合想象整体。根据组成组合体的各个基本体的形状、相互位置关系，确定出组合体的整体形状。

【例 6－2】 图 6－17（a）所示为涵洞进出口挡土墙的三视图，试读视图，想象其空间形状。

1. 分解视图

由左视图可初步分为上、下两个线框（外围的梯形和矩形），按投影规律找出各部分在主视图和俯视图的对应线框，如图 6－17（b）所示。

2. 根据投影特征判断各部分基本形状

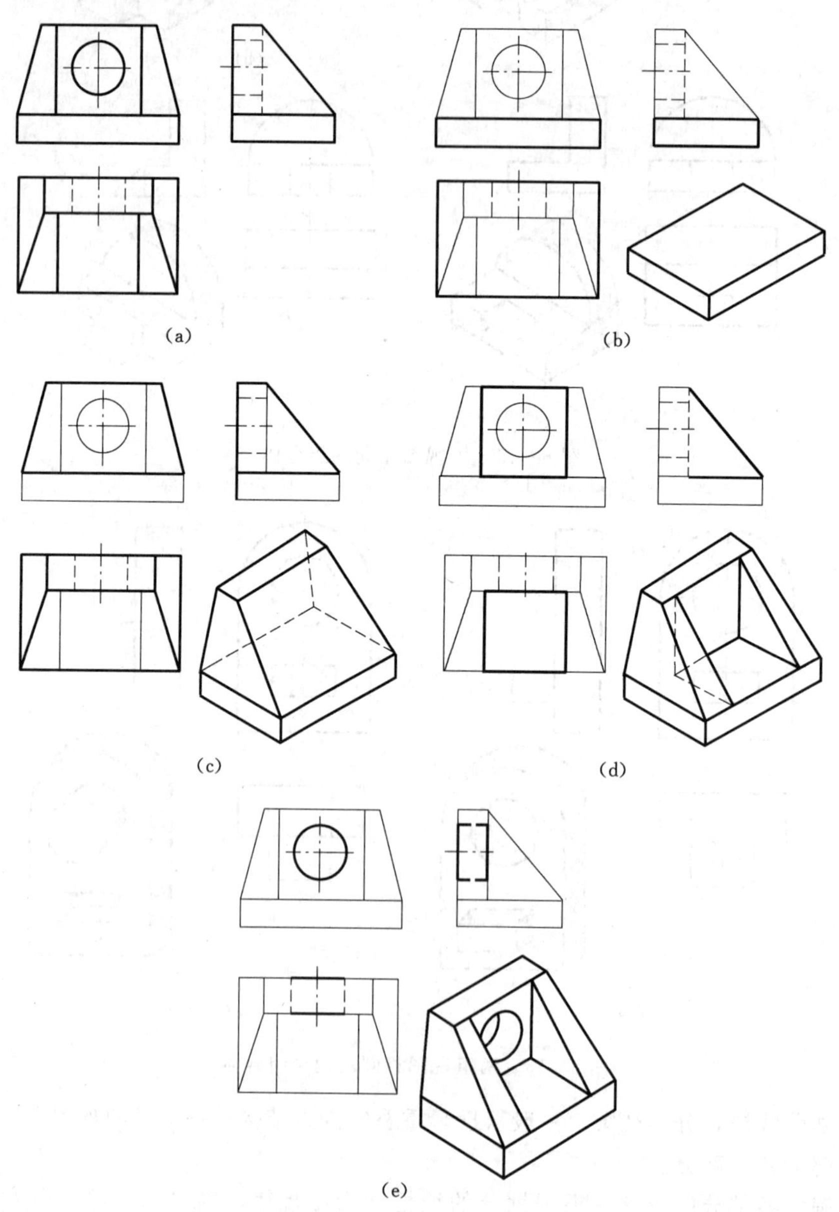

图 6－17 形体分析法读图举例

如图 6－17（b）所示，下部的三个投影都是长方形，可以判定这一部分是一块四棱柱体。

如图 6－17（c）所示，上部主视、左视均为梯形，俯视外形是一个矩形线框，线框内包含有一个矩形，且两个矩形前面的角顶有连线，可判定为半个四棱台。

如图 6－17（d）所示，主视图中的矩形线框，对应的俯视也是矩形线框，左视图中是由一条虚线和两条粗实线组成的三角形线框。可判定这一部分是一个挖去的三棱柱体的凹槽。

如图 6－17（e）所示，主视图中间的圆，对应的俯视和左视都是由虚线和粗实线围成的矩形线框，从而可以断定中间是一个圆孔。

3. 综合想象整体

下部底板为长方体；底板后部立一直墙，中间有一圆洞；在底板和直墙之间，左右各有一外侧为斜面的翼墙，立体图如图 6－17（e）所示。

2. 线面分析法

对于形状与基本形体相差较大的形体或斜面较多的形体，运用形体分析法读图，则无法判断其形状。此时需要分析视图中的图线和线框的含义，判断组成形体的各表面的形状和空间位置，从而综合形体的空间形状。这种运用线面投影特性分析立体形状的方法，称为线面分析法。一般读图步骤如下：

（1）分线框。先将一个线框较多的视图分解为若干个线框。

（2）对投影。对于所分解的线框，逐一找出其他的投影；再根据平面的投影特性，判断各面的形状和空间位置。注意垂直面的投影“无类似形必积聚”的特性。

（3）组合各面想整体。将上述各面按彼此的相对位置组合起来，就得到整个物体的形状。

【例 6－3】 根据图 6－18（a）闸墩三视图，想象其空间形状。

形体分析法分析整体：

从左视图上可把该立体分为四部分：下部底板，中部墩身，墩身上部左右对称突出的两个形体，工程上称其为牛腿。

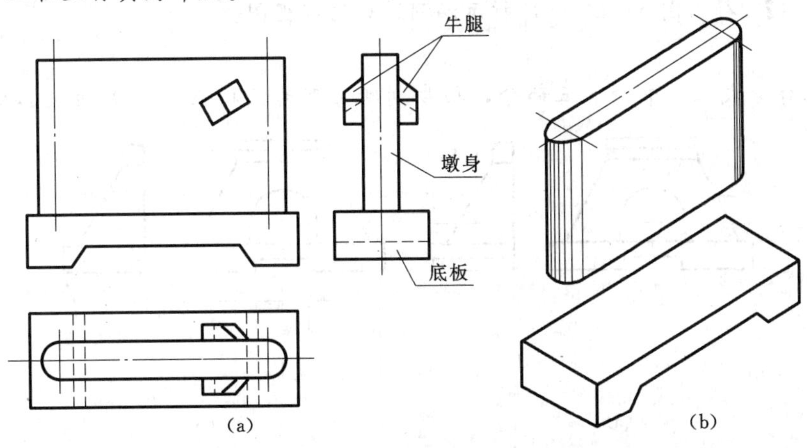

图 6－18（一）　线面分析法读图举例

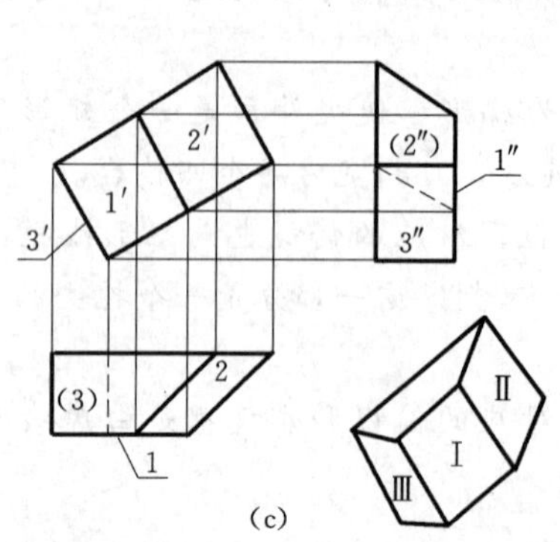

(c)

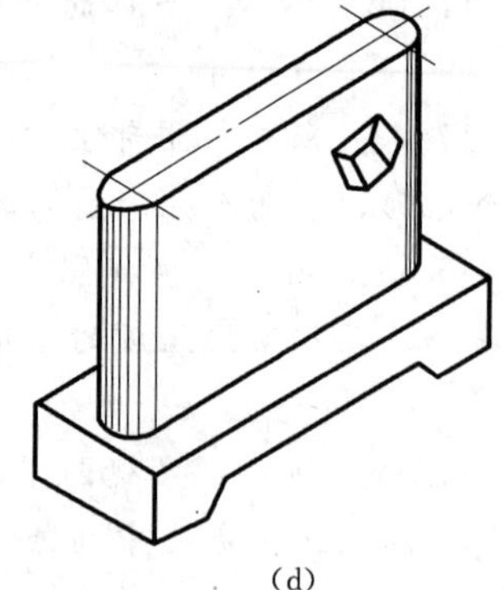

(d)

图 6-18（二） 线面分析法读图举例

对应其他两个视图，可以判断：底板为倒凹形的棱柱体；墩身为组合柱面，如图 6-18（b）所示；牛腿带有斜面，投影较复杂，需作线面分析。

线面分析法分析牛腿：

将牛腿的投影放大，如图 6-18（c）所示。主视图上有两个矩形线框。线框 1′在俯视图及左视图上没有对应的类似图形，它对应着俯视图上一条水平位置线及左视图上一条铅直位置线，可知Ⅰ面是正平面，在最前面。线框 2′在俯视图及左视图上都有对应的类似图形——平行四边形，可以肯定Ⅱ面是一般位置平面，在右上方。左视图上的矩形线框 3″对应着主视图上一斜线及俯视图不可见的矩形，可以判定Ⅲ面是一正垂面，在左下方。用同样的方法可以分析出牛腿的上、下两面都是正垂面，形状是直角梯形。综合以上分析，得知牛腿是一斜放的截头四棱柱，如图 6-18（c）所示。整个闸墩的形状如图 6-18（d）所示。

三、根据两视图补画第三视图

这是训练读图能力的主要方法。

【例 6-4】 补画图 6-19（a）所示涵洞进口的俯视图。

分析：

先将形体分成上、中、下三部分，初步判断上部为五棱柱体（侧面投影反映实形）。

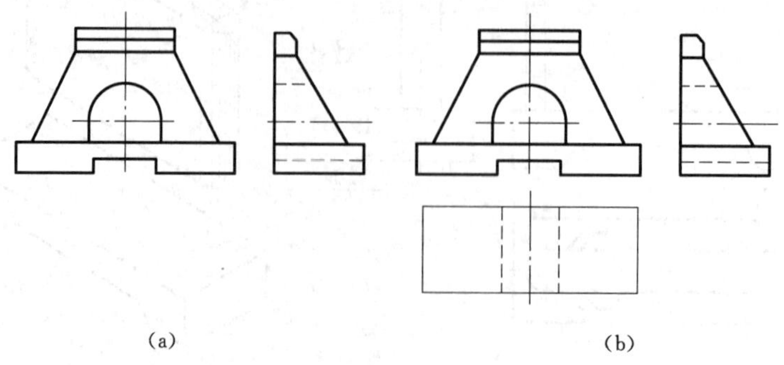

(a) (b)

图 6-19（一） 已知两视图补第三视图（一）

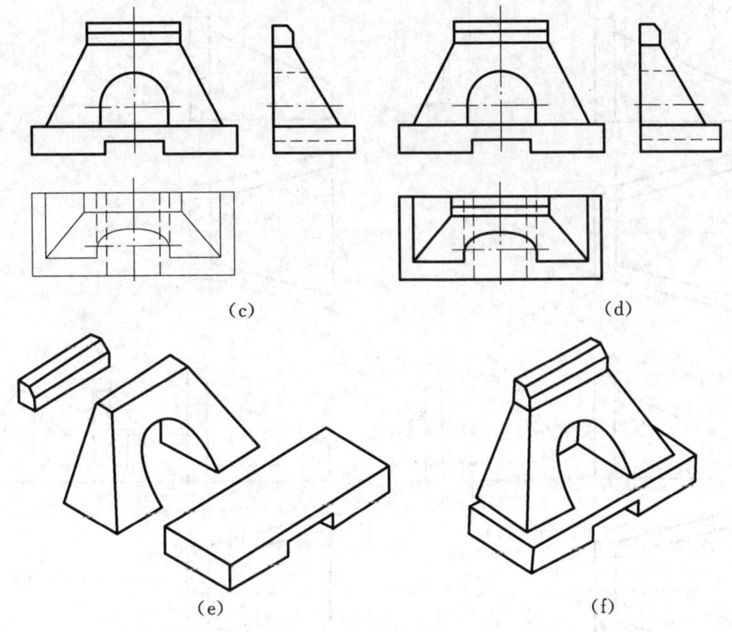

图 6-19（二）　已知两视图补第三视图（一）

中部两个视图的外形均为梯形，左视图后面为直线，可判断中部为半个四棱台；其中间有一个拱形洞（主视图上反映形状特征）。下部外形为长方体，前后方向挖通一个长方槽，形成一个倒凹形的棱柱体底板。其空间形状如图 6-19（e）、（f）所示。

作图：

先画底板，如图 6-19（b）所示，再画半四棱台及其拱形洞（注意表面交线的画法：拱形洞的上部为半圆柱面，其与四棱台的斜面相交，交线为半个椭圆，水平投影为平面曲线），如图 6-19（c）所示；最后画上部的五棱柱并描深全图，如图 6-19（d）所示。

【例 6-5】 补画图 6-20（a）所示涵洞进出口的左视图。

分析：

先将形体分成四部分：右侧直墙、左侧前后两块翼墙板及左侧下部的底板。分析各部

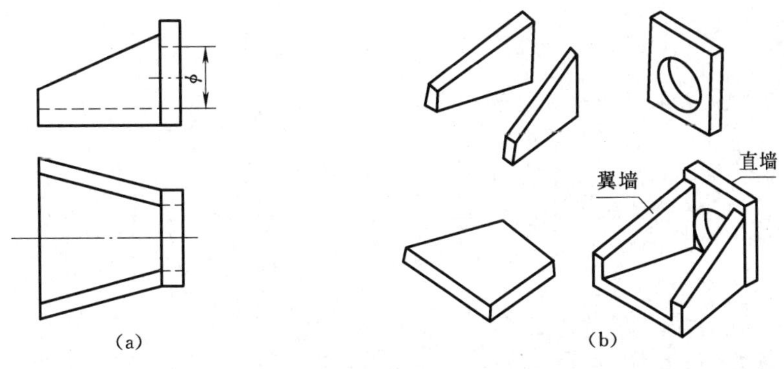

图 6-20（一）　已知两视图补第三视图（二）

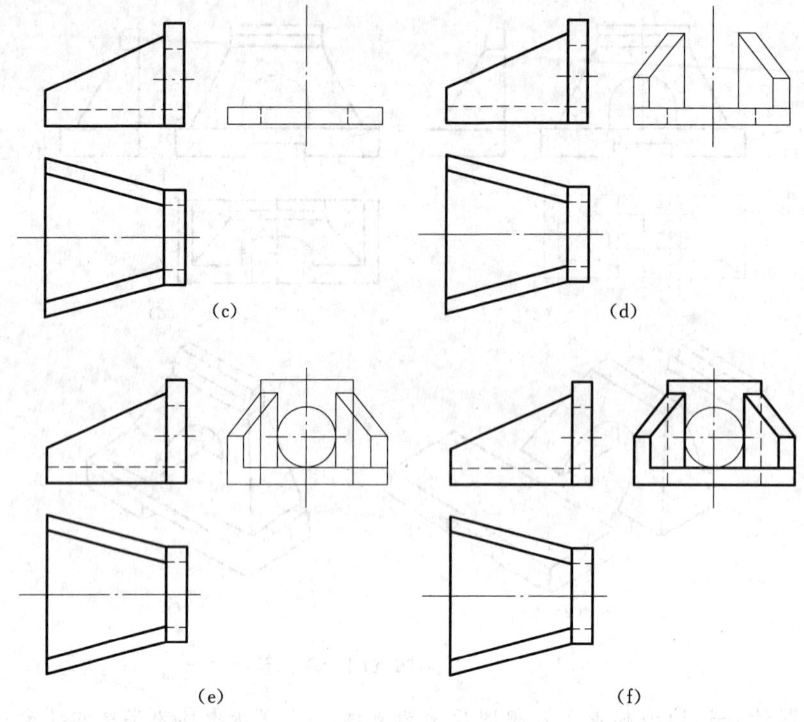

图 6-20（二）　已知两视图补第三视图（二）

分的形状；右侧直墙为四棱柱体，中间有一圆洞；左侧前后两块翼墙板为梯形柱体，左低右高；左侧底板为梯形柱体。各部分形状及整体形状如图 6-20（b）所示。

作图：

补底板左视图，如图 6-20（c）所示；补两块翼墙板（先画左端面，后画右端面，再将两端面的顶面连线）所示，如图 6-20（d）所示；补画右侧直墙，如图 6-20（e）所示；最后检查修改，加深图线，完成作图，如图 6-20（f）所示。

第七章　图　样　画　法

在实际工程中，各种工程建筑物的形状多样，结构复杂，仅用三视图是不可能满足表达的要求。为了清晰、完整、正确的表达工程形体的内外形状，国家制图标准规定了多种表达方法，基本视图、辅助视图，剖视图和断面图等是最常用的表达方法，绘图时可根据具体情况选用。

第一节　视　　图

用多面正投影将物体向投影面投影所得的图形称为视图，视图主要用于表达形体的外部结构和形状，一般有基本视图和辅助视图。

一、基本视图

制图标准规定用六面体的六个面作为基本投影面，将形体放在其中，然后向六个投影面投影所得的视图为基本视图。

六个基本视图的形成和展开如图 7-1 所示，展开后六个视图的相互位置如图 7-2 所示，六个视图应符合“长对正、高平齐、宽相等”的投影规律，按规定位置配置各基本视图时，一般不标注名称。

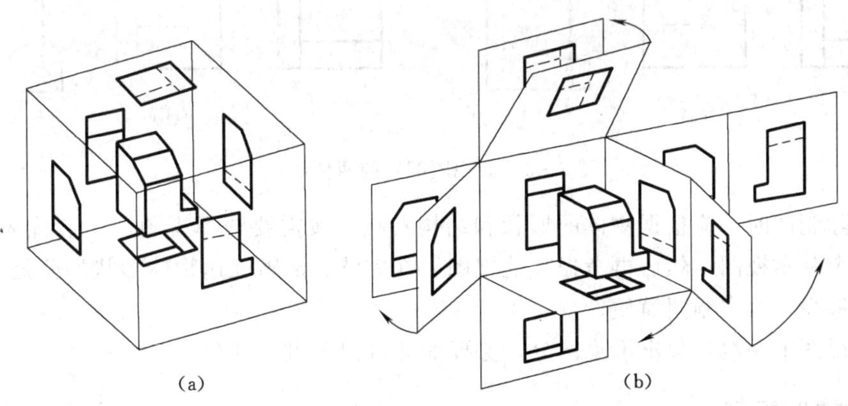

图 7-1　基本视图的形成与投影面的展开

若不能按规定位置配置时，要进行标注，视图名称宜标注在图形的上方，并在图名下方绘一粗横线，其长度应超出图名长度各 3～5mm。在相应的视图附近用带字母的箭头指明获得基本视图的投影方向，并在该视图上方标出基本视图的名称“×向”，该视图称为

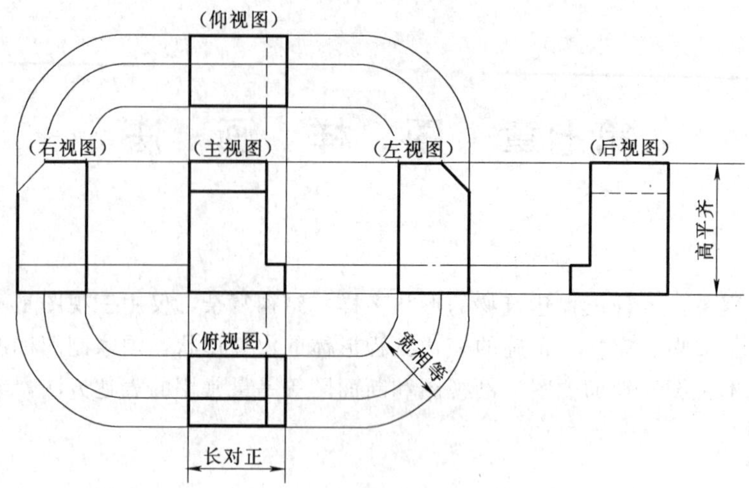

图 7-2 基本视图的基本配置及投影规律

向视图，如图 7-3 (a) 所示。向视图布置不在同一图纸内，向视图名称一般标注写在向视图的上方，标注图名的各视图位置应根据需要和可能按相应的规则布置，如图 7-3 (b) 所示。

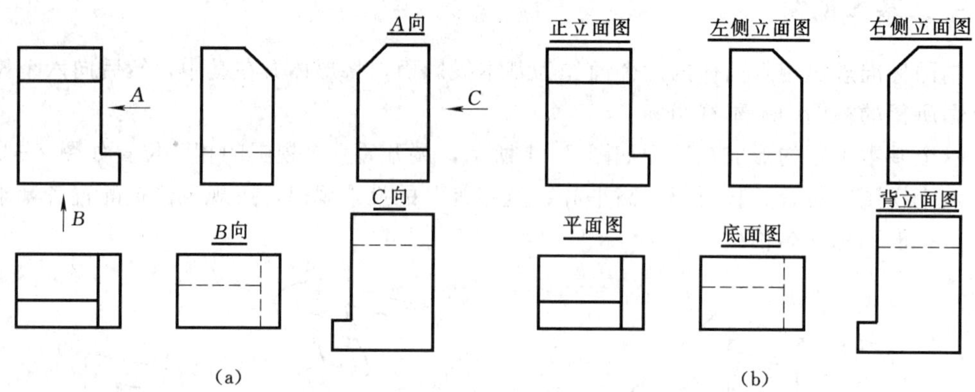

图 7-3 向视图配置的两种形式

在实际制图时，应根据物体的形状和结构特点，按需要选择视图，一般优先选用主、俯、左三个基本视图，然后再考虑其他视图，在完整、清晰表达物体形状的前提下，使视图数量为最少，力求制图简便。

基本视图上一般只画出可见部分，必要时才画出不可见部分。

二、辅助视图

1. 局部视图

如图 7-4 所示形体，有了主视图和俯视图，形体的大部分形状已表达清楚，只有两个凸台部分尚未表达清楚，如果画全用左视图或右视图就显得很累赘。图中仅画出需要表达的部分，既简洁又明了。这种将形体某一部分的形状和大小向基本投影面投影所得的视图称为局部视图。

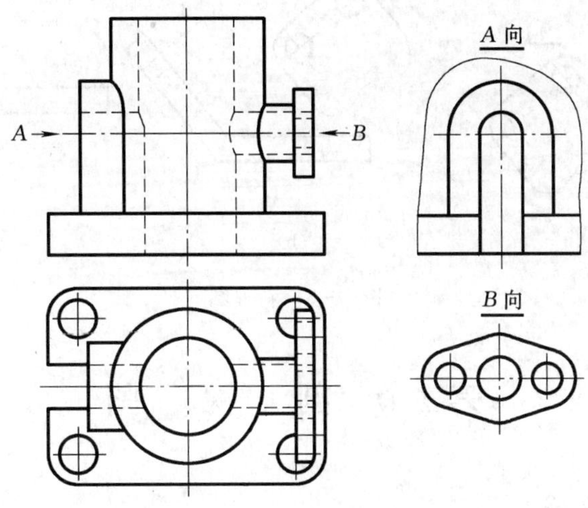

图 7-4 局部视图

局部视图的投影面仍为基本投影面，所表达的只是形体的局部，不画的部分用波浪线断开，这样既省图面又省工作量。但局部视图依附于基本视图，所以，局部视图和基本视图比例相同。

画局部视图应注意的事项：

（1）必须用带字母的箭头在基本视图上标明局部视图的位置和方向，并在局部视图的下方或上方注写相同字母的“×向”名称。

（2）局部视图有明显的轮廓线，以轮廓线为界，否则以波浪为界。波浪线不要超出轮廓线。

（3）局部视图一般配置箭头所指的方向上，如果配置不下或有其他原因，可移到图纸的任何位置，标明名称即可。

（4）局部视图按投影位置配置，中间没有其他视图隔开，可以省略标注。

2. 斜视图

需要表达的形体具有倾斜的结构表面时，在基本投影面上不能表达其真实形状，就需要用斜视图表达。

斜视图的投影面是用换面的方法取得与需要表达的结构表面平行的辅助面，物体投影到辅助面上得到的视图称为斜视图。

绘制斜视图应注意如下问题：

（1）斜视图的标注方法与局部视图相同，只是箭头要垂直辅助投影面，而且字母必须水平书写如图 7-5（a）所示。

（2）斜视图也应配置在箭头所指的方向和位置上，按长对正、高平齐、宽相等绘制，如果按指定位置配置有问题，可移在图纸的任何位置，如图 7-5（b）所示；必要时也可旋转正，标柱时应在上方或下方注写“×向旋转”，如图 7-5（c）所示。

（3）斜视图只表达倾斜部分的形状，其余部分不必画出，且以波浪线或断裂线为界。

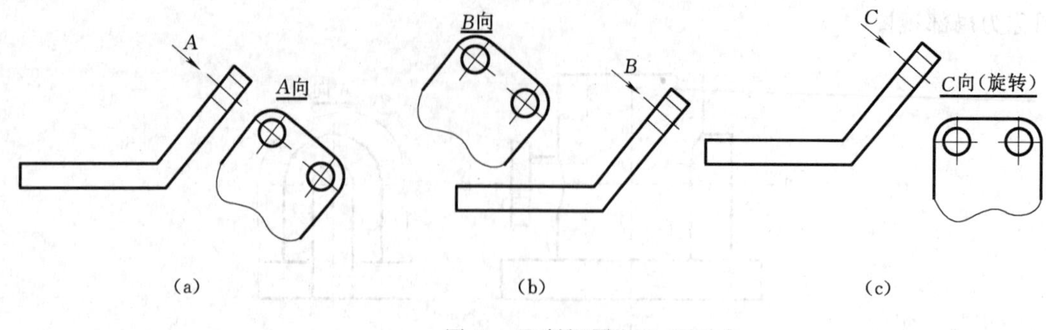

图 7-5 斜视图

第二节 剖 视 图

一、剖视图的概念

视图表达内部结构比较复杂的形体时，就会虚线很多，且相互重叠、交错，让人难以分辨，也给尺寸标注带来了困难，因为视图只能很好地表达形体的外部形状，内部形状制图标准规定用剖视、断面图来表达。

剖视图——假想用剖切面剖开形体，将处在观察者和剖切面之间的部分移去，而将其余部分向投影面投影所得视图，如图 7-6 所示。

剖切面可以是平面，也可以是柱面，剖切面规定平行或垂直于投影面。

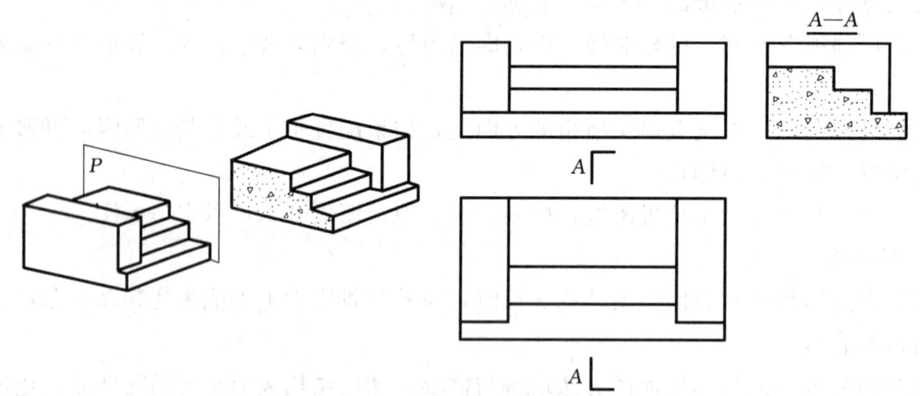

图 7-6 剖视图的形成

二、剖视图的种类

剖视图按剖切范围分为全剖视图、半剖视图和局部剖视图。

1. 全剖视图

用剖切面完全地将形体剖开所得的视图称为全剖视图，一般用于内部结构复杂而外形简单的形体，或者只是为了表达形体的内部结构，如图 7-7 所示。后面讲到的旋转剖视、阶梯剖视、斜剖视也属于全剖视。

2. 半剖视图

半剖视图只适用于具有对称平面的形体。在垂直于对称面的投影上，以中心线为界，一半画成视图，另一半画成剖视图，如图 7-8 所示。

3. 局部剖视图

用剖切面局部的剖开形体所得的视图称为局部剖视图，局部剖视不受形体是否对称的限制，具有同时能表达形体内、外结构的优点，所以应用广泛，如图 7-15 所示。

三、剖视图的画法与标注

1. 画剖视图的步骤

（1）分析形体，画出形体必要的视图。

（2）确定剖切位置，画出剖切后的断面形状。

（3）画出断面形状后，再向后视，画出后边的可见轮廓线，得到剖视图。

（4）为了表明实体部分和空心部分的区别，实体部分要画上断面符号（相应的材料符号）。

（5）进行剖视图的标注。

2. 绘制剖视图应注意的事项

（1）剖视、断面的剖切位置是假想的，目的在于表达形体的内部结构形状，并不影响其他视图的完整性，所以其他视图应画完整，如图 7-6 所示。

（2）剖切后的视图不要出现不真实的情况，对称形体应从对称面上剖开，有轴线的应从对称轴线上剖开。

（3）为了图面清晰，剖视图虚线一般不画，只有其他视图没有表达清楚的部分某个方向的尺寸时，才画虚线。

（4）为了便于识别形体内部的空腔和实体，在剖切面和实体接触部分画上材料符号。

3. 断面符号

工程中常用的断面材料符号制图标准有规定画法。金属和砖的材料符号都是 45°斜线，斜线用细实线绘制。当形体上的主要轮廓线与水平线成 45°时，用 30°或 60°斜线。图 7-6 所示为混凝土材料符号。

4. 剖视图的标注

为了方便看图，图中必须标明剖切方式和投影关系，剖视图标注要注明剖切位置、投影方向和剖视图编号名称。

（1）剖切位置——在能够表示剖切方式的其他图上用粗实线绘制，剖切位置线的长度 5～10mm，绘制在剖切平面的起、止处，它不能和形体的轮廓线相交或重合。

（2）投影方向——用粗实线绘制，长度 4～6mm，连接在剖切位置线的外端，与剖切位置线成 90°。

（3）剖视图编号名称——在剖视方向线的端部用相同的字母或数字编号，并在相应的剖视图上标注相同的字母或数字“×—×”。

注意：剖切符号编号——宜采用阿拉伯数字或拉丁字母，按顺序自左向右，由下而上连续编号。

四、工程上常见的剖视图

1. 单一剖切面的全剖视

单一剖切面的全剖视——用一个剖切面沿形体的纵向或横向剖开，所得的视图称为全剖视。

全剖视适合外形简单，内部复杂，且在某个投影方向上形体的视图不对称通常采用全剖视。

画全剖图应注意：

(1) 完整的标注如图 7-7 所示，剖切位置、投影方向在水平投影上，剖视图上应注写 A—A 相应的编号。

(2) 当剖视图按投影位置配置，中间又没有其他视图隔开，可省去投影方向。

(3) 如果在形体的对称平面上剖开，剖视图按投影位置配置，可省略标注。如图 7-7 所示的全剖视图就可省略标注。

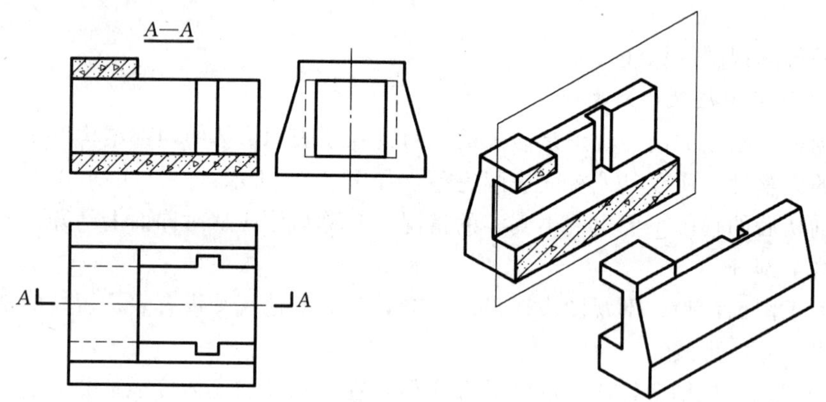

图 7-7　全剖视图

2. 半剖视图

半剖视——当物体具有对称平面，在垂直于对称平面的投影面上的投影，可以以中心线为界，一半画视图，一半画剖视图，如图 7-8 所示。

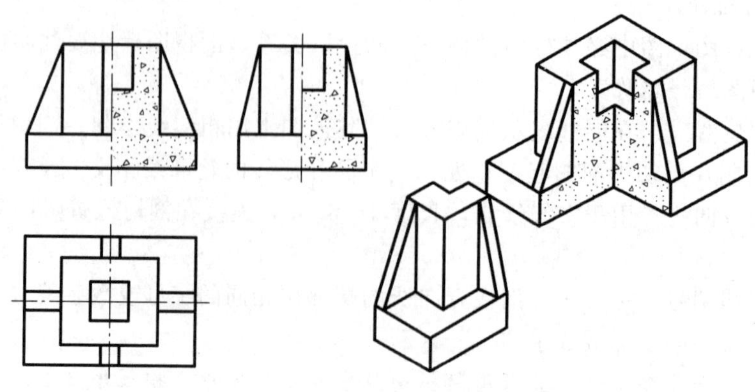

图 7-8　半剖视图

半剖视适合于内外结构都需要表达的对称形体，如果形体接近对称，其不对称部分另有视图表达，也可作半剖视。

画半剖视图应注意：

(1) 半剖视的视图和剖视图分界线一定是点画线，不能用任何其他线条。

(2) 画半剖视时一般主、左视图的视图在左，剖视图在右。

(3) 由于半剖视具有对称性，所以，当视图中的虚线是剖视图上的实线，剖视图上的虚线是视图上的实线时，虚线不画。

(4) 当对称形体的对称面上有结构（内、外结构）轮廓线时，该形体不适宜于作半剖视。

(5) 半剖视的标注与全剖视相同。

3. 阶梯剖视

用几个相互平行平面剖切形体，所得的剖视图称为阶梯剖视。

阶梯剖适用于形体内部复杂，但要表达的结构不在同一平面内，采用几个平行平面剖切可以达到目的。

画阶梯剖视图时应注意：

(1) 阶梯剖视图完整的标注如图 7－9 所示，在剖切位置面转折处应画出剖切位置线，一般在剖切位置线的外端画出投影方向，每处注写剖切名称符号，如果转折处位置有限，不至于引起误解，允许省略字母。

(2) 阶梯剖视投影时，是将几个平行平面拉在同一个平面内投影，几个平行平面之间不应画线。

(3) 剖切位置面的转折面一般应放在实体上，且不要与形体上的任何轮廓线重合。

(4) 阶梯剖视一般情况下不要出现不真实的要素，如图 7－10 所示。

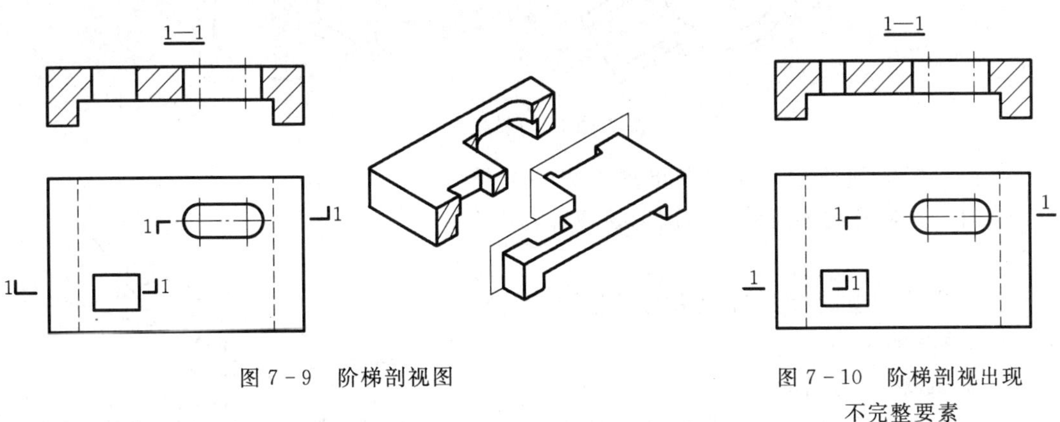

图 7－9 阶梯剖视图

图 7－10 阶梯剖视出现不完整要素

(5) 阶梯剖视要表达的两个内部结构有公共的对称平面，可以以公共对称平面为界一个画一半，合成一个视图，如图 7－11 所示。

(6) 阶梯剖一般不能省略标注，但剖视图按投影位置配置，中间没有其他视图隔开，可以省略投影方向。

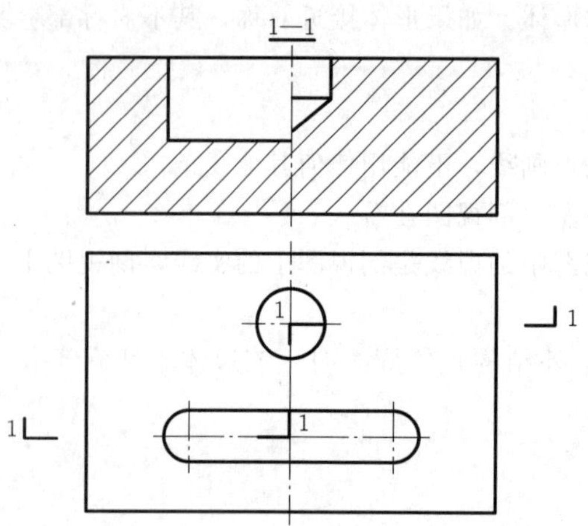

图 7-11　阶梯剖有公共对称面的剖视图

4. 旋转剖视

用两个相交平面（相交平面垂直某投影面）剖开物体所得的剖视图称为旋转剖视图，如图 7-12 所示。

旋转剖视适用于表达有回转轴，而且分布在两个相交平面上的内部结构。

画旋转剖视图应注意：

（1）旋转剖视是将选定的不平行投影面的平面旋转到与选定的投影面平行，再进行投影，所以旋转剖两剖切平面之间为轴线（中心线）分界。

（2）旋转剖视剖切平面后的结构要素（未剖切到的）仍按原位置投影。

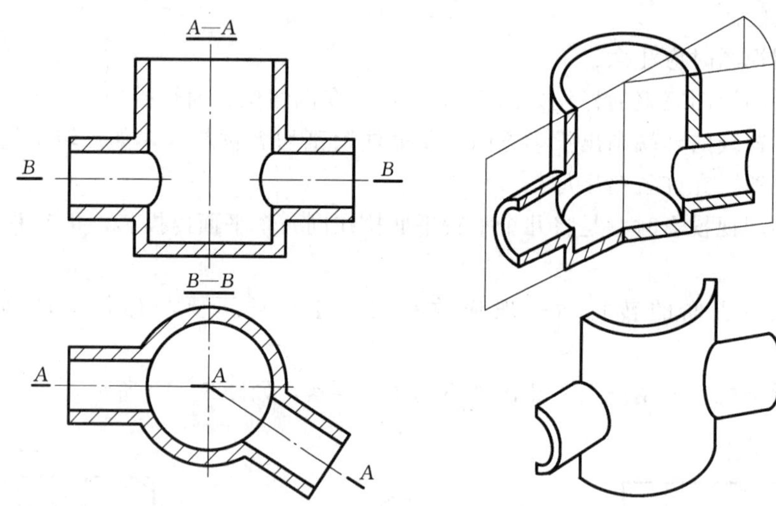

图 7-12　旋转剖视图

（3）当形体剖切后，剖视图出现不完整的结构要素时，这部分结构要素按不剖切处理，如图 7-13 所示。

（4）旋转剖视的标注与阶梯剖视相同，旋转剖一般不能省略标注。

5. 斜剖视

斜剖视是用垂直基本投影面的剖切平面剖开形体所得的剖视图称为斜剖视。

斜剖视用来表达形体上倾斜部分的内部结构和形状。

画斜剖视图应注意：

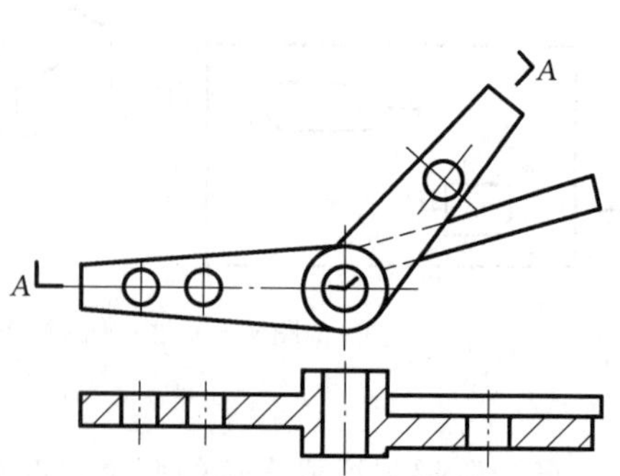

图 7-13　旋转剖视图不完整要素按不剖处理

（1）斜剖视剖切平面应与要表达的倾斜结构平行，剖开后向剖切平面垂直的方向投影，将投影面旋转到与基本投影面重合画出，如图 7－14 所示的 1—1。

（2）斜剖视图最好按投影位置就近配置。如果配置有困难，可移到图纸的任何位置画出，也可以旋转正，如图 7－14 所示的“1—1 旋转”标注。

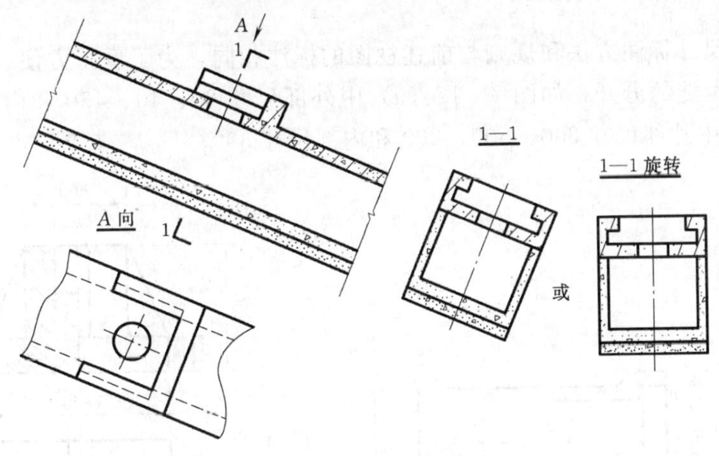

图 7－14　斜剖视图

（3）斜剖视是用于表达形体上倾斜的结构，形体与基本投影面平行的结构，在斜剖视图中不反映实形的一般避免表示。

（4）斜剖视的标注同全剖视，一般情况下斜剖视不省略标注。

6. *局部剖视*

局部剖视是用剖切平面局部的剖开形体，所得到的视图称为局部剖视，如图 7－15 所示。

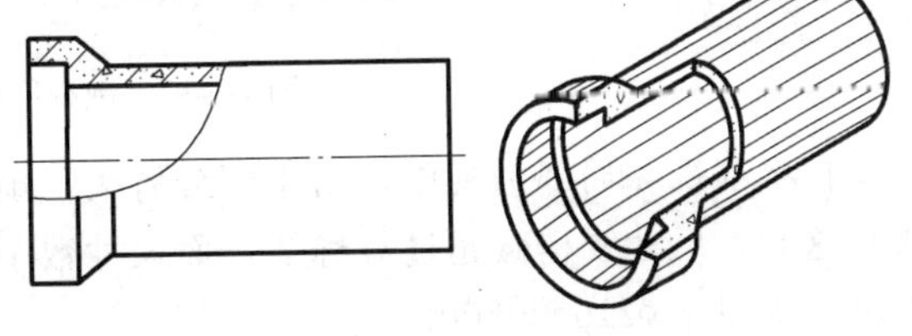

图 7－15　局部剖视图

局部剖视不受形体是否对称的条件限制，具有同时能表达形体内、外结构形状的优点，所以应用广泛，常用于以下几种情况：

（1）形体上只有局部内部结构需要表达，没有必要全剖或半剖，如很多底板上的小孔。

（2）形体内部结构需要表达，但外形复杂，不能全剖或不具备半剖的条件，如半剖中讲的对称结构的形体，内部或外部结构在对称面上有轮廓线，就适合作局部剖视。

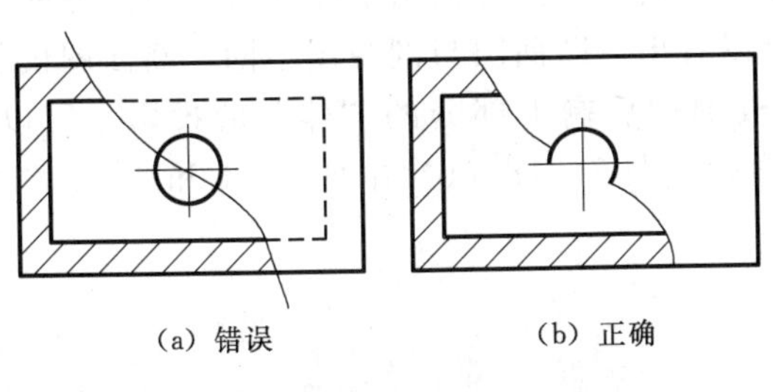

图 7－16　局部剖视图中波浪线画法

画局部剖视图应注意：

（1）局部剖视图在原视图上绘制，剖切范围用波浪线表示。

（2）局部剖视图内、外形体之间分界线用波浪线，波浪线不要和图形上的其他线重合，波浪线不应超出剖开部分的外形轮廓线，波浪线不能穿孔、穿槽而过，如图 7－16 所示。

(3) 当被剖切结构为回转体时，允许将该结构的中心线作为局部剖视与视图的分界线。

(4) 局部剖视不加任何标注。

五、剖视图的尺寸标注

剖视图的尺寸标注方法和规则与前述视图的标注相同，为了看图方便，表示外部和内部的尺寸应尽可能的分开，如图 7-17 (a) 中外部尺寸 60、40、450 和内部尺寸 40，如图 7-17 (b) 中外部尺寸 800、500、200 和内部尺寸 300。

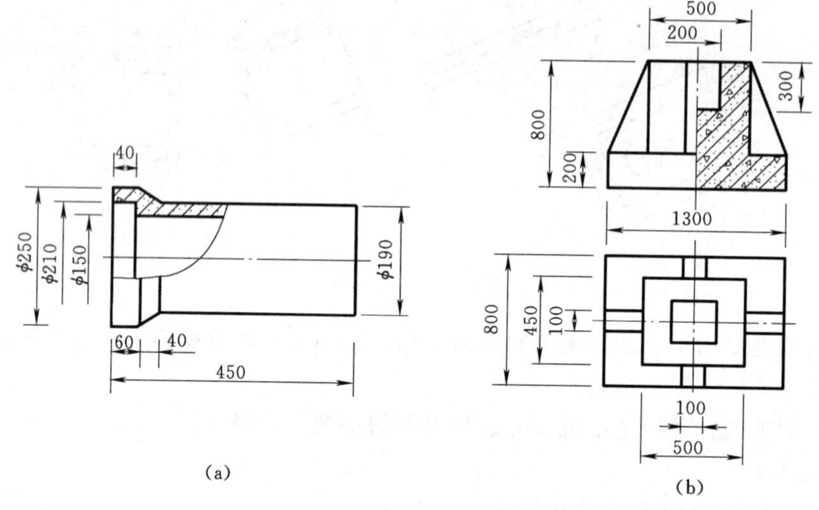

图 7-17　剖视图的尺寸标注

在半剖视和局部剖视中，由于部分省去了虚线，常用一端带起止符的尺寸标注内部结构，这时，尺寸线稍微超过对称线，而尺寸数字仍为结构的全尺寸，标注形式如图 7-17 中尺寸 ϕ150、ϕ210 和 200。

第三节　断　面　图

一、断面图的概念

断面图——假想用剖切平面将物体切开，仅画出物体与剖切平面的接触面部分的图形，如图 7-18 所示，从图 7-18 (a) 中可以看出，断面图与剖视图不同，断面图仅仅是一个“面”的投影，而剖视图则是形体被剖切后剩下部分的“体”的投影。所以，断面图主要是用来表达形体某处切断面的形状，图 7-18 (b) 中的 1—1 和 2—2 均为断面图。

二、断面图的种类

根据断面图在投影视图中位置，分为移出断面图和重合断面图两种。

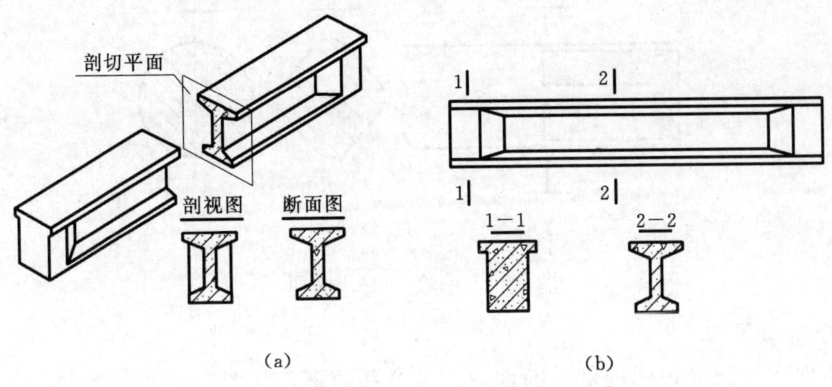

(a)　　(b)

图 7-18　剖视图与断面图的区别

1. 移出断面图

绘制在投影图以外的断面称为移出断面图，如图 7-19 所示。

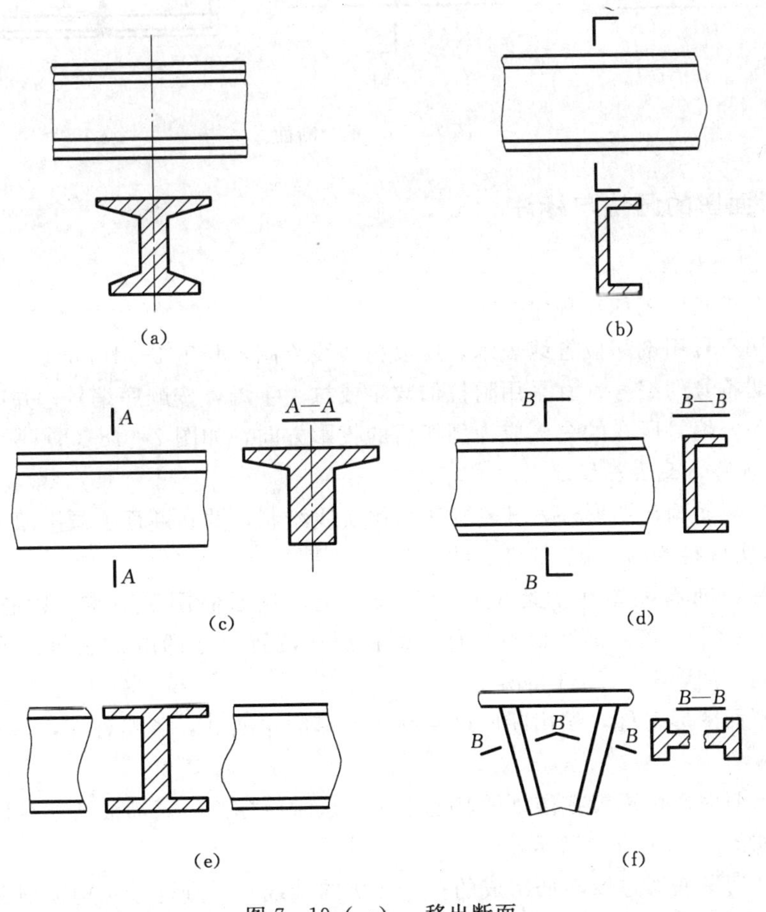

(a)　(b)　(c)　(d)　(e)　(f)

图 7-19（一）　移出断面

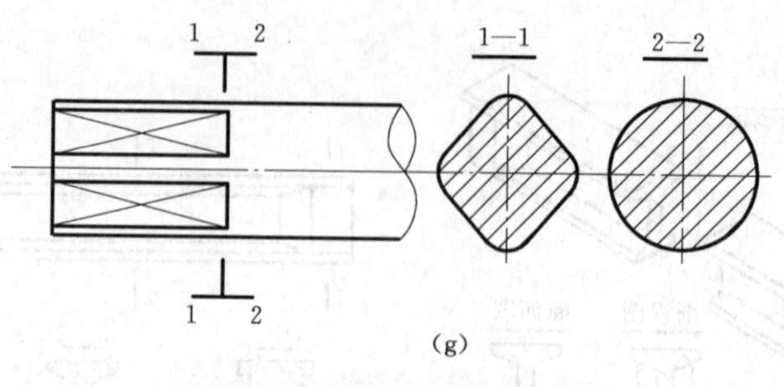

图 7-19（二） 移出断面

2. 重合断面图

重合断面图绘制在视图内部的断面称为重合断面图，如图 7-20 所示。

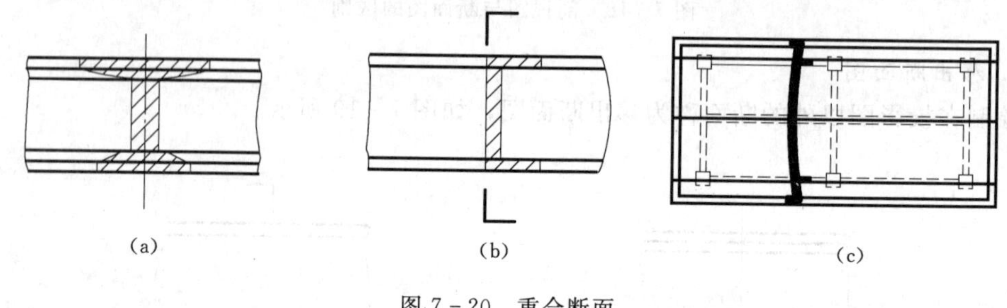

图 7-20 重合断面

三、断面图的画法与标注

1. 断面图的标注

一般情况下断面图标注规定：

(1) 剖切符号用剖切位置线表示，应以粗实线绘制，长度 5～10mm。

(2) 剖切符号的编号，宜采用阿拉伯数字或拉丁字母，按顺序编号，并应注写在剖切位置线的一侧，编号所在的一侧应为剖切后的投影方向，如图 7-18 (b) 所示。

2. 移出断面的画法与标注

(1) 移出断面画在图形外，其轮廓线用粗实线绘制，并在断面上画上断面符号（材料符号），没指明材料的画上 45°的细实线。

(2) 当移出断面配置在剖切位置的延长线上，且断面图形对称，则省略标注，如图 7-19 (a) 所示。若断面图形不对称，则在剖切位置符号两端绘制与其垂直的粗实线表示投影方向，如图 7-19 (b) 所示。

(3) 当断面图形对称，移出断面可绘制在图形的中断处，省略标注，如图 7-19 (e) 所示。

(4) 移出断面也可配置在图纸的其他位置，这时应标注，若断面图形对称，可省略投影方向线，如图 7-19 (c) 所示。

(5) 当剖切平面通过回转面组成的孔、凹坑的轴线时，则这些结构按剖视图绘制。当通过非回转面，导致出现完全分离的两部分断面时，这样的结构也按剖视图绘制。

(6) 为了表达形体的真实形状，剖切平面应与剖切部分的主要轮廓线垂直，若用一个剖切平面不能满足要求时，可用两个相交平面或多个平面分别垂直轮廓线剖切，其断面形状断开用波浪线，如图 7-19（f）所示。

（7）当用一个公共的剖切平面将物体剖开，而得到两个不同方向的断面图时，应按图 7-19（g)所示的形式标注。

3. 重合断面的画法与标注

（1）重合断面的轮廓线规定用细实线绘制，当视图中的轮廓线与断面图形重叠时，视图中的轮廓线仍完整绘出，不可间断。

（2）对称重合断面可不标注，不对称重合断面应标注剖切位置，并用粗实线绘制投影方向。但可不标字母，如图 7-20（a）、（b）所示。

（3）梁板的断面图画在结构平面布置图内时，断面涂黑，并且可不标注剖切位置和投影方向，如图 7-20（c）所示。

对于物体上的支撑板、肋板等薄壁结构和实心的轴、杆、柱、梁等，当剖切平面平行其轴线、中心线或薄板结构的板面时，其剖面部分可不画材料图例，而用粗实线将其与相邻部分分开，如图 7-8 所示半剖视图的肋板。

第四节 剖视图和断面图的识读

前面学习了形体的内外结构表达的常用的方法，表达建筑物形体时，根据建筑物特点及工作情况，综合运用所学的知识，将形体完整、清晰地表达出来。对于工程图样的阅读，也要运用所掌握的图样识读方法，分析图样上线的含义，线框的含义，从而了解其空间形状。

一、表达形体

用制图标准规定的各种表达方法，正确、清晰的表达工程建筑物形状，是工程技术人员必须具备的能力。把一个复杂的形体以图样的形式正确的表达在图纸上，首先要分析形体的结构与实际工作状况，选择视图，其次所选择的视图不仅能清晰的表达形体的结构形状特点，而且力求作图简便，便于技术交流。

【例 7-1】 选择一组视图表达图 7-21（a）所示的钢筋混凝土 U 形渡槽槽身的结构形状。

渡槽是渠系上一种跨沟过水建筑物，由槽身与下部的支撑结构组成，槽身各部分的名称和构造如图 7-21（a）所示。

（1）形体分析。该 U 形渡槽槽身由槽壳、耳梁、支座和拉杆组成，由于槽壳较薄，而支座尺寸较厚，所以，在它的连接处需要有一个应力过渡段，即为图 7-21 所示的“舌头”。

（2）主视图选择。由于渡槽是一个过水建筑物，在画水利工程图时，建筑物常按工作位置放置，并使其过水通道轴线平行于 V 面，水的流向从左至右。再由于渡槽整个形体前后对称，内、外形难易程度相当，所以主视图选半剖视比较好。这样既表达了内部立面情况，又表达了外部形状，还表达了制作渡槽各部分的材料（见材料分界线）情况。

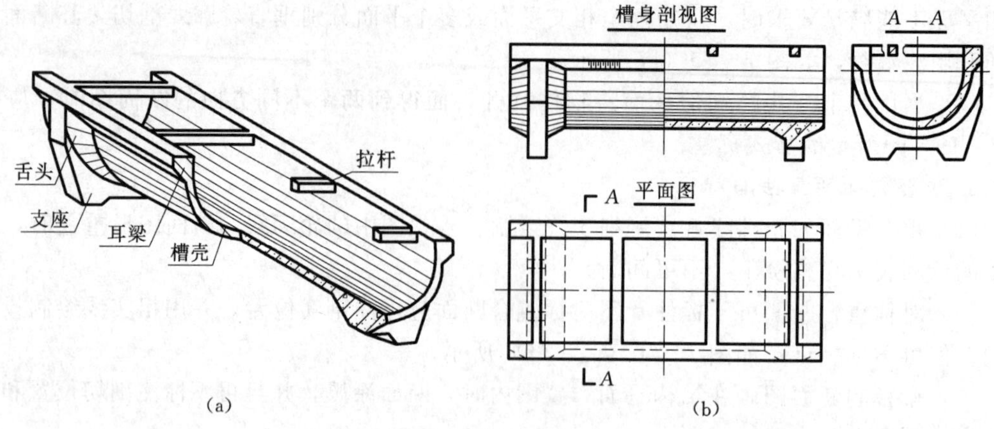

图 7－21　形体的表达

(3) 视图数量选择。只有主视图是不够的，主视图只反映渡槽槽身的立面情况，槽身前后方向的尺寸及布置还不清楚，还要画水平投影反映组成槽身各部分的位置及其连接关系，两个视图选择好了，渡槽 U 形过水断面的真实形状还没有表达清楚，需要画出左视图，由于渡槽前后对称，左视图也画半剖比较好，支座端面、槽壳的形状、厚度同时得到了表达。拉杆的截面形状主视图上已有所反映，不是非常明确，左视图中再用移出剖面示出拉杆形状更清晰。分析看出这些视图已经足够表达清楚渡槽槽身的结构形状了，如图 7－21 (b) 所示。

二、阅读图样

阅读图样是根据表达形体的视图、剖视图和断面图的名称，在有关图上寻找剖视、断面的剖切位置和投影方向，弄清楚它们之间的关系，分清形体的实心和空心部分以及各自的断面形状，利用前面学过的读图方法，形体分析、线面分析，想象其空间形状。

【例 7－2】 已知涵洞的纵剖视图、水平投影和 3—3、2—2 剖视图，补画 1—1 阶梯剖视图，如图 7－22 所示（要求将翼墙及护底的虚线全部画出，其余虚线不画）。

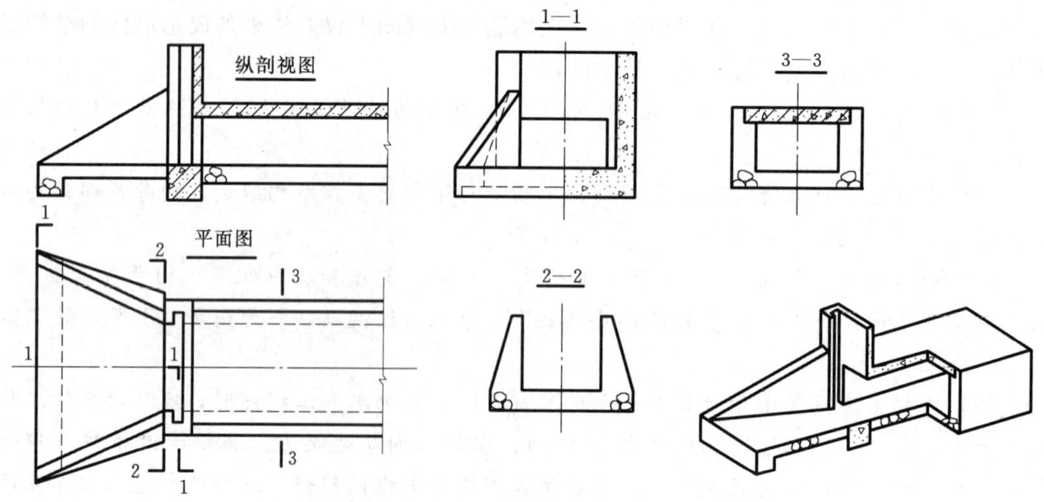

图 7－22　读图与补图

(1) 视图分析：涵洞纵剖视图是单一剖切面的全剖视，从对称平面上剖开，省略标注，水平投影为视图，反映了涵洞与翼墙及闸门的连接情况，2—2、3—3 分别是反映翼墙后和涵洞的断面形状的断面图。

(2) 形体分析：从所给的视图分析可知涵洞由三部分组成，即进口、闸门和洞身，进口为八字形翼墙，底板为浆砌石材料。闸门部分闸墩形状水平投影所示，混凝土浇筑。洞身为矩形浆砌石建造，上有钢筋混凝土盖板。由于涵洞采用了两种材料，所以图中绘制了材料分界线。

(3) 补 1—1 剖视图：1—1 剖视图为阶梯剖视图，左边为翼墙的前端面位置，后视可看到翼墙后部和闸墩以及洞身，所以要画翼墙、闸墩墙和洞身的轮廓线。右边在闸槽位置，因而可看到闸墩墙，后视可看到洞身，由于剖视图一般不画虚线，所以洞身只画看得见的轮廓线。由于使用材料不同，剖开各部分要画上相应的材料符号。

第五节　第三角投影简介

我国制图标准规定，工程图样是将物体放置在第一分角内投影绘制，而世界上有些国家采用第三角投影，为了适应国际间的合作与技术交流，我们对第三角投影也应有所了解。

两种投影都是用正投影法将物体向三个相互垂直的投影面 V、H、W 投射。第一角投影是将物体置于第一分角中，如图 7－23（a）所示，按“观察者—物体—投影面”的相对位置向三个投影面投射，得到三视图，三视图是正面投影、水平投影、左侧面投影；而第三角投影法则是将物体置于第三分角中。如图 7－24（a）所示，这种将投影面看成是透明的，按“观察者—投影面—物体”的相对位置，向三个投影面投射得到三视图，三视图是正面投影、水平投影、右侧面投影。

当三个投影面展成一个平面时，两种投影都是 V 面保持不动，H 面、W 面分别各自绕它们与 V 面的交线旋转，使它们转到与 V 面成为同一平面的位置。第一角投影是 H 面

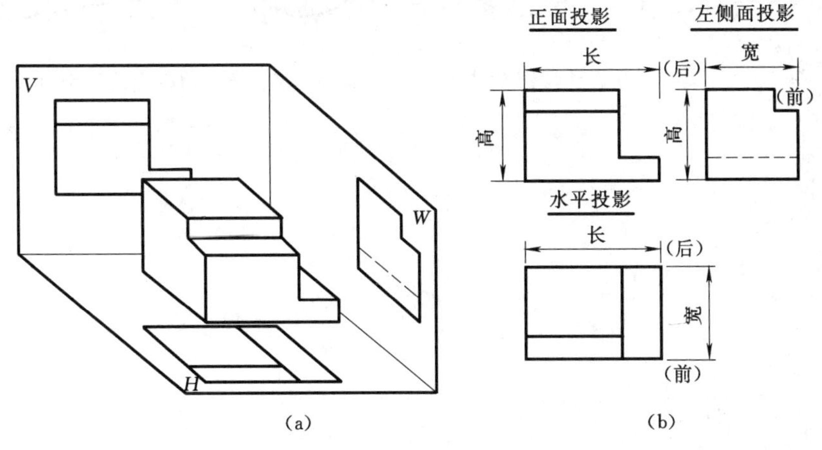

图 7－23　第一角投影及展开三视图

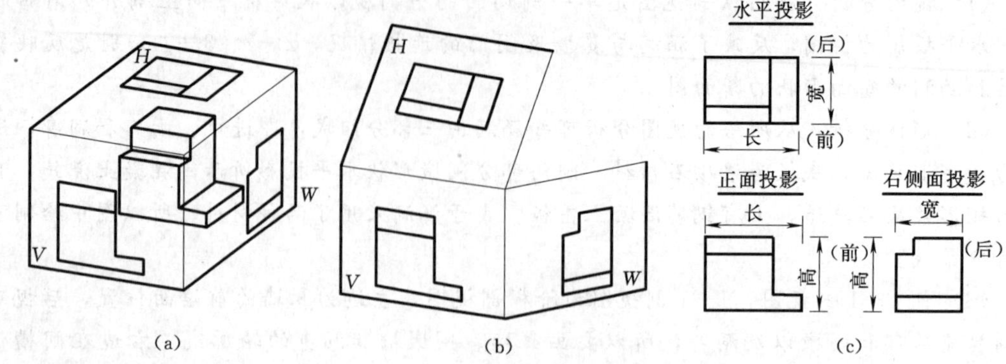

图 7-24　第三分角投影及展开

向下旋转，W 面向右旋转，得到的视图配置是：水平投影在正面投影的下方，在正面投影右方的是左侧立面图，如图 7-23（b）所示。第三角投影是 H 面向上旋转，W 面也是向右旋转，如图 7-24（b）所示。从而得到的视图配置是水平投影在正面投影的上方，在正面投影右方是右侧面投影，如图 7-24（c）所示。

两种投影形成的三视图，如图 7-23（b）和图 7-24（c）所示三个视图间都应符合三等关系：正面投影与水平投影长对正；正面投影与侧立面图高平齐；水平投影与侧立面图宽相等、前后对应，水平投影中的下边都代表前方，上边都代表后方。但在第一角投影所得的左侧面投影中，右边代表前方，左边代表后方；而在第三角投影所得的右侧面投影中，则左边代表前方，右边代表后方。

为了便于在图上识别所采用的投影法，国际标准规定，在标题栏内必须画出第一角投影法识别符号如图 7-25 所示，第三角投影法的识别符号如图 7-26 所示。

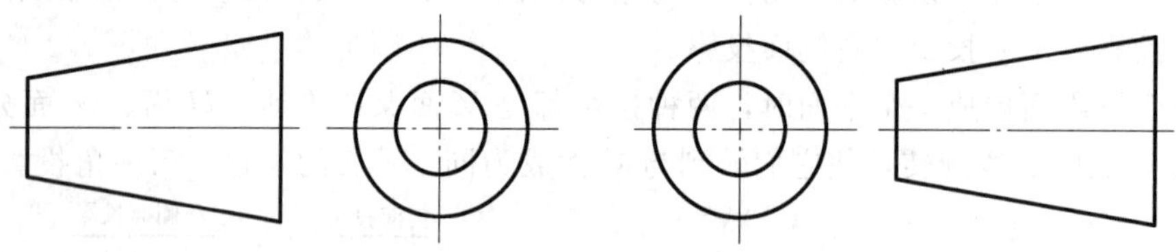

图 7-25　第一角投影法识别符号　　图 7-26　第三角投影法识别符号

第八章 标 高 投 影

在实际工程中，如修建大坝、开挖基础、修筑道路等都与地面有着密切的关系。在工程施工前，必须画出地面形状和地面上的建筑物，以便从图上解决有关工程上的问题。由于地面形状是复杂的，长度和高度尺寸相差甚远，不便于用以前的多面正投影来表示，因此，人们在长期的工程实践中总结出用标高投影法来表示工程建筑物与地形面的接触关系。所谓标高投影就是在物体的水平投影上加注某些特征面、线以及控制点的高程数值的单面正投影。

如图 8－1（a）是一个四棱台的两面投影。水平投影确定后，正面投影主要提供四棱台的高度（2m）。若用标高投影来表示，我们只需画出四棱台的水平投影，并加注其顶面和底面的高度数值 2.000 和 0.000。为了增强图形的立体感，在斜面上还画出了长短相间而等距的细实线（示坡线）以表示坡面。再给出绘图的比例或比例尺，该四棱台的形状和大小就完全确定了。这就是标高投影法的应用。

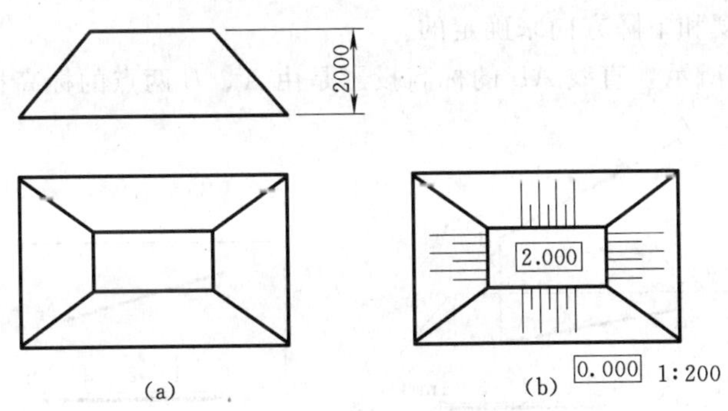

图 8－1　标高投影的概念

第一节　点、直线、平面的标高投影

一、点的标高投影

在点的水平投影旁，标注出该点与水平投影面的高度距离，即得该点的标高投影。

如图 8－2（a），应选择水平面“H”作为基准面，其高程为零，基准面以上的高程为正，基准面以下的高程为负。设空间有三个点 A、B、C，A 点高出 H 面为 3 单位，B 点在 H 面上，C 点低于 H 面为 2 单位，分别作出 A、B、C 三点在 H 面上的正投影。在投影图上字母 a、b、c 的右下角分别标出它们距离 H 面的高度数值 3、0、－2，得 a_3、b_0、

c_{-2}，即为 A、B、C 三点的标高投影，如图 8-1（b）所示。数字 3、0、-2 分别为 A、B、C 各点的高程（又称标高）。

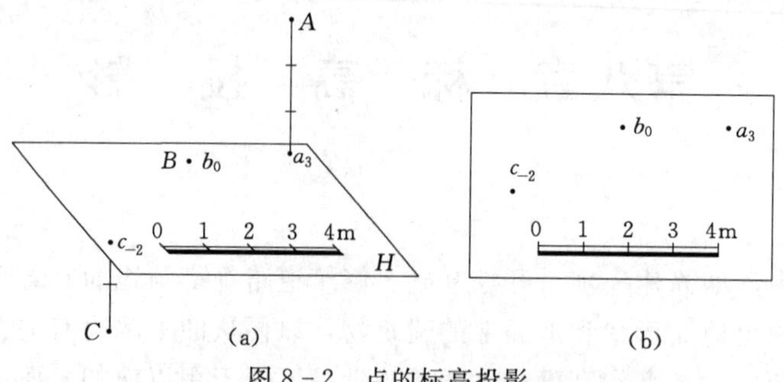

图 8-2　点的标高投影

应当指出，高程分为相对高程和绝对高程，相对高程是以某水平面为基准面的；绝对高程则采用与测量相一致的基准面，即以青岛黄海平均海平面作为我国统一的高程起算面。标高投影中应标注比例和高程。比例可采用比例尺（附有其长度单位）的形式，也可采用标注比例的形式（如 1∶1000 等）。常用的高程单位为 m。

二、直线的标高投影

1. 直线的标高投影表示法

在标高投影中，空间直线的位置是由直线上两个点的标高投影或直线上一个点的标高投影及该直线的坡度和下降方向来确定的。

（1）如图 8-3 所示，直线 AB 的标高投影是由 A、B 两点的标高投影连接而成的。

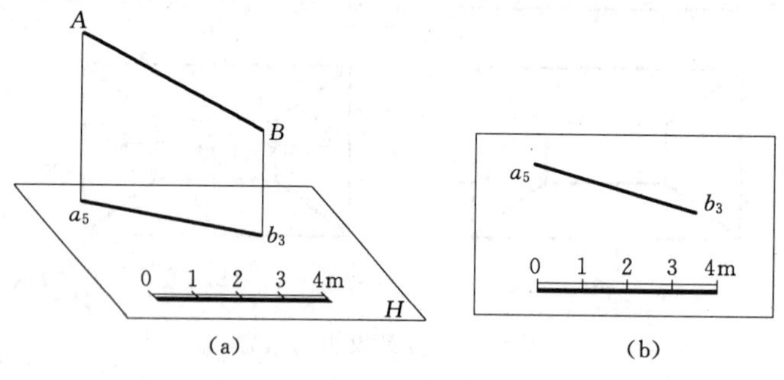

图 8-3　直线的标高投影（一）

（2）如图 8-4 所示，直线是用直线上一个点的标高投影并加注直线的坡度和下降方向来表示的。

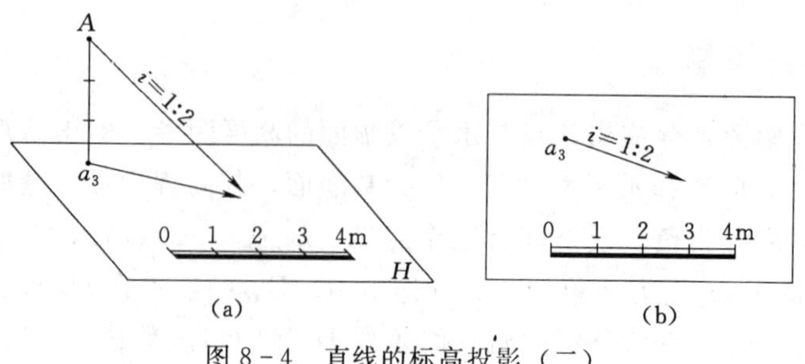

图 8-4　直线的标高投影（二）

注意：水平线的标高投影可用该直线的水平投影加注高程来表示。

2. 直线的坡度和平距

直线上两点之间的高度差与水平距离（水平投影长度）之比称为直线的坡度，用符号 i 表示，如图 8-5 所示。

$$坡度(i)=高度差(\Delta H)/水平距离(L)=\tan\alpha$$

上式表明：两点间的水平距离为 1 单位（m）时其高度差即等于坡度。式中 α 为直线对水平面的倾角，因此，坡度也可以说是直线对水平面的倾角的正切。

当直线上两点间的高度差为 1 单位（m）时其对应的水平距离称为平距，用符号 l 表示，如图 8-5 所示。

$$平距(l)=水平距离(L)/高度差(H)=\cot\alpha=l/i$$

可见直线的坡度和平距是互为倒数的，即 $i=1/l$。坡度越大，则平距越小，反之亦然。

需要说明：平行于基准面的直线，其坡度为零，平距为无限大，直线上各点的高程都相等，该直线为水平线。

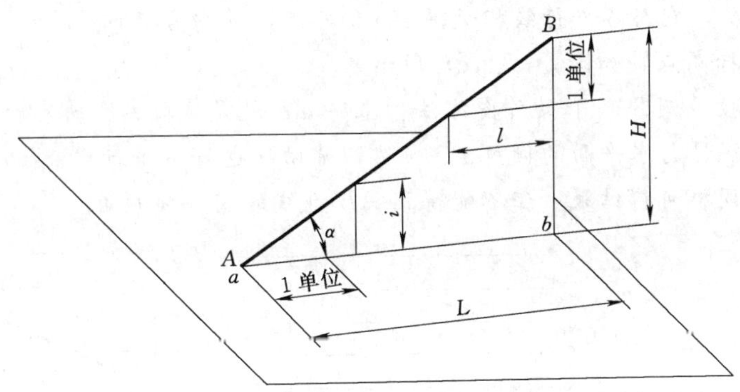

图 8-5　直线的坡度和平距

【例 8-1】 已知直线 AB 的标高投影为 $a_{36}b_{12}$，如图 8-6 所示，求直线 AB 的坡度与平距，并求直线上 C 点的标高。

分析：

欲求坡度与平距，先求出 H 和 L，H 可由直线上的两点的标高数值计算取得，L 可按比例由标高投影度量取得，然后利用 $i=\Delta H/L$ 及 $l=1/i$ 确定。

作图：

(1) Hab 为 A、B 两点的高度差（ΔH），$Hab=36-12=24$，Lab 为 A、B 两点的水平距离，由比例尺量得 $a36b12$ 的长度 $Lab=48$，因此坡度 $i=24/48=1/2$。

(2) 直线 AB 的平距 $l=1/i=2$。

(3) 按比例量得 ac 间距离为 16，据 $i=\Delta H/L$ 得

$1/2=Hac/16$　即 $\Delta H=Hac=8$

于是，C 点的标高应为 $36-8=28$。

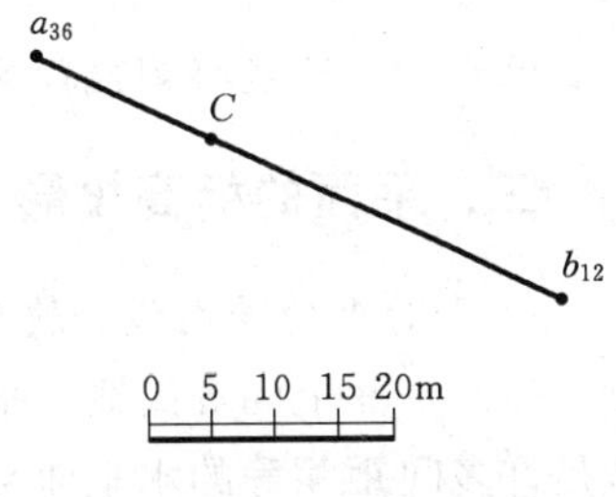

图 8-6　求直线的坡度、平距和 C 点的标高

用图解法也可求出 C 点的标高。若已知直线 AB 上高程为 20 的 D 点，怎样求其标高投影，请读者自行分析作图。

【例 8－2】 已知直线 AB 的标高投影 $a_{3.5}b_{6.8}$，如图 8－7（a）所示，求该直线上的整数标高点。

分析：

直线上 A、B 两点的标高数字并非整数，需要在直线的标高投影上定出各整数标高点，称为刻度。为此，需在适当位置作一组与 $a_{3.5}b_{6.8}$ 平行等距的整数标高直线，再进一步求 AB 直线与相应标高直线的交点。

作图：

（1）在适当位置平行于 $a_{3.5}b_{6.8}$ 按比例尺作若干条间距相等且相互平行的辅助直线，将靠近 $a_{3.5}$ 的一条定为比 3.5 小的整数标高 3，其余依次类推为 4、5、6 的标高直线，一直作到比 6.8 大的整数标高 7，如图 8－7（b）所示。

（2）过点 $a_{3.5}$ 和 $b_{6.8}$ 分别作 $a_{3.5}b_{6.8}$ 的垂线，并在此垂线上分别求出 3.5 单位的 a' 和 6.8 单位的 b'，如图 8－7（b）所示。

（3）连接 $a'b'$，它与各平行线相交得 $4'5'6'$ 各点，并由各点向 $a_{3.5}b_{6.8}$ 作垂线，各垂足即为所求的整数标高点，如图 8－7（c）所示。

必须指出：按［例 8－2］的作图方法，求得 $a'b'$ 就是线段 AB 的实长，它与辅助线的夹角，反映直线 AB 与水平面的倾角 α。当然，辅助线也可不平行于 $a_{3.5}b_{6.8}$，也可不按图中比例尺作图，同样可得结果，但不能得到 AB 直线的实长和倾角。

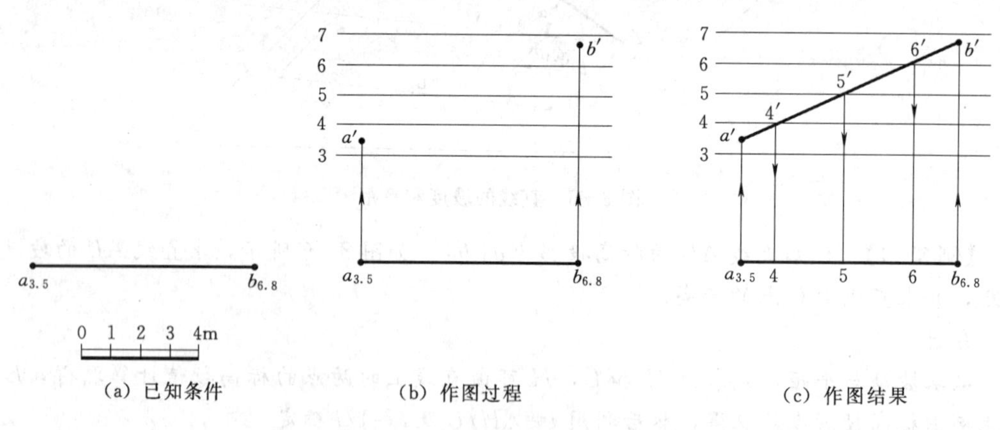

（a）已知条件 （b）作图过程 （c）作图结果

图 8－7 求直线上整数标高点

注意：上述能得到线段实长的作图方法就是地形剖面法。

三、平面的标高投影

1. 平面上的等高线和坡度线

（1）平面上的等高线。平面上的水平线称为平面上的等高线。平面上的等高线可以看做是许多间距相等的水平面与该平面的截交线。水平面的间距也就是等高线的高差。从图 8－8（a）中不难看出平面上等高线有以下三个特性：

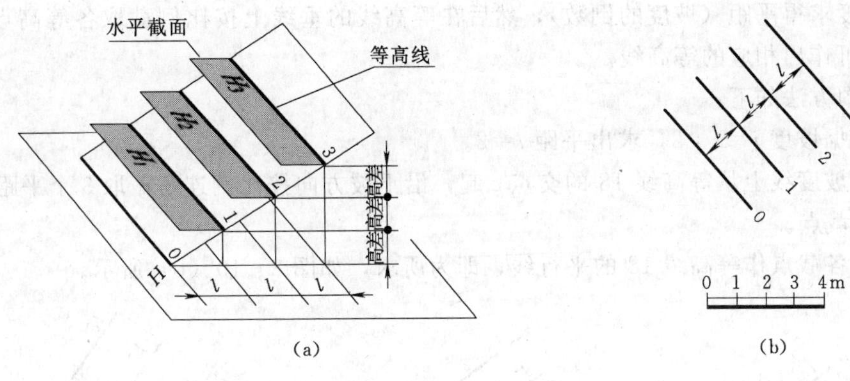

(a)　　(b)

图 8-8　平面上的等高线

1）等高线都是直线。

2）等高线互相平行。

3）当高差相等时，等高线的间距也相等。

上述三个特性同样也反映在它的标高投影图上，如图 8-8（b）所示。平面上等高线之间的实际距离在 H 面上的投影就是等高线的水平距离，当等高线的高差为 1 单位时，相邻两条等高线间的水平距离称为平距，即为图 8-8 中所示的 l。为了正确地绘出平面上等高线的标高投影图，需要求出等高线的平距，等高线的平距与平面的坡度有着密切关系。

（2）坡度线。平面对水平面的倾斜度称为平面的坡度，它是用平面上对 H 面的最大斜度线的坡度来表示的。平面上对水平面的最大斜度线，就是平面上的坡度线。

如图 8-9 所示，平面上的坡度线有下列特性：

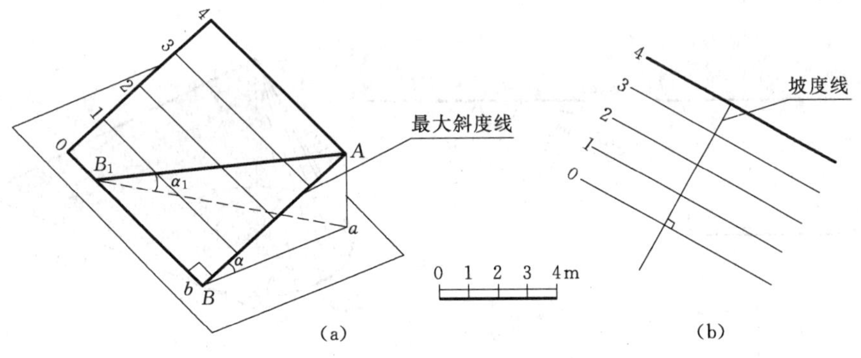

(a)　　(b)

图 8-9　平面上的坡度线

1）平面上的坡度线与等高线互相垂直，它们的水平投影也互相垂直。

2）平面上坡度线的坡度代表平面的坡度，坡度线的平距就是平面上等高线的平距。

2. 平面的表示法

（1）用一条等高线和平面的坡度线表示平面。如图 8-10（a）所示是用平面上的一条高程为 18 的等高线 ab 和平面的坡度线表示平面，其坡度 $i=1:2$。知道平面上的一条等高线，就可以定出坡度线的方向。如果要作平面上间距为 1m 的等高线（17、16、15），先利用坡度求得平距（坡度的倒数），然后在等高线的垂线上按比例截取各等高点，过各等高点即可作出相应的等高线。

其作图方法如下：

1）根据坡度 $i=1:2$，求出平距 $l=2$。

2）在坡度线上从等高线 18 的交点 c 起，沿下坡方向按比例连续截取 3 个平距，得 e、f、g 三个截点。

3）过各截点作等高线 18 的平行线，即为所求，如图 8－10（b）所示。

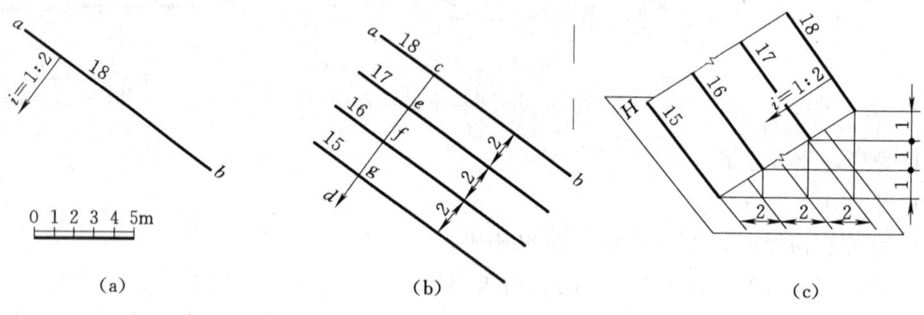

图 8－10　平面的表示法（一）

（2）用一条倾斜直线和平面的坡度表示平面。如图 8－11（a）所示是用平面上一条倾斜直线 a_4b_0 和平面的坡度 $i=1:0.5$ 来表示平面的，双点画线的箭头表示大致坡向，其坡度的准确方向需待作出平面上的等高线后才能确定。该平面上高程为零的等高线必通过点 b_0，且与 a_4 的水平距离为 $L=H/i=H\times l=4\times 0.5=2(\text{m})$。以 a_4 为圆心，$R=2\text{m}$ 作圆弧，过点 b_0 作直线与圆弧相切，切点为 c_0，直线 b_0c_0 即为此平面上高程为零的等高线，如图 8－11（b）所示。

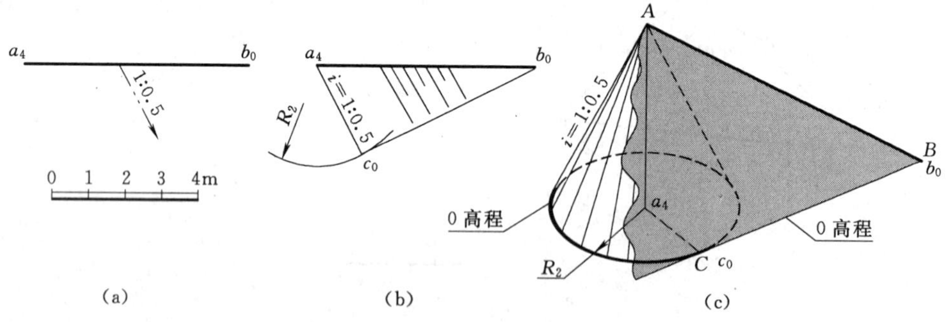

图 8－11　平面的表示法（二）

上述作图方法也可理解为：以点 A 为锥顶，作一素线坡度为 $1:0.5$ 的正圆锥，此圆锥与标高为零的基准面交于一圆，此圆的半径为 2。过直线 AB 作一平面与此圆锥相切，切线 AC 是圆锥的一条素线，也是所作平面上的一条坡度线，直线 BC 就是该平面上标高为零的等高线，如图 8－11（c）所示。

注意：两条水平线的标高投影也可表示一个平面。

3. 坡面上的示坡线

坡面上垂直于等高线的直线就是坡面上的坡度线，坡度线的方向与示坡线的方向一致，示坡线是平面上对水平面的最大斜度线。所以示坡线应垂直于坡面上的等高线。在斜坡面上加画示坡线是为了区分水平面与斜坡面。规定：示坡线用长短相间的细实线从坡面较高的一边画出，间距要相等，长短要整齐，一般长线为短线的 2～3 倍，如图 8－12 所示。

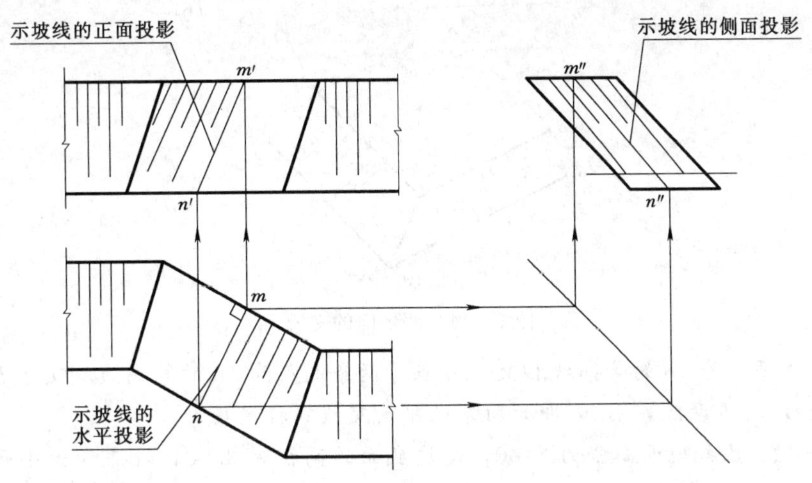

图 8－12　示坡线的画法

四、两平面的交线

在标高投影中，求两平面的交线时，通常采用辅助平面法，即用水平辅助面与两已知平面相交，其交线为两条同高程等高线。这两条同高程等高线的交点，就是两已知平面交线上的点（共有点）。分别作出交线上两个点，连接起来即为两平面的交线。如图 8－13 所示，求 P、Q 两平面的交线。用高程为 1 和 2 的水平面 H_1、H_2 作辅助平面，分别与 P、Q 两平面相交。其交线是高程为 1 和 2 的两对等高线，两对等高线的交点为 A、B，连接 A、B 即为 P、Q 两平面的交线。

【例 8－3】　已知平面 P 由两条等高线 20 和 16 表示，平面 Q 由一条等高线 18 和坡度 1∶1.5 表示，如图 8－14 所示，求两平面的交线。

分析：

求两平面的交线，主要是求作两平面上相同等高线的交点。

作图：

(1) 分别作出两平面的两对同高程的等高线。如图 8－14 (b) 中的标高为 18、16 的等高线。

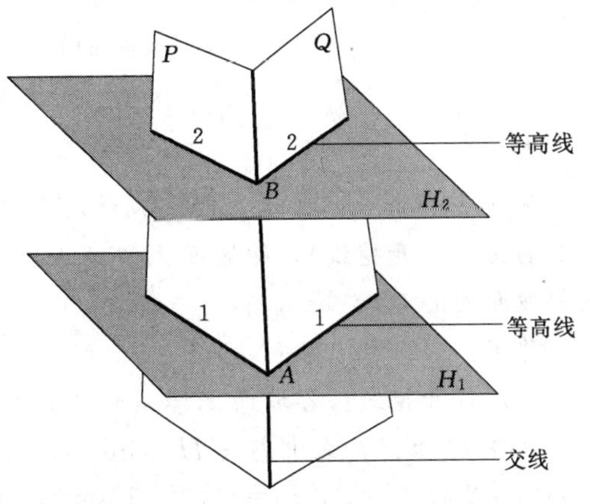

图 8－13　求 P、Q 两平面的交线

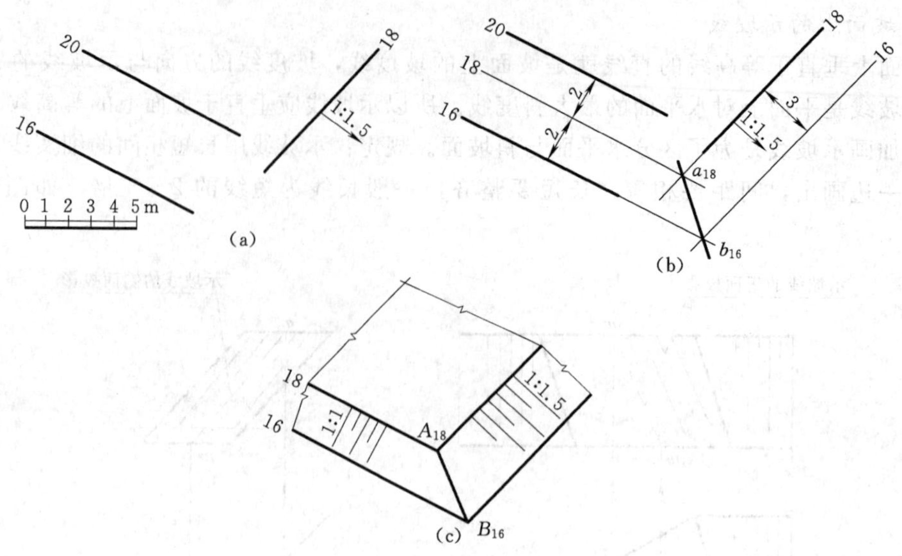

图 8－14　两平面的交线

(2) 两条高程为 18 的等高线相交于 a 点，两条高程为 16 的等高线相交于 b 点。

(3) 连接 a、b 两点，则 ab 即为所求两平面交线的标高投影。

【例 8－4】　已知地面高程为 8.00，基坑底面的高程为 3.00，坑底的大小和各坡面的坡度如图 8－15 (a) 所示。试作基坑开挖完成后的标高投影图。

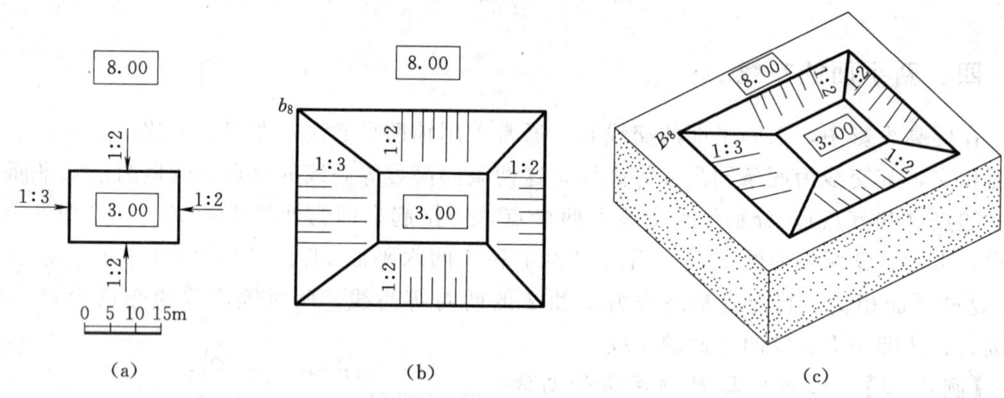

图 8－15　作基坑的标高投影图

分析：

如图 8－15 (c) 所示，因坑底和地面均为水平面，地面高程为 8，主要是求各坡面与地面的交线（开挖线），即坡面上与地面上同高程的等高线（标高为 8m 的等高线）以及相邻坡面间的交线。

作图：

(1) 作开挖线：各坡面上标高为 8 的等高线分别与基坑底的边线平行，其水平距离可由 $L=l\times H$ 求得，式中高差 $H=5\text{m}$，所以：

当 $i=1:2$ 时，$l=2$，$L_1=5\times2=10(\text{m})$；当 $i=1:3$ 时，$l=3$，$L_2=5\times3=15(\text{m})$。

然后按图中的比例依 L 值分别作基坑相应边的平行线，即为开挖线。

（2）作坡面交线：运用求交线的方法，连接两坡面的共有点，如图 8－15（b）所示。

（3）画出各坡面的示坡线，完成作图。

【例 8－5】 如图 8－16（a）所示，在高程为 2m 的水平地面上修建一平台，台顶高程为 5m，有一斜坡道通至平台顶面。平台坡度为 1∶1，斜坡道两侧的坡面坡度为 1∶1.2，试画出其坡脚线和坡面交线。

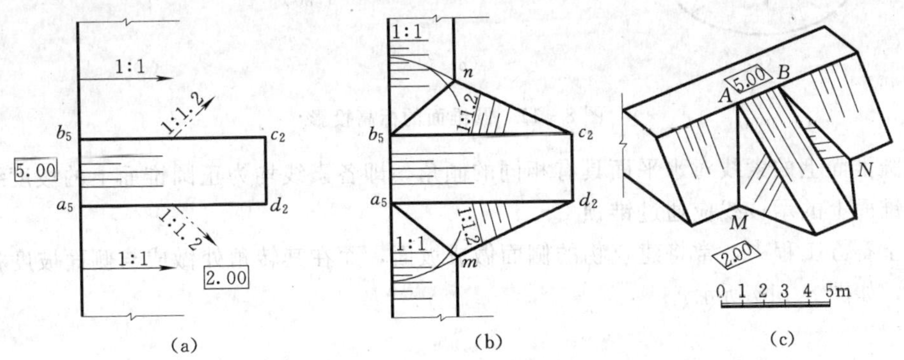

图 8－16 平台和斜坡道的标高投影

分析：

如图 8－16（c）所示，坡脚线即各坡面与地面的交线，是坡面上高程为 2 的等高线。

作图：

（1）求坡脚线。平台坡脚线与坡面顶边 a_5b_5 平行，水平距离为 $L_1=1\times3\text{m}=3\text{m}$。据此作出平台的坡脚线。

斜坡道两侧坡脚线求法与图 8－11 相同：分别以 a_5、b_5 为圆心，$R=1.2\times3\text{m}=3.6\text{m}$ 为半径画圆弧，再由 c_2、d_2 分别作两圆弧的切线，即为斜坡道两侧的坡脚线。

（2）求坡面交线。平台边坡的坡脚线与斜坡道两侧坡脚线的交点 m、n 就是平台坡面与斜坡道两侧坡面的共有点，同理 a_5、b_5 也是共有点，连接 a_5m、b_5n，即为所求的坡面交线。

（3）画各坡面上的示坡线，完成作图，如图 8－16（b）所示。

第二节 曲面的标高投影

一、正圆锥面的标高投影

在标高投影中，如果用一组等距离的水平面来截割正圆锥面，就可得到一组水平的截交线，即等高线如图 8－17（a）所示。如果把其水平投影分别注上高程，即得正圆锥面的标高投影。若水平面的高差为一定值时，正圆锥面的等高线有如下特点：

（1）等高线是一组同心圆。

（2）高差相同时等高线之间的水平距离相等。

（3）圆锥正立时，等高线越靠近圆心，其高程越大，如图 8－17（b）所示；圆锥倒立时，等高线越靠近圆心，其高程越小，如图 8－17（c）所示。

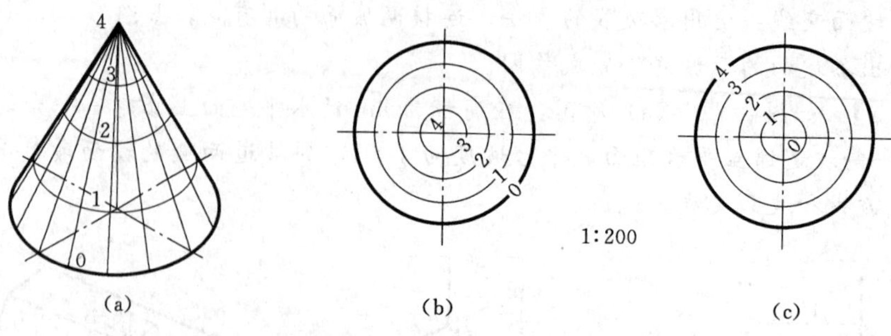

(a) (b) (c)

图 8-17 圆锥面的标高投影

正圆锥面上的素线对水平面具有相同的倾角，即各素线均为正圆锥面上的坡度线。因此，圆锥面上的示坡线应通过锥顶。

在土石方工程中，常将建筑物的侧面做成坡面，而在其转角处做成与侧面坡度相同的圆锥面，如图 8-18 所示。

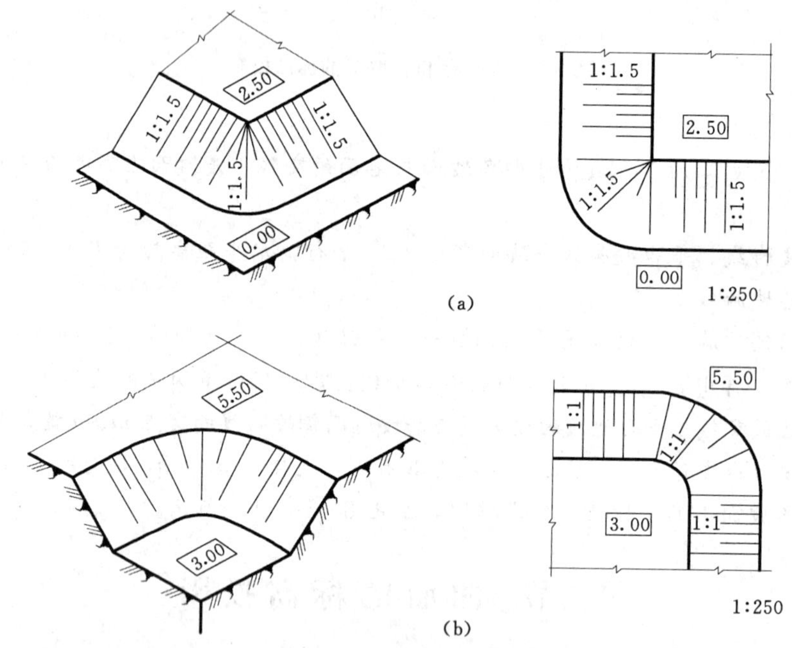

(a)

(b)

图 8-18 圆锥面应用实例

【例 8-6】 土坝与河岸常用圆锥面护坡连接。如图 8-19（a）所示，各坡面坡度已知，河底高程为 118.00m。河岸、土坝、圆锥台顶面高程为 130.00m，完成该连接处的标高投影。

分析：

本题需求两类交线：①坡脚线。共有三条，其中两斜面与河底面的交线是直线，圆锥面与河底面的交线是圆曲线；②坡面交线。共有两条，它是两斜面与圆锥面的交线，是非圆曲线，该曲线可由斜坡面与圆锥面上一系列同高程等高线的交点确定，如图 8-19（b）所示。

作图：

(1) 求坡脚线。因河床底面是水平面，各面与河床底面的交线是各坡面上高程为118.00m的等高线，坝顶轮廓线是各坡面上高程为130.00m的等高线，两等高线间的水平距离为：$L_{坝坡}=\Delta H/i=(130-118)/(1/2)=24(m)$，$L_{河坡}=\Delta H/i=(130-118)/(1/1)=12(m)$，$L_{锥坡}=\Delta H/i=(130-118)/(1/1.5)=18(m)$，沿着各坡面上坡度线的方向量取相应的水平距离，就可以作出各坡面的坡脚线。其中圆锥面的坡脚线是圆锥台顶圆的同心圆，如图8-19(c)所示。

(2) 求坡面交线。在各坡面上作出高程为128.00、126.00、…一系列等高线，得相邻面上同高程等高线的一系列交点，即为坡面交线上的点，如图8-19(c)所示。依次光滑连接各点，即得交线。画出各坡面的示坡线，加深完成作图，如图8-19(d)所示。

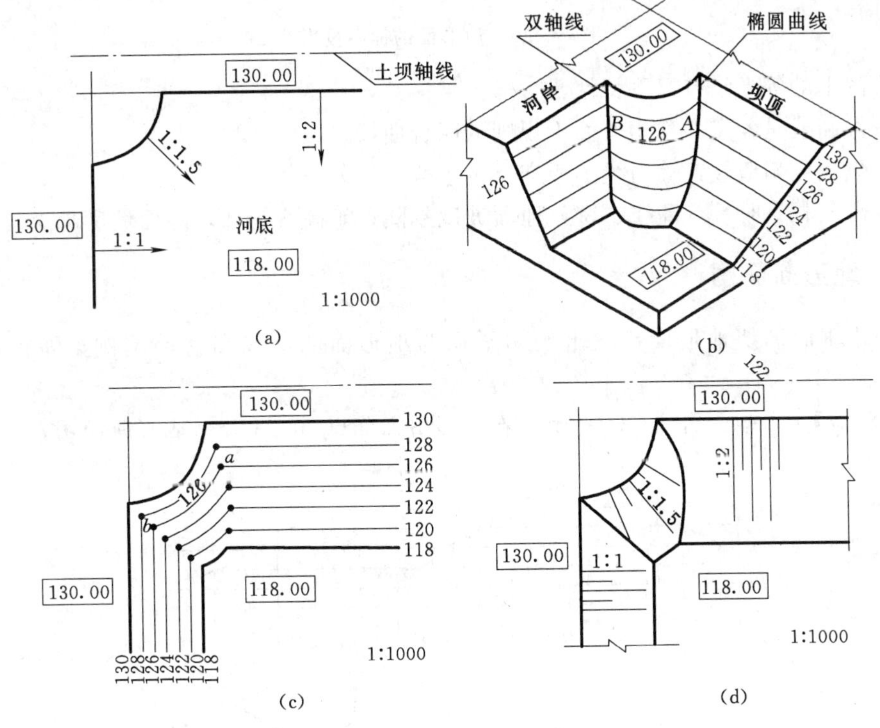

图8-19 土坝与河岸连接处的标高投影

二、地形面的标高投影

地面的形态是比较复杂的，为了能简单而清楚地表达地形高低起伏，工程上常用等高线来表示。池塘的水面与岸边的交线就是一条地面上的等高线，如果池塘中的水面不断下降，就会在岸边留下不同高程等高线的痕迹。池塘中的水面就是一个水平面，因此，地形等高线也就是水平面与地面的交线。

假想用一组间距相等的水平面 H_1、H_2、H_3 截切山丘，就可以得到一组高程不同的等高线，如图8-20(a)所示。画出这些等高线的水平投影并标明它们的高程，再加绘比例尺和指北针等，即得地形面的标高投影图，又称为地形图，如图 8-20（b）所示。

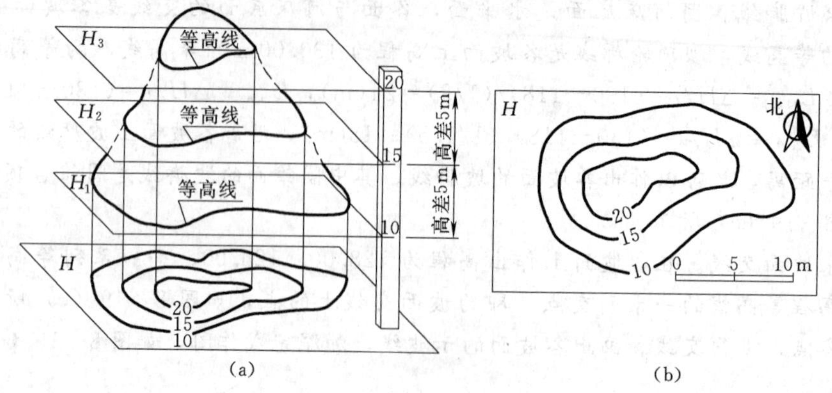

图 8-20　地形面的标高投影

地形图上的等高线有以下特性：

（1）等高线是各点高程相等而不规则的闭合曲线。

（2）除悬崖峭壁外，等高线不相交、不重合。

（3）高差相等时，等高线越密，地面坡度越陡；等高线越稀，地面坡度越缓。

三、地形断面图

用一铅垂面剖切地形面，画出剖切平面与地形面的交线和材料图例，即得地形断面图。

【例 8-7】 已知如图 8-21 所示，在地形图上作出 A—A 处的地形断面图。

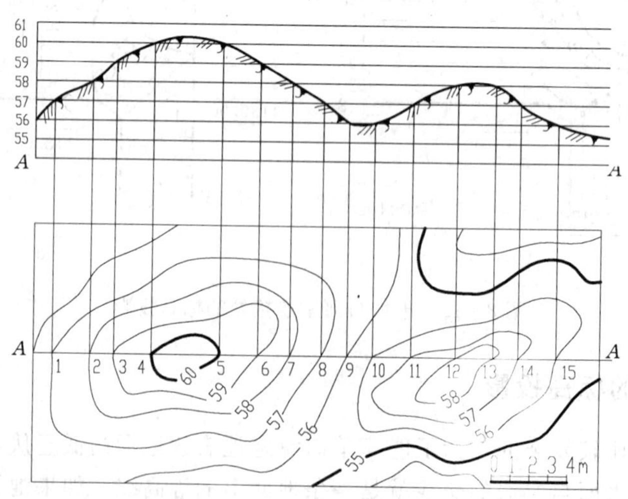

图 8-21　地形断面图

分析：

铅垂面在地形图上积聚成一直线，该直线为地形面的剖切线，用 A—A 表示。剖切线与各等高线有不同高程的交点，如图 8-21 中的 1、2、3、…点，由此可以作出地形断面图。

作图：

(1) 建立以高程为纵坐标，$A—A$ 剖切线为横坐标的直角坐标系。将地形图上各等高线高程标注在纵坐标轴上，并由各高程点作平行于横坐标轴的高程线。

(2) 将剖切线 $A—A$ 与等高线的交点 1、2、3、…各点等距移至横坐标轴上。

(3) 自 1、2、3、…各点作纵坐标轴的平行线与相应的高程线相交。

(4) 徒手将各交点顺势连接成曲线，再根据地质条件画上断面材料图例，如图 8-21 所示。

注意：

(1) 有时为了充分显示地形面的起伏情况，允许采用不同的纵横比例。

(2) 地形断面图布置在剖切线的铅垂方向上，有利于作图，也可画在其他适当位置。

(3) 标高图中，等高线用细实线绘制，计曲线用中粗实线绘制。

第三节　工程建筑物的交线

建筑物的交线是指建筑物本身坡面间的交线以及坡面与地面的交线。土建施工后具有一定坡度的平面或曲面称为坡面，坡面分为开挖坡面和填筑坡面，坡面与地面的交线称为坡边线。坡边线分为开挖坡边线（简称开挖线）和填筑坡边线（简称坡脚线）。坡边线需用粗实线绘制。

由于建筑物的表面可能是平面或曲面，地面可能是水平地面或不规则地形面。因此，它们的交线性质也不同，但求解交线的基本方法仍然是用辅助平面法求共有点。若交线为直线，只需求两个共有点相连即得；若交线为曲线，则须求一系列共有点，然后依次连接即得交线。下面举例说明求交线的方法。

一、填方工程

【例 8-8】 在河道上修一土坝，位置如图 8-22 (a) 中坝轴线所示，坝顶宽 6m，高程 61m，上游边坡 1∶2.5，下游边坡由 1∶2 变为 1∶2.5，马道高程为 52m，宽 4m，试作土坝的标高投影图。

分析：

土坝为填方工程。从图 8-22 (b) 可以看出，坝顶、马道以及上、下游坡面与地面都有交线，这些交线均为不规则的曲线。要画出这些交线，必须求得土坝坡面上等高线与地面上同高程等高线的交点。然后把求出的一系列同高程等高线的交点依次光滑连接起来，即得土坝各坡面与地面的交线。

作图：

(1) 作坝顶平面图。如图 8-22 (c) 在坝轴线两侧各量取 3m，画出坝顶边线。坝顶高程为 61m，用内插法在地形图上用虚线画出 61m 等高线，从而确定出坝顶面的左右边线。注意坝顶左、右边线是高程为 61m 的不规则曲线而非直线（可徒手连接）。

(2) 求上游坡面的坡脚线。在上游坡面上作与地形面相应的等高线，根据上游坡面

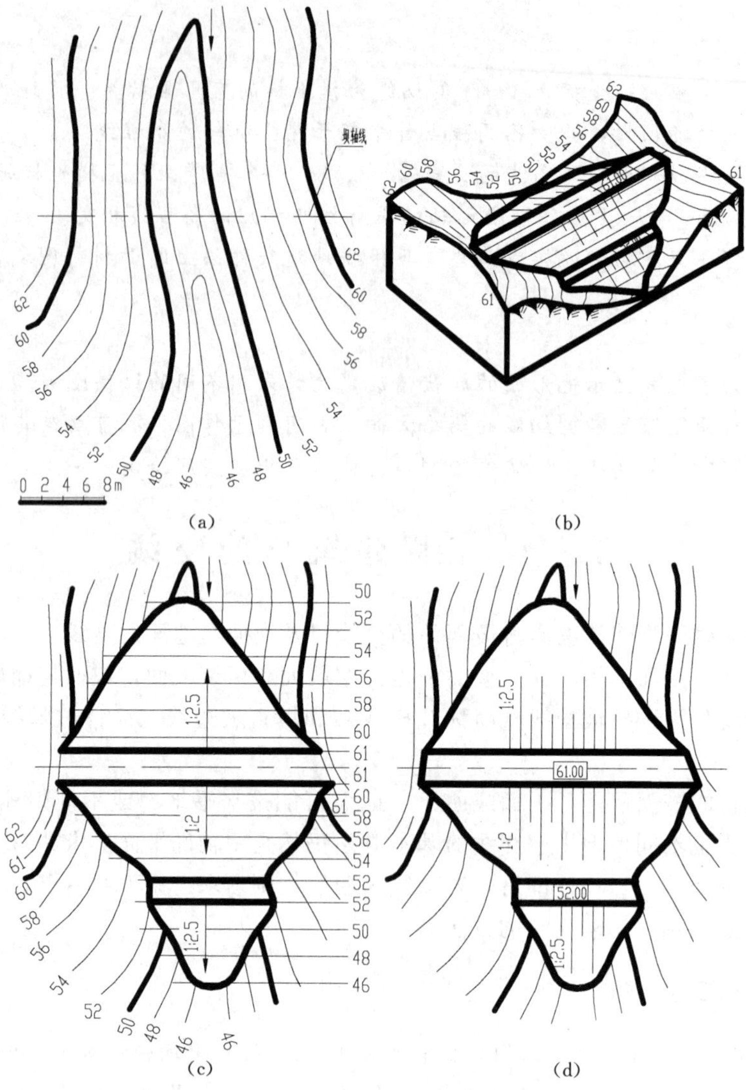

图 8-22 作土坝的标高投影图

坡度 1∶2.5，知平距 $l=2.5$，坡面等高线高差取 2m（与地形等高线高差一致），可得坡面等高线水平距离 $L=2\times2.5=5$(m)，按比例即可作出与地形面相应的等高线 60、58、…，然后求出坝坡面与地面同高程等高线的交点，顺次连接各点即得上游坡面的坡脚线。

（3）求下游坡面的坡脚线。下游坡面坡脚线的做法与上游坡面坡脚线相同，只因下游为变坡度坡面，马道以上按 1∶2 坡度作坡面等高线（等高线间水平距离为 $L=2\times2=4$m），当作出坡面上 52m 等高线（即马道内边线）时，需要先确定马道宽 4m，同时即得马道外边线（高程也是 52m），然后再变坡度为 1∶2.5 作坡面等高线（此时 $L=2\times2.5=5$m）。依次连接所求出的一系列共有点，即得到下游坡面的坡脚线。注意：河道最低处应顺势连接。

(4) 画出上、下游坡面上的示坡线，并注明坝顶、马道高程和各坡面的坡度，即完成作图，如图 8-22 (d) 所示。

二、挖方工程

【例 8-9】 在山坡上修一条道路，位置如图 8-23 (a) 中的路面所示，路面宽 5m，高程 30m，开挖边坡 1∶1，试作道路的标高投影图。

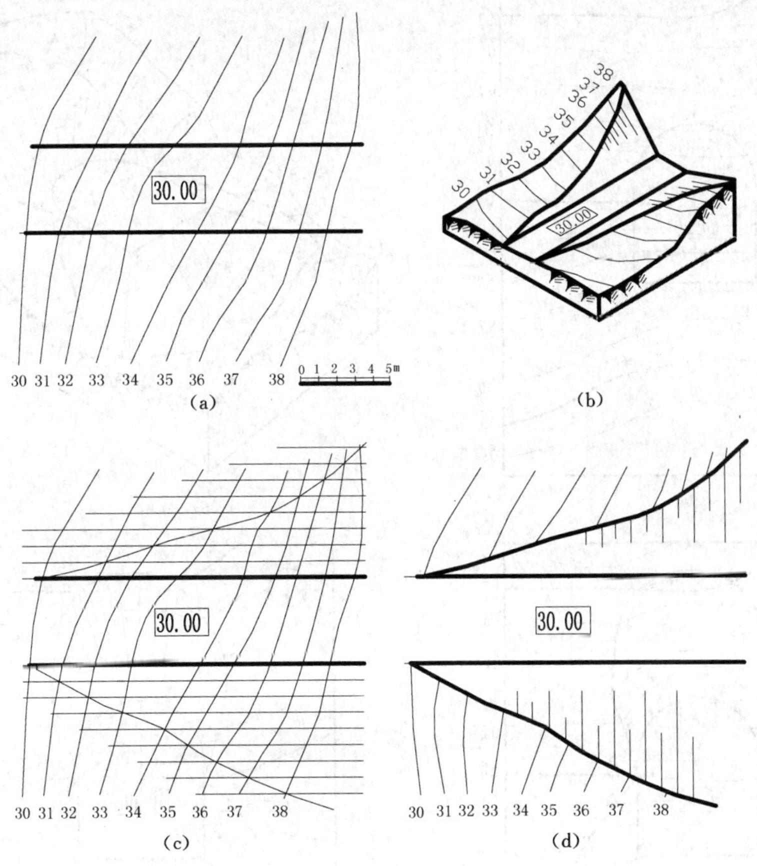

图 8-23　道路开挖工程

分析：

从图 8-23 (b) 可以看出，道路为挖方工程，需求开挖线，即坡面与地面的交线。要画出这些交线，必须求得坡面上等高线与地面上同高程等高线的交点。然后把求出的一系列同高程等高线的交点依次光滑连接起来，即得坡面与地面的交线（开挖边界线）。

作图：

(1) 作坡面上的等高线。如图 8-23 (c) 所示，在路面两侧分别作两组平行线（间距按高差为 1m 从比例中量取相应的长度）。

(2) 找出坡面与地面上同高程等高线的交点。

(3) 顺次连接各点即得开挖边界线。结果如图 8-23 (d) 所示。

三、填挖工程

【例 8-10】 如图 8-24（a）所示，在山坡上修筑一水平广场。已知广场的平面图及其高程为 60m，填方边坡与挖方边坡均为 1∶1，试求坡脚线、开挖边界线及各坡面之间的交线。

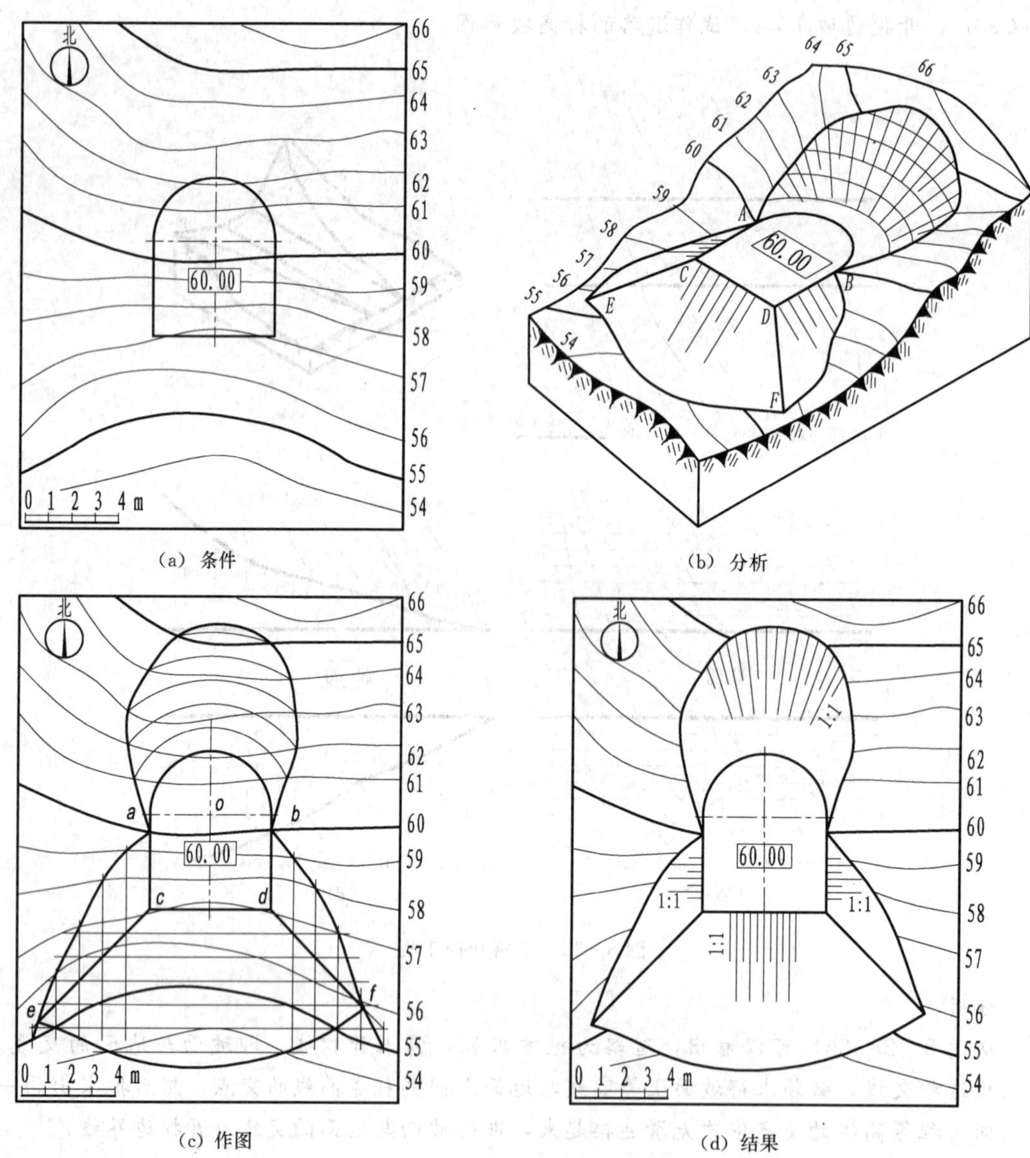

图 8-24　求广场的标高投影图

分析：

因为水平广场高程为 60m，如图 8-24（b）所示，所以地面上高程为 60 的等高线就是挖方和填方的分界线，它与水平广场轮廓线的交点 a、b 就是填、挖边界线的分界点。

地形面上比 60m 低的地方是填方部分，平面轮廓为矩形，所以坡面为三个平面（坡度1∶1)。填方坡面的等高线为一组平行线。填方部分既有坡脚线又有坡面交线。

地形面上比60m高的地方是挖方部分，坡面包括半个圆锥面和两个与它相切的坡面(较小可忽略)。其等高线分别为同心圆和平行直线。因坡度相同，故同高程等高线相切。

作图：

如图8-24(c)、(d)所示。

(1)求坡面交线。因填方部分三个坡面的坡度均为1∶1。所以过c、d两点作45°斜线即为坡面交线(若相交坡面的坡度不同，应求各坡面同高程等高线的交点)。

(2)求坡脚线。以坡面交线和高程为60m的地形等高线为界，求出各坡面上高程为59m、58m、57m、…的等高线，并求出它们与地面上同高程等高线的交点，然后连点得坡脚线。

(3)求开挖线。先作出挖方圆锥面与地面的交线，过圆心任意画一条坡度线，以平距$l=1$m截取若干点，即得高程为61m、62m、63m、…的各点，然后以O为圆心，过这些点作一系列同心圆，即为圆锥面上的等高线，再作出与圆锥面与地面上同高程等高线的交点，连点即得开挖线(若挖方部分还有平面坡面，其作法与上述求坡脚线类似)。

(4)画出倒圆锥面及各坡面上的示坡线，并标注坡度，作图结果如图8-24(d)所示。

必须注意：填方部分有三个坡面，就必然有三条坡脚线。如图8-24(c)所示的e、f两点都是坡面交线与坡脚线的共有点，画图时先求作东西两侧两条坡脚线和坡面交线(45°斜线)的交点即得e、f两点，另一坡脚线则应直接画至此两点结束。

【例8-11】 如图8-25(a)所示，在地形面上修建一条道路，已知路面位置和道路填、挖方的标准断面，用地形断面法完成道路的标高投影图。

分析：

因路面高程为40m，所以地面高程高于40m的一端要挖方，低于40m的一端要填方，高程为40m的地形等高线是填、挖方的分界线。道路两边的直线段边坡为平面，中间部分的弯道段边坡为圆锥面，两者相切，无坡面交线。各坡面与地面的交线均为不规则的曲线。

作图：

如图8-25(b)所示。

(1)求填、挖方分界点。高程为40m的地形等高线与路面两边线的交点即为填、挖方的分界点，也是坡脚线和开挖线的分界点。

(2)求坡脚线和开挖线。在道路上隔适当距离作剖切面，如$A—A$、$B—B$、$C—C$、$D—D$。以$A—A$断面为例说明作图方法：先用与地形图相同的比例作一组水平辅助线，与高程为35m、36m、37m、…、45m的地面等高线对应，并定出道路中心线位置；然后以此为基准线画出地形断面图，并按道路标准断面图画出路面边坡的断面图，两者的交点即为挖方线上的点，将交点到中心线的水平距离返回到标高投影图上，即得标高投影图上开挖线的点，求出一系列共有点，连接各点即得开挖线和坡脚线。

(3)画出各坡面上的示坡线，并标注坡度，完成作图。

必须注意：当坡面与地形面等高线接近平行、共有点不易求得时，应采用地形断面法。地形断面法是利用地形断面图获得交线上一系列共有点，然后依次光滑连接各点得到交线的方法。剖切面一般垂直中心线。

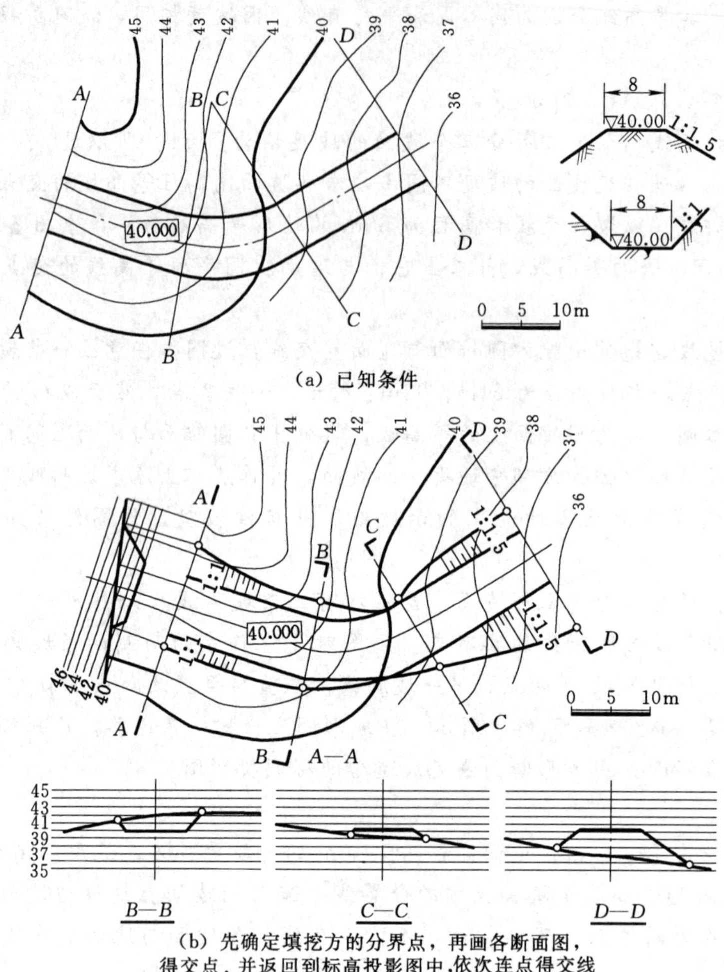

(a) 已知条件

(b) 先确定填挖方的分界点，再画各断面图，得交点，并返回到标高投影图中，依次连点得交线

图 8-25 用地形断面法求作道路的标高投影图

第九章 房屋建筑图

本章主要介绍房屋的基本组成、房屋建筑图的基本分类和房屋建筑施工图的表达方法，重点讲述建筑平面图、立面图和剖面图的绘制方法，以便识读简单的建筑施工图。

第一节 概 述

一、房屋建筑图的分类

将一幢房屋的全貌及各细部，按正投影原理及建筑制图的有关规定，准确而详尽地在图纸上表达出来，就是房屋建筑图。表达一幢房屋的图纸有许多张，根据其内容和作用的不同，一般可分为建筑施工图、结构施工图和设备施工图。

1. 建筑施工图

建筑施工图简称建施图，主要反映建筑物的规划位置、内外装修、构造及施工要求等。建筑施工图包括首页（图纸目录、设计总说明等）、总平面图，平面图、立面图、剖面图和详图。

2. 结构施工图

结构施工图简称结施图，主要反映建筑物承重结构的布置、构件类型、材料、尺寸和构造作法等。结构施工图包括结构设计说明、基础图、结构布置平面图和各种结构构件详图。

3. 设备施工图

设备施工图简称设施图，主要反映建筑物的给水排水、采暖、通风、电器等设备的布置和施工要求等。设施图包括各设备的平面布置图、系统图和详图。

建筑施工图是房屋建筑中最基本的图样，本章只介绍建筑施工图。

二、房屋建筑图的形成

一套房屋施工图数量的多少随建筑物的复杂程度而定，其中房屋的平面图、立体图、剖面图是最常见的图样。下面以图 9-1 所示房屋为例说明房屋建筑图的形成原理。

1. 平面图的形成

建筑平面图是房屋的水平剖面图，是假想用一个水平剖切面，沿门窗洞的位置将房屋切开，移去剖切平面上方的部分房屋，将留下的部分向水平投影面作正投影所得到的图样。简称平面图。它主要用来表示房屋的平面布置情况，在施工过程中，是进行放线、砌

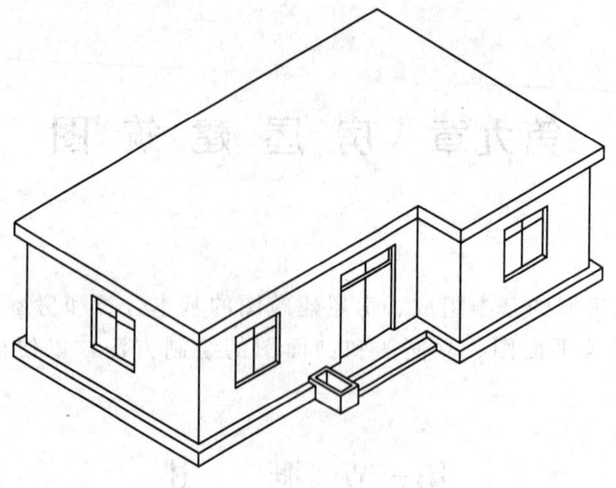

图 9-1 房屋轴测图

墙和安装门窗等工作的依据。如图 9-2 所示为房屋的平面图形成原理。

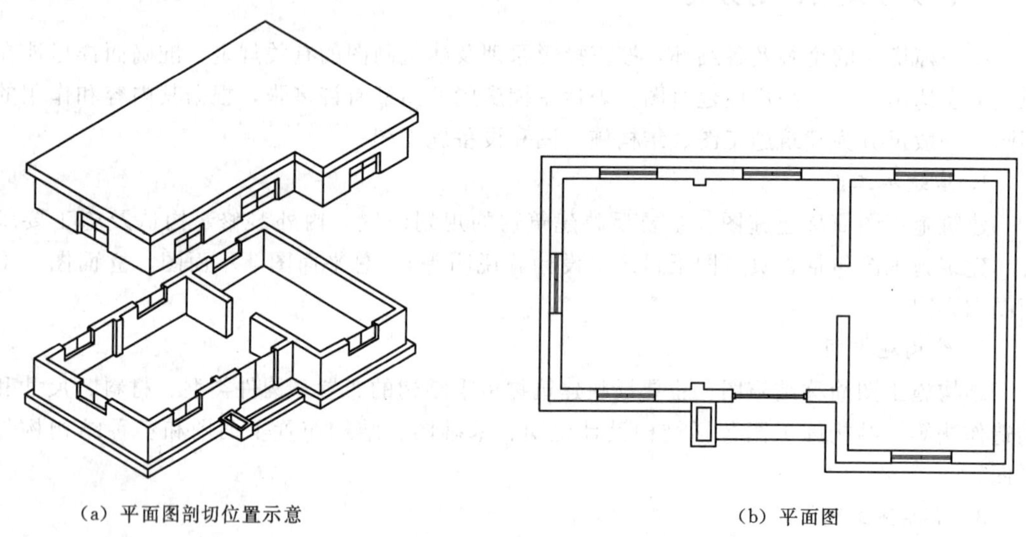

(a) 平面图剖切位置示意　　(b) 平面图

图 9-2 建筑平面图的形成

一般来说，建筑物有几层就应画几个平面图，并在图的下方正中标注相应的图名，如底层平面图（也称首层、一层平面图）、二层平面图等，在图名下方画一粗实线。此外，还应有屋顶平面图，即房屋屋顶的水平投影（简单的房屋可不用画）。当某些楼层平面图的布置相同时，则相同的楼层可共用一个平面图表示，称为标准层平面图。若房屋平面布置左右对称时，可将不同的两层平面图画在一起，左边画出某层的左半，右边画出另一层的右半，中间以细点画线分界，画上对称符号，并在该图下方分别注写图名。

2. 立面图的形成

建筑立面图是在与房屋立面相平行的投影面上所作的正投影，简称立面图。它主要用来表示建筑物的体型和外貌，并表明外墙面的装修要求。

房屋有多个立面，通常把房屋的主要入口的立面图画为正立面图，从而确定背立面图和侧立面图，如图 9-3（a）所示。有定位轴线的建筑物，根据两端定位轴线编号确定立面图名称，如①～④立面图、A～C 立面图等；无定位轴线的建筑物，则可按房屋的朝向来定立面图的名称，如南立面图、东立面图，如图 9-3（b）、（c）分别为房屋的正立面图和侧立面图。

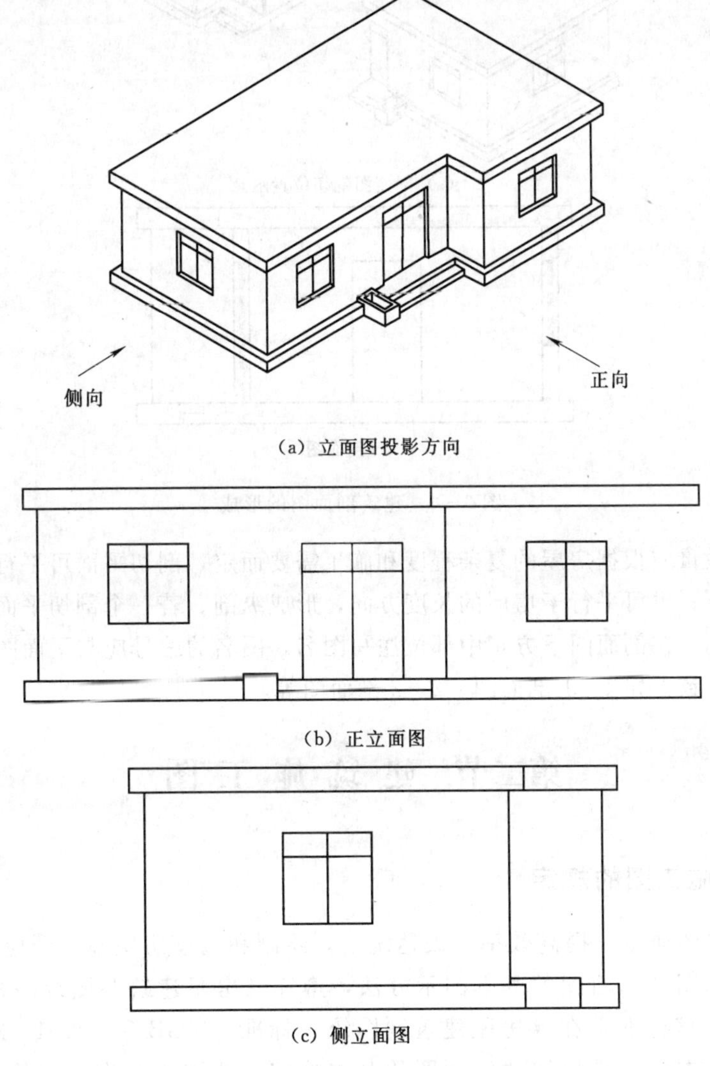

（a）立面图投影方向

（b）正立面图

（c）侧立面图

图 9-3 建筑立面图的形成

3. 剖面图的形成

为了清楚地表达建筑物的内部情况，各房间的净空高度、各部分的竖向联系、高度及材料等，假想用一平行于房屋某墙面的铅垂剖切面将房屋从屋顶到基础全部剖开，如图 9-4（a）所示，把需要留下的部分投射到与剖切平面平行的投影面上，得到建筑剖面图，简称剖面图，如图 9-4（b）所示。

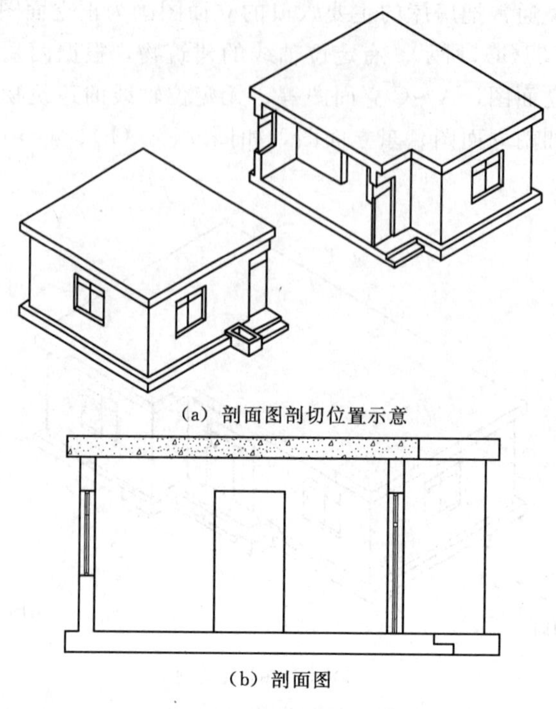

（a）剖面图剖切位置示意

（b）剖面图

图 9-4　建筑剖面图的形成

剖面图的数量应根据房屋的复杂程度和施工需要而定，剖切平面可平行于房屋的宽度方向，形成横剖；也可平行于房屋的长度方向，形成纵剖。若一个剖切平面不能满足要求时，可作阶梯剖。在剖面图下方正中部位注写图名，图名的编号应与平面图中所标注的剖切位置符号相一致，如 1—1 剖面图、2—2 剖面图等。

第二节　建 筑 施 工 图

一、建筑施工图的规定

为了保证制图质量、提高效率、表达统一，绘制和阅读房屋施工图应依据正投影原理及视图、剖面图和断面图的基本图示方法，遵守《房屋建筑制图统一标准》（GB/T 50001—2010）；该标准是在《房屋建筑制图统一标准》（GB/T 50001—2001）的基础上修订而成的。本标准是房屋建筑制图的基本规定，适用于总图、建筑、结构、给水排水、暖通空调、电气等各专业制图。现就下列几项简要说明有关规定的主要内容和表示方法。

1. 图线

建筑专业制图采用的各种线型、线宽，应符合《建筑制图标准》（GB/T 50104—2010）中的规定，见表 9-1。绘图时，应按照所绘图样的具体情况选定粗实线的宽度“*b*”，其他线型的宽度也就随之而定；如果所绘图样比较简单，可采用两种线宽的线宽组，

其线宽比为 b : 0.25b。

表 9-1 **建筑制图中的图线**

名称	线型	线宽	用途
粗实线	━━━━	b	平面图、剖面图及详图中被剖切到的主要轮廓线；立面图中的外轮廓线；构配件详图中的可见轮廓线。如墙的断面轮廓线、剖切符号等
中实线	────	0.5b	平面图、立面图、剖面图中建筑物构配件的轮廓线；平面图、剖面图中被剖到的次要建筑物构造（包括构配件）的轮廓线；构配件详图中的一般轮廓线。如楼梯、踏步、台阶、花坛等
细实线	────	0.25b	尺寸线、尺寸界线、索引符号、标高符号、门窗分格线、图例线、粉刷线等
中虚线	— — — —	0.5b	不可见轮廓线；拟扩建的建筑物轮廓线
细点划线	— - — - —	0.25b	中心线、对称线、定位轴线
折断线	──⌇──	0.25b	不需画全的断开界线

2. 比例

建筑专业制图选用的比例，应符合《建筑制图标准》(GB/T 50104—2010) 中的有关规定，见表 9-2。

表 9-2 **建筑制图比例**

图名	比例
建筑物或构筑物的平面图、立面图、剖面图	1∶50、1∶100、1∶200
建筑物或构筑物的局部放大图	1∶10、1∶20、1∶50
配件及构造详图	1∶1、1∶2、1∶5、1∶20、1∶50

3. 常用图例

建筑物和构筑物是按比例缩小绘制在图纸上的，对于有些建筑构件及建筑材料，往往不可能按实际投影画出，同时用文字注释也难以表达清楚。为了得到简单而明了的效果，《建筑制图标准》(GB/T 50104—2010) 规定了统一的图例和代号，常用构造及配件图例见表 9-3，常用建筑材料图例见表 9-4。

表 9-3 **常用构造及配件图例**

名称	图例	说明
楼梯	上 底层 下 上 中间层 下 顶层	1. 平面图。 2. 楼梯的形式和步数应按实际情况绘制
单层固定窗		1. 窗的名称代号用C表示。 2. 立面图中的斜线表示窗的开启方向，实线为外开，虚线为内开；开启方向线交角的一侧安装合页。 3. 图例中，剖面图所示左为外，右为内，平面图所示下为外，上为内。 4. 平、剖面图上的虚线，仅说明开关方式，在设计图中不需要表示
单层外开上悬窗		
单层外开平开窗		
单扇门（包括平开式单面弹簧）		1. 门的名称代号用M表示。 2. 图例中剖面图左为外，右为内，平面图下为外，上为内。 3. 立面图上开启方向线交角的一侧安装合页，实线为外开，虚线为内开。 4. 平面图上门线45°或90°开启弧线宜绘出。 5. 立面图上的开启线在一般设计图中可不表示，在详图及室内设计图上应表示
双扇门		
单扇双面弹簧门		
墙中单扇推拉门		
双扇双面弹簧门		

表 9-4 **常用建筑材料图例**

名称	图例	说明
自然土壤		包括各种自然土壤
夯实土壤		包括人工或机械夯实的土壤及混合土壤
砂、灰土		靠近轮廓线处点较密
普通砖		包括砌体、砌块；断面较窄不易画图例时可涂红

续表

名　称	图　例	说　　　明
饰面砖		包括铺地砖、马赛克、陶瓷锦砖、人造大理石等
混凝土		本图例仅适用于能承重的混凝土及钢筋混凝土；包括各种标号、骨料、添加剂的混凝土；在剖面图上画钢筋时，不画图例线；断面较窄不易画图例线时可涂黑
钢筋混凝土		
毛石		
木材		上图为横断面，下图为纵断面
防水材料		构造层次多或比例较大时，采用上面图例

4. 标高

标高是标注建筑物高程的另一种尺寸形式。标高分绝对标高和相对标高两种。绝对标高以黄海平均海平面为零点，相对标高以单个建筑物的室内底层地面为零点，写成±0.000。建筑施工图中的标高符号应按图 9－5（a）所示形式以细实线绘制，具体画法如图 9－5（b）所示。标高数字以 m 为单位，精确到小数点后三位数（总平面图中精确到小数点后两位数），标注方法如图 9－5（c）所示。标高数字前“－”表示该面低于零点标高，高于零点的标高不注“＋”号。如在同一位置表示几个不同标高时，数字可按图 9－5（d)的形式注写。

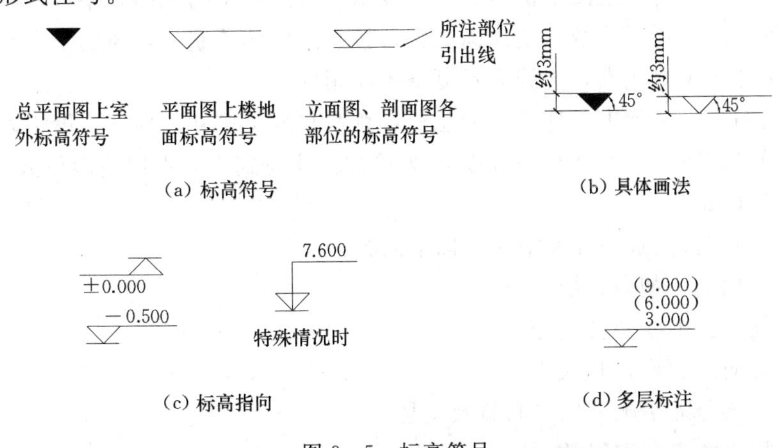

图 9－5　标高符号

二、建筑施工图的内容

建筑施工图是表示建筑物的总体布局、外部造型、内部布置、细部构造、内外装修以及施工要求的图样。建筑施工图主要用来作为施工放线、砌墙、安装门窗、室内外装修以及编制预算和施工组织计划等的依据。一般包括总平面图、建筑平面图、建筑立面图、建筑剖面图和建筑详图。

1. 总平面图

将拟建工程四周一定范围内的新建、拟建、原有和拆除的建筑物连同其周围的地形地物状况，用水平投影和相应的图例所画出的图样，称总平面图。它能反映出新建房屋和原有房屋的位置、朝向、道路、绿化等的布置以及地形、地貌、标高等。总平面图是新建房屋施工定位、土方施工以及其他专业（如水、暖、电、煤气等）管线总平面图设计的重要依据。

总平面图一般采用 1∶500、1∶1000、1∶2000 的比例，表 9－5 给出了总平面图中的部分图例。

表 9－5　总 平 面 图 常 用 图 例

名　称	图　例	名　称	图　例
新建建筑物	右上角用点数或数字表示层数	原有道路	
原有建筑物		台阶	箭头表示向上
拆除的建筑物		填挖边坡	
		围墙及大门	
新建道路	15.00 R9	阔叶灌木	

在总平面图中，除图例以外，通常还要画出带有指北方向的风向频率玫瑰图（简称风玫瑰图），如图 9－6 右下角图形所示，用来表示该地区常年的风向频率和房屋的朝向。风玫瑰图是根据当地多年平均统计的风向次数，按一定比例绘制的，风的吹向是从外吹向中心。实线表示全年风向频率，虚线表示夏季风向频率。

在总平面图中，常标出新建房屋的总长，总宽和定位尺寸，新建房屋室内底层地面和室外地面的绝对标高，尺寸和标高都以 m 为单位，注写到小数点以后两位数字。

2. 建筑平面图

（1）图示内容。建筑平面图应包括以下内容：

1）图名、比例、朝向、层次。

2）纵、横定位轴线及其编号。

3）墙、柱的断面形状和大小。

4）各房间的分隔情况，门窗布置及型号。

5）楼梯梯段的走向和级数。

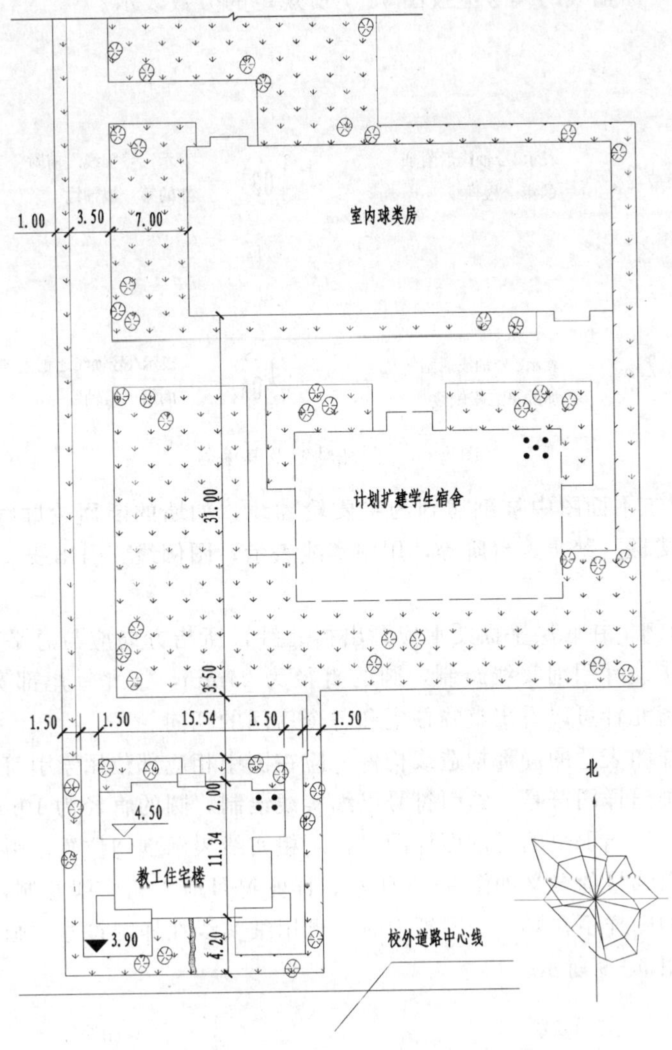

图 9-6　总平面图

6）其他构配件如台阶、雨篷、阳台的位置，卫生间、厨房、壁橱等固定设备及雨水管、明沟的布置。

7）轴线间距、各建筑构配件的定形尺寸、定位尺寸以及楼地面的标高。

8）剖面图的剖切符号。

9）详图索引符号。

10）施工说明等。

（2）相关规定和要求。

1）定位轴线。定位轴线用细点画线绘制，其编号注在直径为 8～10mm 的圆内，圆心在定位轴线的延长线或延长线的折线上。平面图上定位轴线的编号，标注在图样的下方与左侧，横向编号用阿拉伯数字，从左至右顺序编写，竖向编号用大写拉丁字母（I、O、Z 除外）从下至上顺序编写。在标注非承重的分隔墙或次要的承重构件时，可在两根轴线之间附加轴线，附加轴线的编号应按图 9-7 所规定的分数表示。

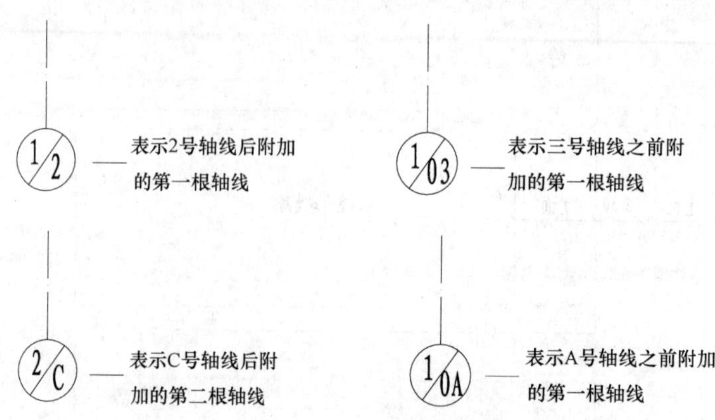

图 9-7　附加轴线及其编号

2）图线。建筑平面图中被剖切到的主要轮廓线，如墙的断面轮廓线用粗实线表示；次要轮廓线，如楼梯、踏步、台阶等，用中实线表示；图例线、引出线、标高符号等用细实线表示。

3）符号和图例。在底层平面图上应画出指北针，所指方向应与总平面图中风玫瑰的指北方向一致。指北针用细实线绘制，圆的直径为 24mm，指北针尾部宽为 3mm，指针尖端指向北，由指北针可以看出整幢住宅和各个房间的朝向。

对需要另画详图表达的局部构造或构件，应在图中相应部位用索引符号索引，而索引出的详图，则应画出详图符号。索引符号以细实线绘制，圆的直径为 10mm，引出线应指在要索引的位置上。当引出的是剖面详图时，用粗实线表示剖切位置，引出线所在的一侧为剖视方向，圆内编号的含义如图 9-8 所示。详图符号应以粗实线绘制，直径为 14mm，当详图与被索引的图样不在同一张图纸内时，可用细实线在详图符号内画一水平直径，圆内编号的含义如图 9-9 所示。

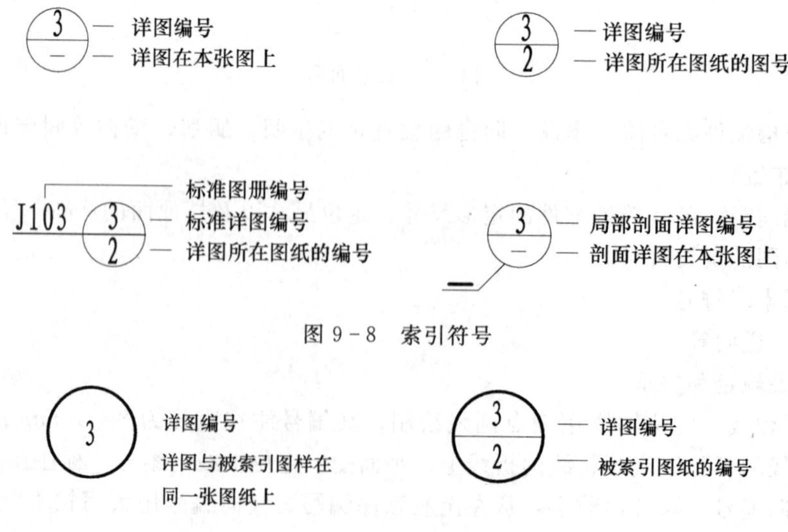

图 9-8　索引符号

图 9-9　详图符号

不同比例的平面图、剖面图，其抹灰层、楼地面、材料图例的省略画法，应符合下列规定：

a. 比例大于1：50的平面图、剖面图，应画出抹灰层、保温隔热层等与楼地面、屋面的面层线，并宜画出材料图例。

b. 比例等于1：50的平面图、剖面图，剖面图宜画出楼地面、屋面的面层线，宜绘出保温隔热层，抹灰层的面层线应根据需要而定。

c. 比例小于1：50的平面图、剖面图，可不画出抹灰层，但剖面图宜画出楼地面、屋面的面层线。

d. 比例为1：100～1：200的平面图、剖面图，可画简化的材料图例（可砖墙涂红，钢筋混凝土涂黑），但剖面图宜画出楼地面、屋面的面层线。

e. 比例小于1：200的平面图、剖面图，可不画材料图例，剖面图的楼地面、屋面的面层线可不画出。

f. 比例为1：100、1：200时，建筑平面图中的墙、柱断面不画建筑材料图例，而按《建筑制图标准》的规定，采用简化画法，砖墙涂红，钢筋混凝土涂黑。

门窗按规定图例绘制，代号分别为M、C，钢门、钢窗的代号分别为GM、GC，代号后面的阿拉伯数字是它们的型号。

(3) 尺寸标注。在建筑平面图中，应标注房屋总长、总宽，各房间的开间、进深，门窗洞的宽度、位置、墙厚，以及其他一些主要构配件与固定设施的定形和定位尺寸。其中外墙应注三道尺寸，最靠近图形的一道，是表示外墙的细部尺寸；第二道主要标注轴线间的尺寸；最外一道，表示这幢住宅两端外墙面之间的总尺寸。上述尺寸，均不包括粉刷层厚度。

在建筑平面图中，宜标注室内外地面、楼地面、阳台等处的完成面标高，即包括面层（粉刷层厚度）在内的建筑标高。在底层平面图中，还应标注出地面的相对标高，在地面有起伏处，应画出分界线。

3. 建筑立面图

(1) 图示内容。

1) 图名、比例。

2) 立面两端的定位轴线及其编号。

3) 门窗的位置和形状。

4) 屋顶的外形。

5) 外墙面的装饰及做法。

6) 台阶、雨篷、阳台等的位置、形状和做法。

7) 标高及必需标注的局部尺寸。

8) 详图索引符号。

9) 施工说明等。

(2) 相关规定和要求。

1) 定位轴线。立面图中一般只画两端的定位轴线并给出编号，以便与平面图对照来确定立面的朝向，如①～⑦立面图也称南立面图。

2）图线。室外地平线用1.4b的加粗实线表示；外轮廓线用粗实线表示；在外轮廓线之内的凹进或凸出墙面轮廓线，以及门窗洞、雨篷、阳台、台阶、平台、遮阳板等建筑设施或构配件的轮廓线，画成0.5b的中实线；一些较小的构配件和细部的轮廓线，表示立面上凹进或凸出的一些次要构造或装修线，如雨水管，墙面上的引条线、勒脚、图例线等，画成线宽为0.25b的细实线。

3）尺寸标注。在立面图中，一般不标注房屋的总长和总高，也不标注门、窗的宽度和高度尺寸，而应标注室内外地面、楼面、阳台、平台、檐口、门、窗等处的标高。在建筑立面图中注写标高时，除门、窗洞口不包括粉刷层外，通常在标注构件的上顶面（如女儿墙顶面和阳台栏杆顶面）时，用建筑标高，即完成面标高；而在标注构件下底面（如阳台底面、雨篷底面）时，用结构标高，即不包括粉刷层的毛面标高。

4. 建筑剖面图

建筑剖面图是房屋的垂直剖面图，是假想用一个铅垂剖切平面剖开房屋，将位于剖切平面与观察者的部分移去，留下的部分向投影面作投影所得到的图形。建筑剖面图的剖切位置根据具体情况而定，一般选在内部结构较复杂，能反映房屋全貌和构造特征的地方，剖面图的数量视房屋的复杂程度和施工中的实际需要而定。

建筑剖面图主要用来表示房屋的内部分层、结构形式、构造方法、材料、做法、各部位间的联系及其标高等情况。在施工过程中，建筑剖面图是进行分层、砌筑内墙、铺设楼板、屋面板和楼梯、内部装修等工作的依据。

（1）图示内容。

1）图名、比例。

2）外墙的定位轴线及其编号。

3）剖切到的室内外地面、楼板、屋顶、内外墙及门窗、各种梁、楼梯、阳台、雨篷等的位置、形状及图例。

4）未剖切到的可见部分轮廓线，如墙、门窗、梁、柱的位置和形状。

5）垂直尺寸及标高。

6）详图索引符号。

7）施工说明等。

（2）相关规定和要求。

1）定位轴线。在建筑剖面图中，通常给出被剖切到的墙或柱子的定位轴线及其间距，建筑剖面图中定位轴线的左右相对位置，应与平面图中剖视方向投射后所得到的投影相一致，以便于与建筑平面图对照识读。

2）图线。室外地平线的线宽用1.4b的加粗实线；被剖切到的主要建筑构造、构配件的轮廓线，室外台阶和平台，线宽用b的粗实线；被剖切到的次要构配件的轮廓线，线宽用0.5b的中实线；屋面、楼地面的面层线、墙面上的一些装修线（外墙上的勒脚、引条线、内墙上的踢脚板）、一些固定设施、构配件的轮廓线（如壁橱门、水箱内部的轮廓线）等用线宽为0.25b的细实线。

3）尺寸标注。在建筑剖面图中，应标注房屋外部、内部一些必要的尺寸和标高。外部尺寸通常标注三道，门窗洞及洞间墙的高度尺寸、层高尺寸、总高尺寸；内部尺寸标注内墙上的门窗洞高度；室外地面、楼地面、阳台、平台、檐口、女儿墙顶，高出屋面的水箱、楼梯间顶部等处应标注标高。

在建筑剖面图中，主要标注高度方向的尺寸，对楼地面、楼梯、平台等处，应标注建筑标高（包括粉刷层高度），其余部位标注结构标高（不包括粉刷层）。

5. 建筑详图

建筑详图是建筑细部的施工图。因为建筑平、立、剖面图一般采用较小的比例，因而某些建筑构配件（如门、窗、楼梯、阳台等）和节点（如檐口、窗顶、窗台、明沟等）的详细构造和尺寸都不能在这些图中表达清楚。根据施工需要，在建筑平、立、剖面图中引出索引符号，在索引符号所指出的图纸上，另外绘制比例较大的图样，也称大样图或节点图。因此，建筑详图是建筑平、立、剖面图的补充。

建筑详图一般表达构配件的详细构造，所用的各种材料及其规格，各部分的连接方法和相对位置关系，各部分的详细尺寸，有关施工要求和做法等，同时，建筑详图必须画出详图符号，与被索引图样上的索引符号相对应。

楼梯是多层房屋上下交通的主要设施，通常由楼梯段、平台、栏杆与扶手组成。楼梯详图主要表示楼梯的类型、结构形式，以及楼梯段、栏杆的尺寸、材料和做法。楼梯详图一般由楼梯平面图、剖面图和节点详图组成。

第三节　建筑施工图的表达与识读

下面以一幢住宅楼为例，介绍建筑施工图的表达与识读。

一、建筑平面图

1. 底层平面图

图 9－10 表示这幢住宅楼的底层平面图。它是在底层窗台之上，底层通向二层楼梯平台之下水平剖切后，按俯视方向投射所得到的图形，主要反映这幢住宅底层的平面布置和房间大小。

图 9－10 中可看出住宅北面室外标高为－0.600m，上两级台阶后标高为－0.320m，进门洞后标高为－0.300m，上两级踏步，至标高为±0.000m 的地面，继续上 18 级台阶则到达二楼楼面。底层分东西两户，每户各有三个卧室、一个过厅、一个厨房和一个卫生间。从门 M43 进入任一户，首先是一过厅，过厅的大门（M43）旁边，有一个壁橱；过厅与厨房、卫生间之间有玻璃隔墙分隔；过厅向南，分别有大、小两间朝南卧室，大的开间为 3300mm，进深为 5100mm，小的开间为 3300mm，进深为 4500mm；过厅向北，有一小卧室，开间 2700mm，进深为 3900mm；另外还可看到室外构配件和固定设施，如房屋四周的明沟、散水和雨水管的位置；北面的门洞外、住宅的东侧和西侧（过厅通往室外处），东南角和西南角分别有台阶和平台；在东南角和西南角的台阶角隅外，各有一个花坛。

2. 标准层平面图

图 9－11 为标准层平面图，表示住宅楼的二层、三层、四层具有基本相同的平面图。

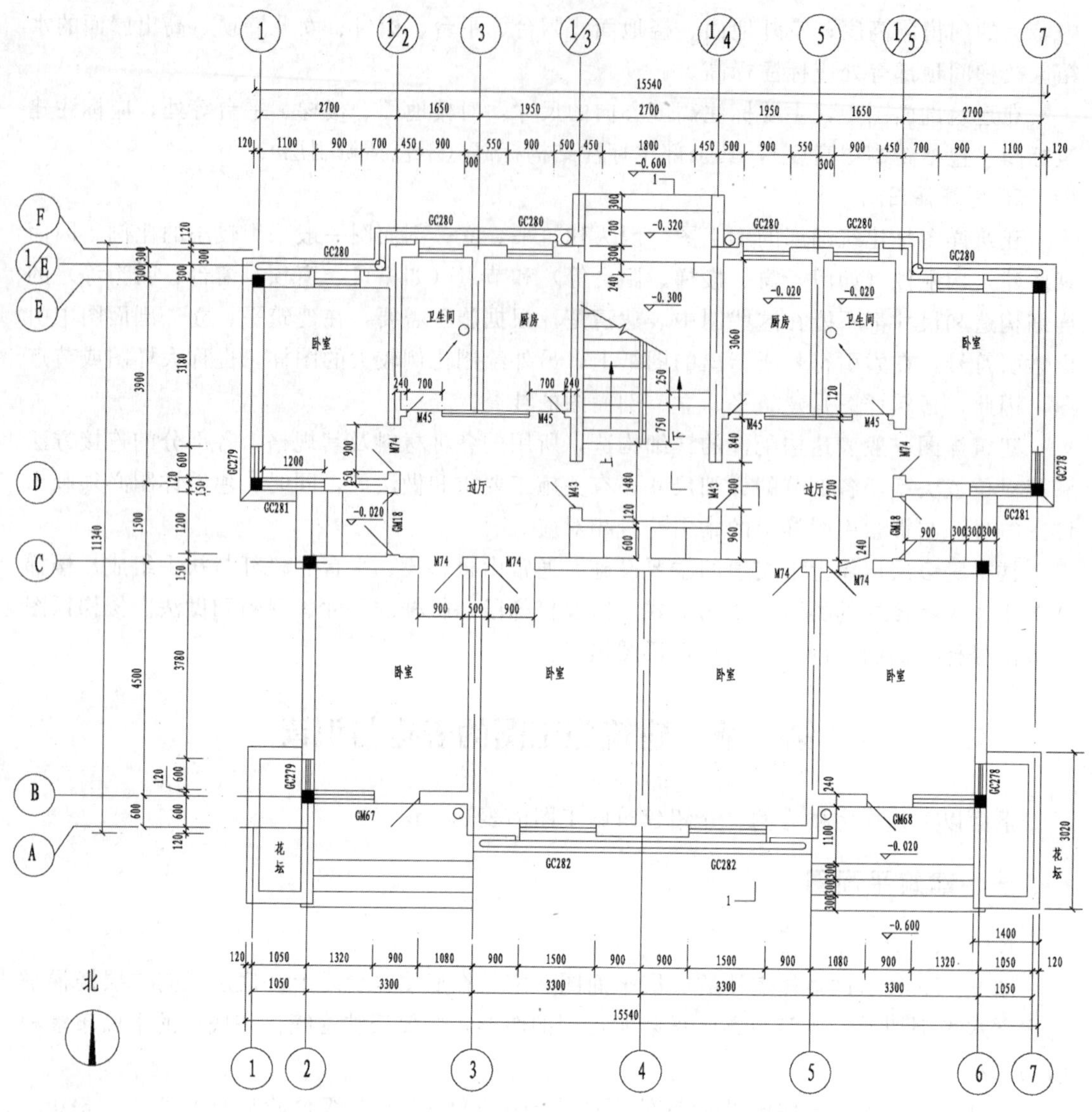

图 9-10 底层平面图

标准层平面图中，不必画底层平面图中已显示的指北针和剖切符号，以及室外地面上的构配件和设施，但应画出底层平面图中未表明的室外构配件和设施。如标准层平面图中应画出室外阳台、过厅窗外的花台等。

在各层平面图中，顶层楼梯间梯段的表达情况与中间层不相同。顶层楼梯的围栏、扶手、两段下行梯段和中间平台应全部画出；其他楼层则分别画出上行梯段的几级踏步、下行梯段的一整段、中间平台及其下面的下行梯段的几级踏步，上行梯段与下行梯段的折断处，共用一条倾斜的折断线。各层中不相同的部分可用局部详图单独表达，如图 9-15 所示。

3. 屋顶平面图

屋顶平面图比较简单，可以采用更小的比例，图 9-12 所示的是住宅的屋顶平面图。在顶层平面图中，给出了定位轴线、屋顶的形状、女儿墙、分水线、隔热层、屋顶水箱和

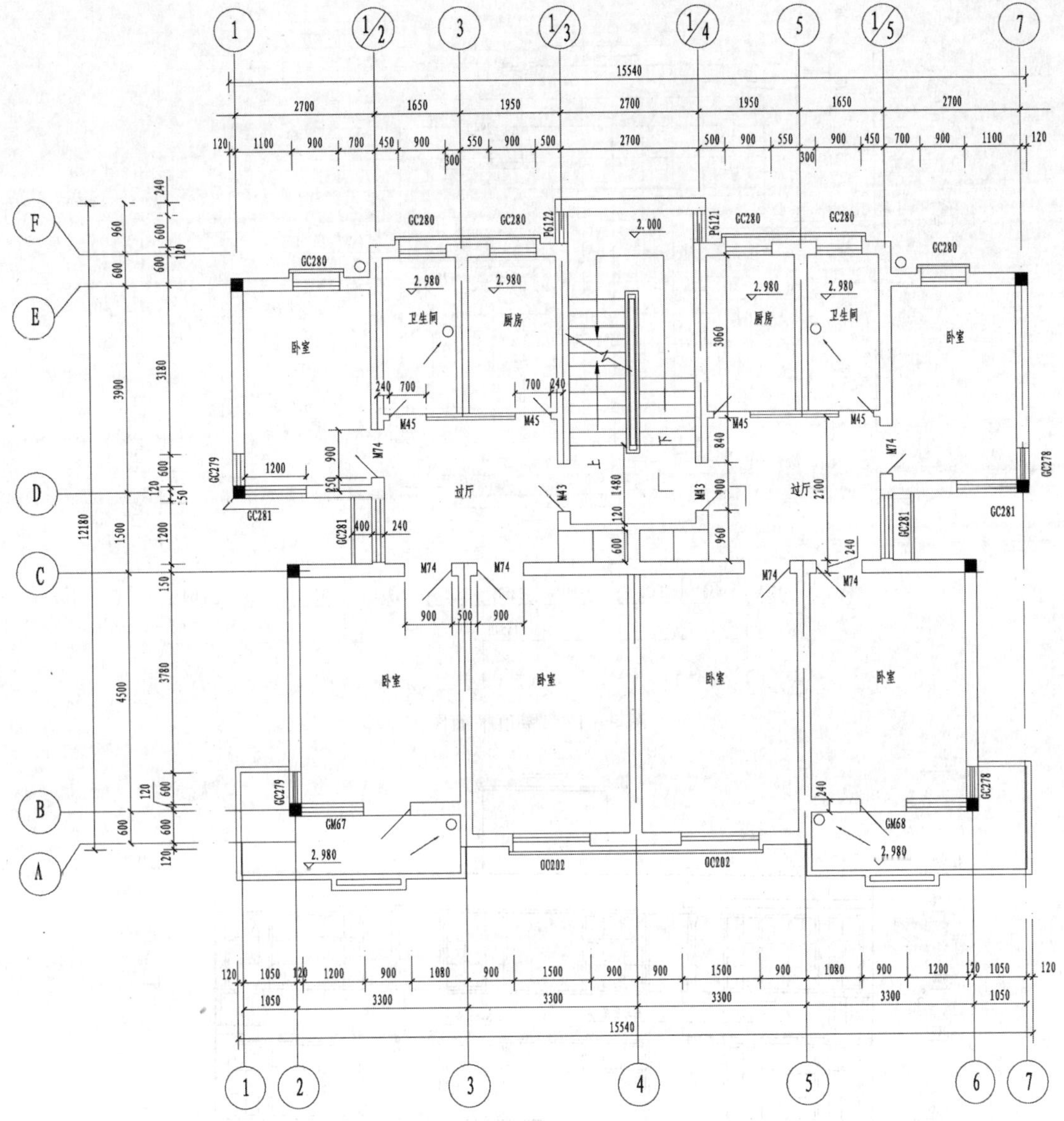

图 9-11　标准层平面图

屋面检修孔的大小与位置、屋面的排水方向及坡度、天沟及其雨水口的位置，此外，还画出了在四层平面图中未能表明的顶层阳台的雨篷和顶层窗上的遮阳板。

二、建筑立面图

图 9-13 是住宅①～⑦立面图，也是南立面图，外轮廓线所包围的范围表示这幢住宅的总长和总高，屋顶用女儿墙包檐形式，共四层，各层布局相同，左右对称，每层居中的两个窗台和窗顶，在两侧连在一起，做成窗套，各类门窗至少有一处画出它们的开启方向线，在底层的东西两侧，分别有台阶和平台，在平台的上方，二层、三层、四层都有阳台，在四层的阳台之上，还有雨篷；中间墙面的墙脚处有 600mm 高的勒脚；墙面上还反

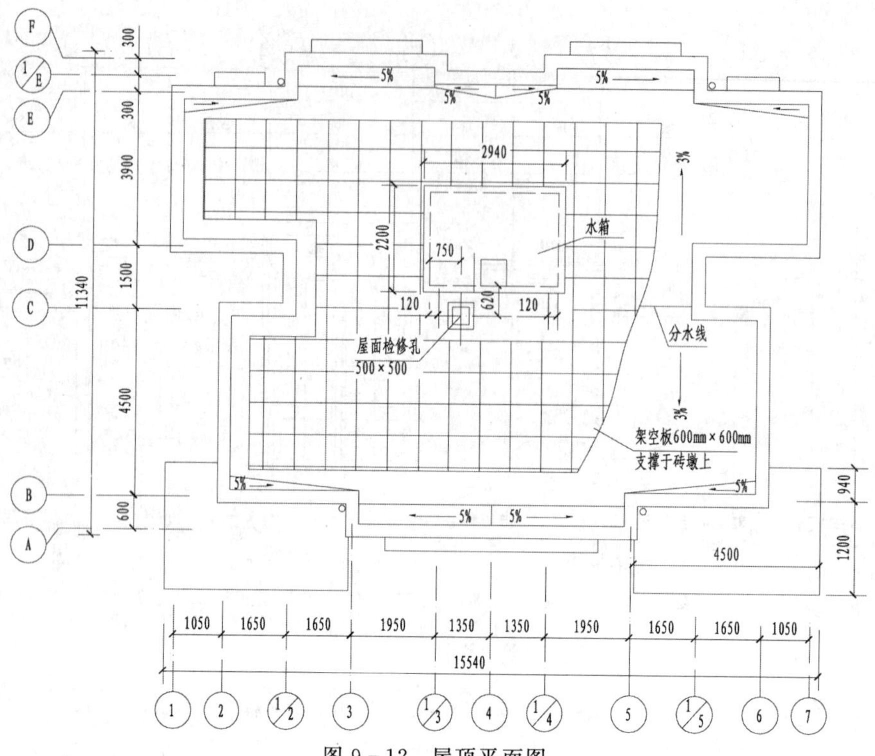

图 9-12 屋顶平面图

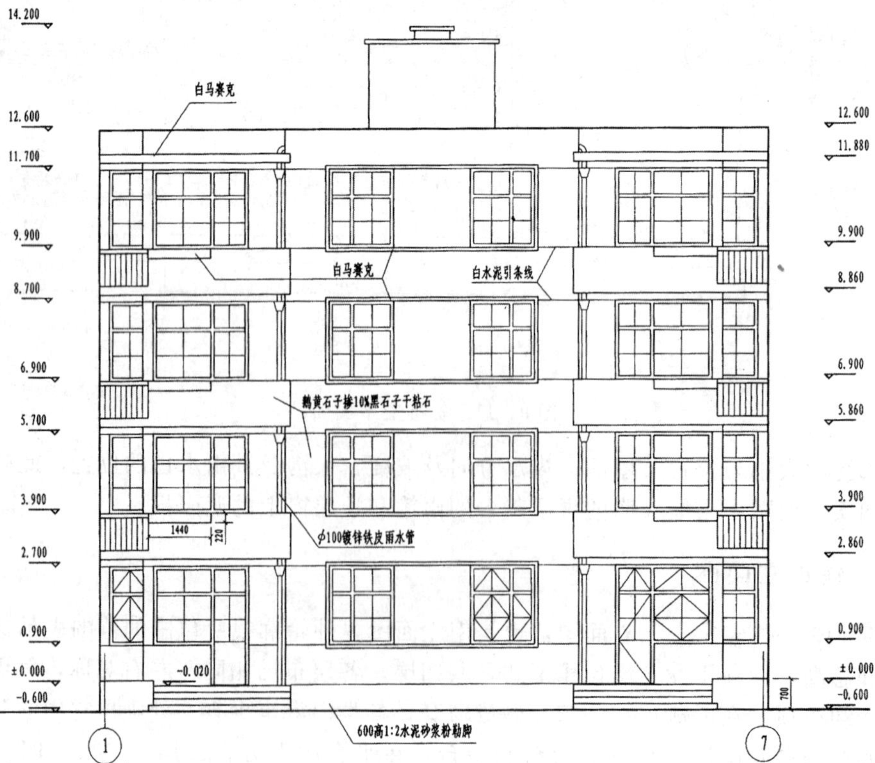

图 9-13 ①~⑦立面图

映出雨水管、水斗和雨水口的位置；屋顶有水箱。

图中还用文字说明来表明立面装修的主要做法。外墙面及阳台栏板面的做法是掺10%黑石子的鹅黄石子干粘石；窗套、阳台上的小花台、四层阳台顶上的雨篷，都是用白马赛克贴面；引条线用白水泥浆勾缝；外墙面墙角处的勒脚，用1：2的水泥砂浆粉面层；在中间凸出处的侧墙面上，分别有一根ϕ100镀锌铁皮雨水管。

三、建筑剖面图

图9-14是四层住宅楼1—1剖面图。1—1剖面图是用两个侧平面进行剖切所得到的，一个剖切面位于楼梯间进门的两级台阶处，即从下一层楼面到上一层楼面的第二上行梯段处，在东边住户大门M43处转折成另一个侧立剖切面，通过东边住户的过厅与大卧室的门和窗进行剖切。建筑剖面图一般采用和建筑平面图相同的比例。在图中可看到，被剖切到的建筑构配件：如室外地面的地平线、室内地面的架空板、楼板和面层线（底层架空板和楼层楼板为现浇钢筋混凝土板，涂黑表示）；被剖切到的轴线为A和1/E的外墙、轴线为C的内墙，底层到二层的楼梯平台凸出处的外墙，以及这些墙面上的门、窗、窗套、过梁、圈梁等构配件的断面形状或图例，被剖切到的梯段及楼梯平台（含面层线）；伸出屋面的女儿墙及钢筋混凝土压顶，钢筋混凝土构件屋面板和面层线，屋顶的架空隔热板，带有检修孔的水箱和孔盖。未剖切到的可见构配件：如南墙外西边住户的室外台阶、

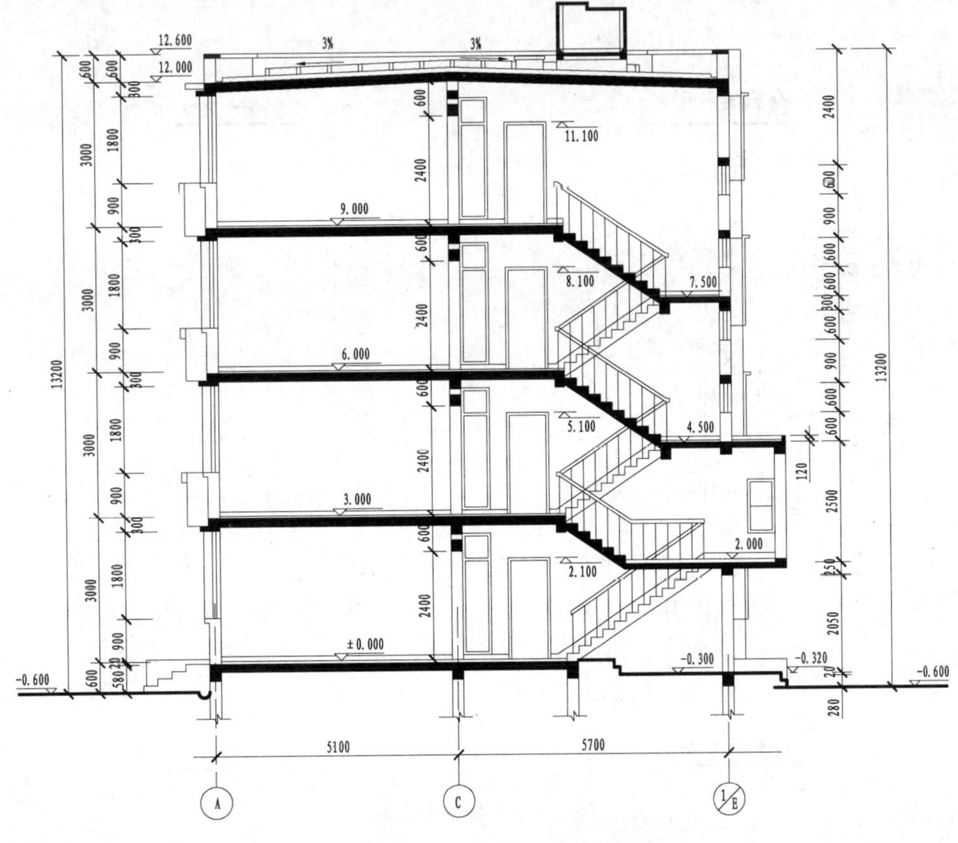

图9-14 1—1剖面图

平台和花坛，各楼层的阳台及其上的小花台，四层阳台顶上的雨篷，北墙外西边住户厨房的外墙面及其上的勒脚、引条线和窗套，楼梯间未被剖切到的可见楼梯段、栏杆、扶手及西墙上的踢脚板，西端墙和压顶，支撑架热板的砖墩，屋面检修孔，支撑水箱的矮墙等。

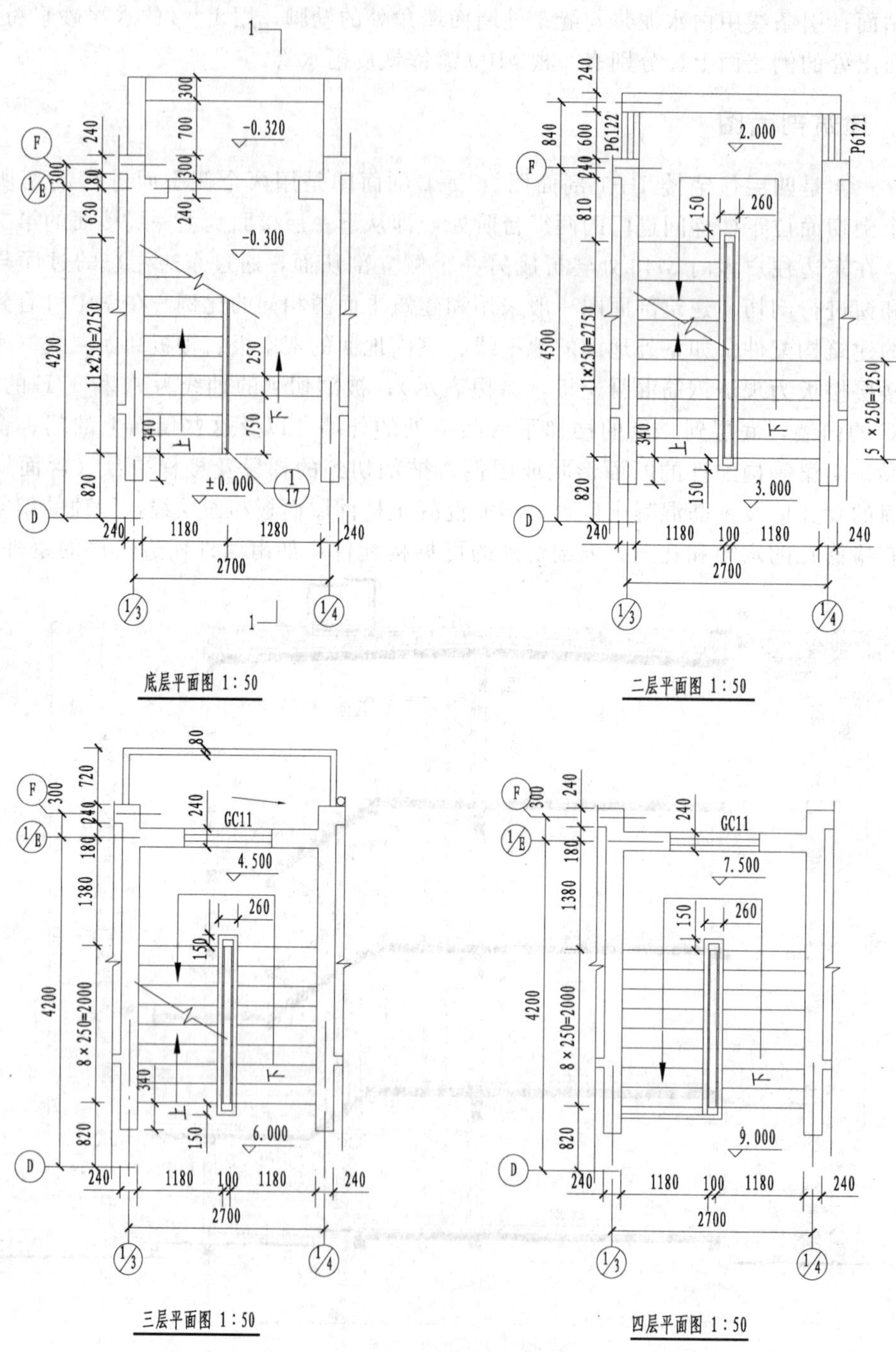

图 9－15　楼梯平面图

四、建筑详图

1. 楼梯平面图

图 9-15 是住宅的楼梯平面图，图中可看出该住宅楼梯为双跑楼梯，在底层平面图中，只画出到折断线为止的第一上行梯段，以及从楼梯口到门洞口的下行两级踏步；在二层、三层平面图中，折断线一边是该层的上行第一梯段，折断线另一边，是该层的下行第二梯段，同时画出了在水平剖切面以下的该层下行第一梯段及其楼梯平台；在四层平面图中，水平剖切面剖切不到梯段，图中画出的是到三层楼面的两个下行梯段和梯段间的楼梯平台。从底层到二层楼面的楼梯，为了照顾进门入口处的净高，将两个梯段做成“长短跑”，即一个梯段长，一个梯段短，以增加第一楼梯平台之下的高度，其他各层都做成相等的梯段，即“等跑”。

从所注尺寸，可了解楼梯间的开间尺寸、楼梯平台的进深尺寸和标高，各梯段和踏步的水平长度和宽度，各梯段栏杆与扶手、楼梯间进门处的门洞、平台上方窗的位置。在底层平面图中，给出了楼梯剖面图的剖切符号及编号，表明楼梯剖面图在编号为“建施 16”的图纸上，在梯段起步处画出了索引符号，表明有关踏步、扶手的位置、构造和做法，可查阅“建施 17”中编号为 1 的节点详图。

2. 楼梯节点详图

图 9-16 是楼梯节点详图。编号为 1 的详图表明了踏步的踏面上马赛克防滑条的定形和定位尺寸，以及扶手的定位尺寸。

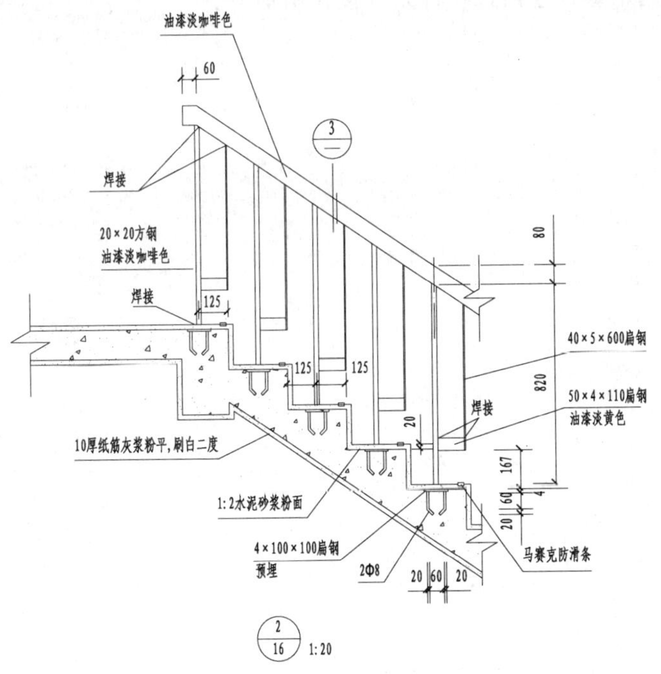

图 9-16（一）　楼梯节点详图

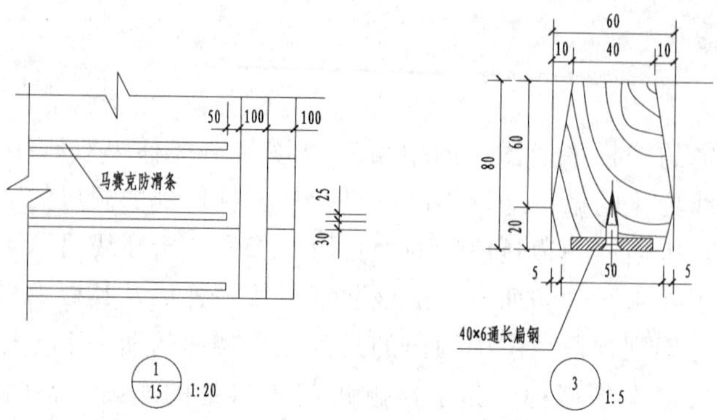

图 9－16（二） 楼梯节点详图

在编号为 2 的详图中看出楼板是钢筋混凝土板，细石混凝土面层；梯段是由楼梯梁和踏步板组成的现浇钢筋混凝土板式楼梯，板底用 10mm 厚纸筋灰浆粉平后刷白，踏步用 20mm 厚 1∶2 水泥砂浆粉面；为了防止行人行走时滑跌，在每级踏步口贴一条 25mm 宽的马赛克，高于踏面，作为防滑条；为了保障行人安全，在梯段或平台临空一侧，设栏杆和扶手，栏杆用方钢和扁钢焊成，它们的材料、尺寸和油漆颜色都已表明在图中，栏杆的下端焊接在带有Φ 8 钢筋弯脚的钢板上，钢板预埋于踏步中；栏杆的上端装有扶手，图中注明了扶手的油漆颜色，也注明了栏杆的上端与镶嵌在扶手底部的钢铁件焊接在一起。

编号为 3 的详图可看出扶手的断面形状和尺寸，扶手材料是木材，用通长扁钢镶嵌在扶手的底部，并用木螺钉连接，栏杆则焊接在扁钢上。

第十章　水利工程图

用来表达水工建筑物设计意图、施工过程的图样称为水利工程图，简称水工图。

水工建筑物中常见的曲面有柱面、锥面、渐变面和扭曲面等。为了使图样表达得更清楚，还需在其表面画出若干条素线或示坡线，可增强立体感的效果，同时有利于读图。

第一节　柱面和锥面

曲面视图可用曲面上的素线或截面法所得的截交线表达曲面，素线和截交线用细实线绘制。

一、柱面

水工图中，常在柱面反映其轴线实长的视图中用细实线绘制若干条素线。图 10-1（a）表示正圆柱面素线的绘制原理。实际绘图时，可不必采用等分圆弧按投影规律绘制，而是按素线投影特点绘制，即越靠近轮廓素线越密集，越靠近轴线越稀疏。图 10-1（b）、（c）为柱面的应用实例。

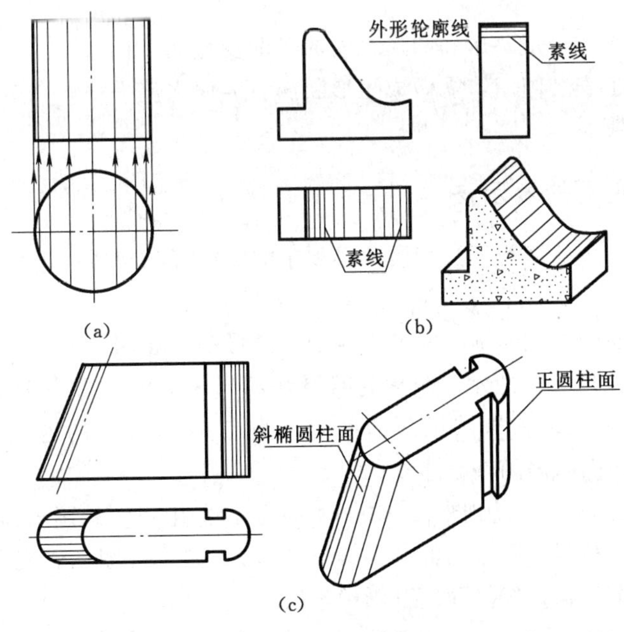

图 10-1　柱面的画法

二、锥面

对于锥面，有两种画法：①在反映其轴线实长的视图中画出若干条有疏密之分的直素线，在反映锥底圆弧实形的视图中画出若干条均匀的直素线，如图 10－2（a）所示。②在锥面的各视图中画出若干条示坡线，如图 10－2（b）所示。图 10－2（c）为斜椭圆锥面的应用实例。

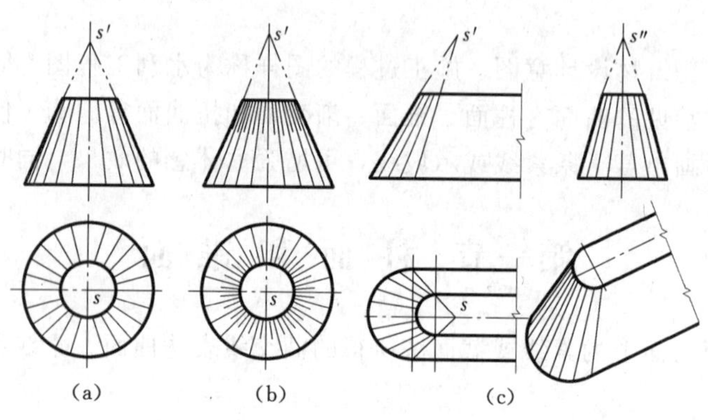

图 10－2 锥面的画法

第二节 渐 变 面

一、方圆渐变面的概念

方圆渐变面是在方（矩）形和圆形之间的逐渐变化面。抽水站的引水管道常为圆形断面，但其进口处为了安装闸门，需做成矩形断面。为使水流平顺，在矩形断面和圆形断面之间须用渐变面过渡。

二、方圆渐变面的表示法

要合理和准确的表达渐变面过渡段，必须掌握渐变面的组成、渐变面的表示方法和渐变面的断面画法。

（1）方圆渐变面的组成。渐变面是由四个三角形平面和四个部分斜椭圆锥面相切而成的组合面，如图 10－3（a）所示。矩形的四顶点 S_1、S_2、S_3、S_4 就是四个斜椭圆锥的顶点，圆周的四段圆弧就是斜椭圆锥面的底圆，圆心 O 与锥顶的连线 OS_1、OS_2、OS_3、OS_4 即为四个部分斜椭圆锥的圆心连线。

（2）方圆渐变面的表示。如图 10－3（b）所示，①用粗实线画出渐变面的轮廓形状；②用细实线画出平面与斜椭圆锥面的分界线（切线），其主视图和俯视图均与斜椭圆锥的圆心连线的同面投影重合；③锥面部分画出素线。

（3）方圆渐变面的断面。为了施工放样，需绘制渐变面任意位置的断面。如图 10－3（c）主视图中 $A—A$ 剖切位置线表示用一个侧面剖切渐变面，其断面的高为 H，宽为 B，由此可作出矩形。因为剖切面截断四个斜椭圆锥，所以断面图的四个角不是直角而是圆弧。圆弧的圆心为剖切平面与斜椭圆锥圆心连线的交点，半径 r_1 可从主（或俯）视图中量取，画出四个圆弧，便得渐变面的断面，即四角为圆角的矩形，如图 10-3（c）所示。

必须注意：方圆渐变面的断面图是一个封闭的线框，而不是一个面。

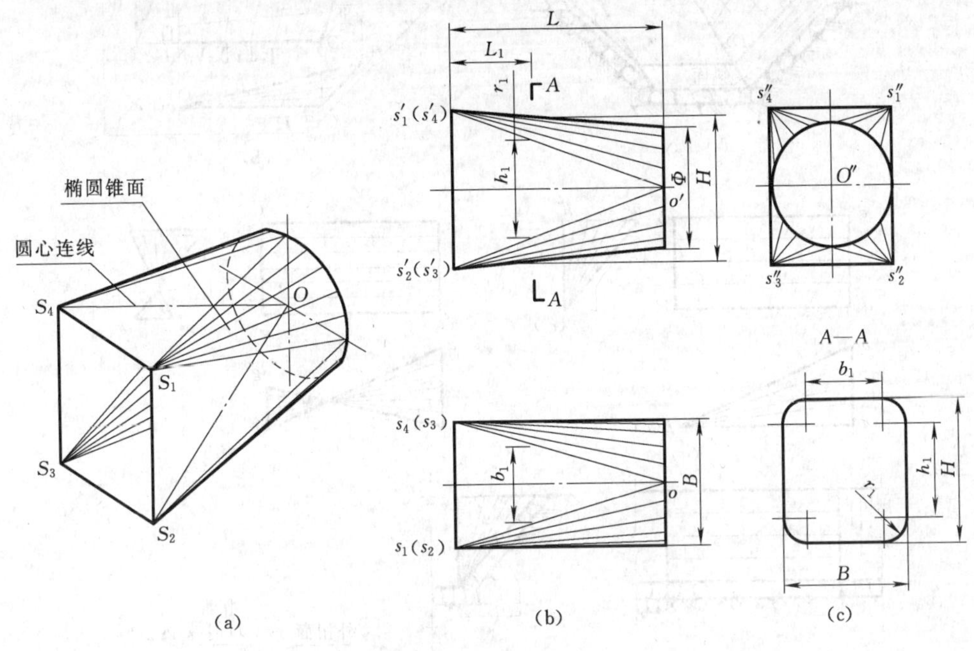

图 10-3　渐变面的表示法

第三节　扭　曲　面

常见渠道的断面为梯形，而水工建筑物（如水闸、渡槽）的过水断面为矩形，为使水流平顺，在渠道的倾斜面和水工建筑物的铅垂面之间，需用一个过渡面来连接，这个过渡面一般采用扭曲面（又称扭面）。扭面所在部分的实体（如进出口段）称为扭面过渡段，如图 10-4（a）所示。

一、扭面的形成

将图 10-4（a）中的内扭面 *ABCD* 置于三投影面体系中，如图 10-4（b）所示，扭面 *ABCD* 可看做由直母线 *AB* 沿交叉二直线 *AD*（侧平线）和 *BC*（铅垂线）运动，并始终平行于导平面（*H* 面）而形成。也可把图中的 *AD* 看做直母线，沿交叉二直线 *AB*（水平线）和 *CD*（侧垂线）运动，并始终平行于导平面（*W* 面）而形成。

在扭面形成的过程中，母线运动时的任一位置称为扭面的素线。同一扭面可以有两种方式形成，也就有两组素线。如图 10-4（b）所示，一组为水平线（Ⅰ—Ⅰ、Ⅱ—Ⅱ、…），另一组为侧平线（$Ⅰ_1$—$Ⅰ_1$、$Ⅱ_1$—$Ⅱ_1$、…）。

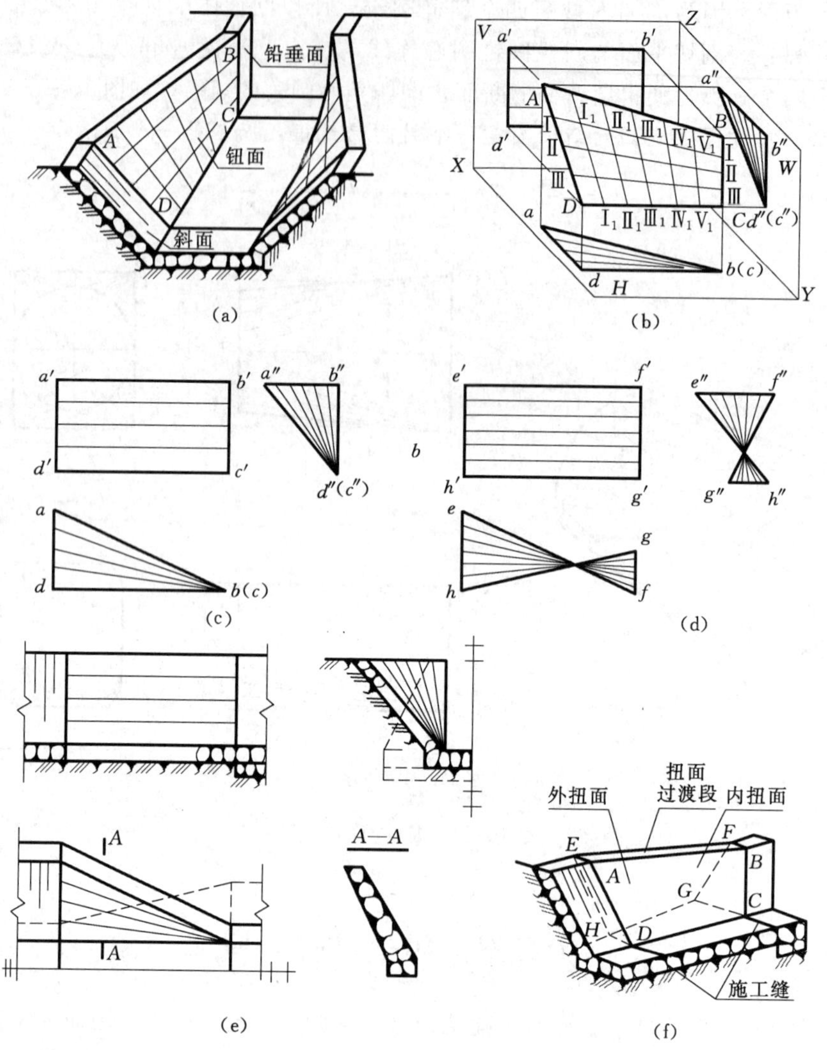

图 10-4　扭面的画法

二、扭面的表示法

扭面可用直素线法来表示。素线的做法：因扭平面的导线为交叉直线，可先等分两端的导线，然后用细实线连接对应的等分点，即可得到扭平面上的一系列直素线。

(1) 内扭面。①投影：扭面的投影是扭面四个顶点同面投影的连线。如图 10-4 (c) 所示，主视图为 $a'b'c'd'$（矩形），俯视图为 ab (c) d（三角形），侧视图为 $a''b''$ (c'') d''三角形。注意：扭面是曲面，其三面投影之间不存在类似形关系。②素线：标准规定，在扭面的投影图上需用细实线画出扭面素线的投影，即等分两端的导线，用直线连接对应的等分点，形成素线的投影。图 10-4 (c) 中，主视图和俯视图为一组对应的直素线（水平线），侧视图为另一组直素线（侧平线）。

(2) 外扭面。如图 10-4 (f) 中扭面过渡段的背水面 $EFGH$ 为一光滑过渡的曲面，这个曲面称为外扭面。图 10－4（d）为外扭面 $EFGH$ 的投影。主视图上是和内扭面完全相同的矩形，俯视图和侧视图均为对顶三角形，各投影图中仍须画出扭面素线。

（3）扭面过渡段的三视图。掌握内、外扭面的画法后，不难画出扭面过渡段的三视图，如图 10－4（e）所示。内、外扭面的主视图重合。俯、左视图中的虚线表示埋在土下的轮廓线。为了减少图线交叉，图中未画出外扭面的素线，使得表达更为清晰。

为了施工放样，同样需要画扭面过渡的断面图。作断面时，剖切平面应与扭面形成过程中的导平面平行，如图 10－4（e）中的 A—A 剖切平面平行于 W 面，以便作图。断面图中所需的尺寸（宽、高）可根据剖切位置按投影规律量得，所画的 A—A 断面图如图 10－4（e)所示。

第四节 水工图的分类及特点

一、水工图的分类

水利工程的兴建一般需要经过勘测、规划、设计、施工和验收五个阶段。各个阶段都要绘制相应的图样，不同阶段对图样有不同的要求。

1. 规划图

规划图是用图例和文字表达水利工程的布局、位置、类别等内容的示意性图样。如流域规划图、灌区规划图等，图 10－5 所示为某灌区规划图。

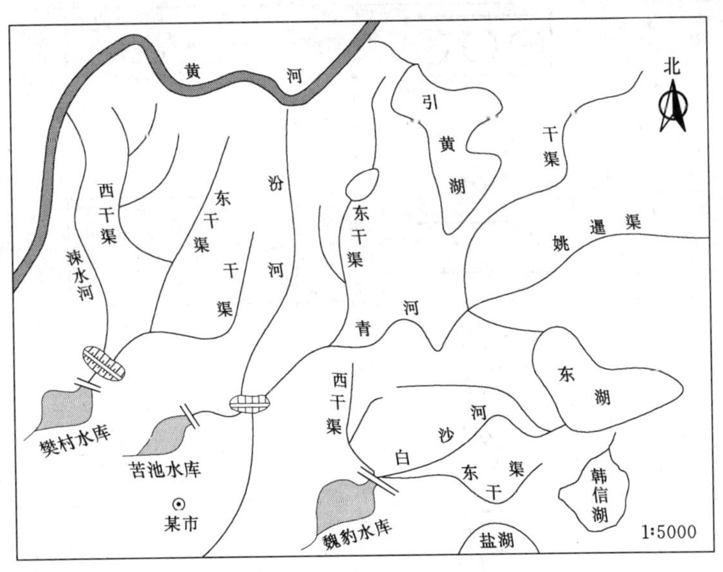

图 10－5 某灌区规划图

从图 10－5 中可看出，该灌区有 3 座水库作为取水渠首，总干渠和分干渠总长为 50 多千米，灌溉面积 100 多万亩，灌区内水库、总干渠及分干渠的位置均以图例为示意性表达。

规划图的主要特点如下：

(1) 规划图为平面图，通常绘制在地形图上，采用制图标准规定的“水工建筑物平面图例”绘制，无需表达建筑物的结构形状。水工建筑物平面图例见表10-1。

表10-1　常见的水工建筑物平面图例

序号	名称		图例	序号	名称	图例
1	水库	大型	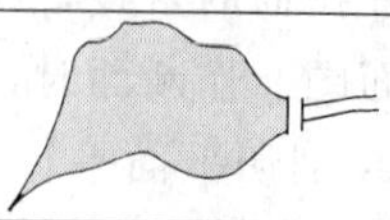	11	隧洞	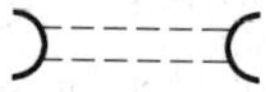
		小型		12	渡槽	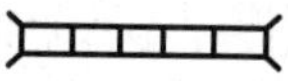
2	混凝土坝		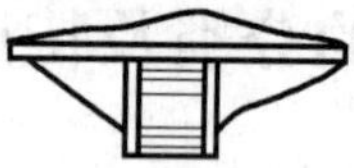	13	虹吸	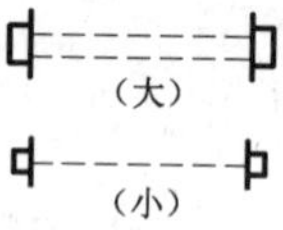 (大) (小)
3	土石坝		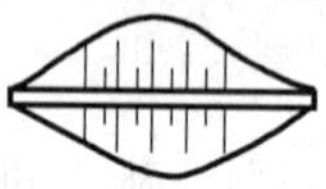			
4	溢洪道		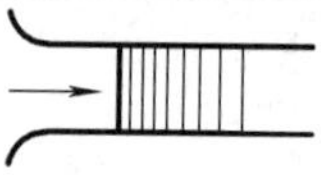	14	涵洞（管）	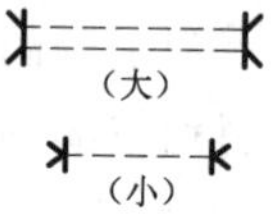 (大) (小)
5	水闸			15	跌水	
6	水电站	大比例尺	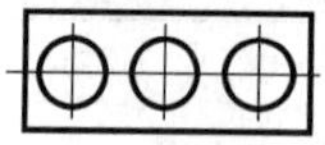	16	斗门	
		小比例尺		17	灌区	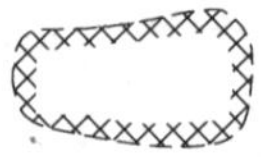
7	船闸		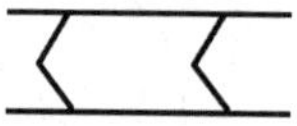	18	分（蓄）洪区	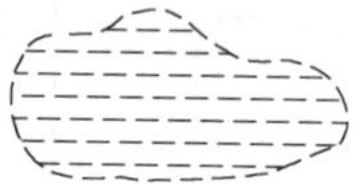
8	泵站			19	护岸	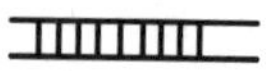
9	水文站		 Q	20	堤	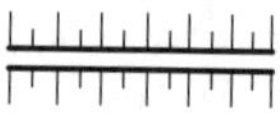
10	水位站		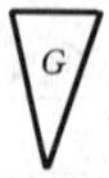 G	21	渠	

(2) 规划图表达的地域较大，仅反映整个工程的概貌。因此画图须采用小比例尺。

2. 枢纽布置图

在水利工程中，由几个水工建筑物有机组合的综合体称为水利枢纽。常见的水利枢纽如水库枢纽（包括挡水坝、输水涵洞、溢洪道等）、泵站枢纽（包括泵站、进水闸等）。

将水利枢纽中各主要建筑物的平面形状和位置画在地形图上，这样的工程图样称为枢纽布置图。

枢纽布置图一般包括以下主要内容：

(1) 枢纽所在地的地形、河流、水流方向和地理方位等。

(2) 枢纽中各建筑物的平面形状及其相互位置关系。

(3) 建筑物与地面相交情况及填挖方坡边线。

(4) 建筑物的主要高程和主要尺寸。

枢纽布置图是枢纽中各建筑物定位、施工放线、土石方施工及绘制施工总平面图的依据。

3. 建筑物结构图

用来表达某建筑物形状、大小、结构及建筑材料的工程图样称为建筑物结构图，如图10-6所示。

建筑物结构图一般包括下列主要内容：

(1) 建筑物的结构、形状、尺寸及材料。

(2) 建筑物的细部构造。

(3) 工程地质情况及建筑物与地基的连接方式。

(4) 建筑物的工作情况，如特征水位、水面曲线等。

(5) 附属设备的位置。

4. 施工图

按照设计要求绘制的指导施工的图样称为施工图。它主要表达施工程序、施工组织、施工方法等内容。常见施工图如施工场地布置图、基础开挖图、混凝土分期分块浇筑图、钢筋图等。

5. 竣工图

工程施工过程中，难免对建筑物的结构作局部改动。因此，应按竣工后建筑物的实际结构绘制竣工图，供存档和工程管理用。

二、水工图的特点

1. 小比例尺多

水工建筑物形体庞大，画图时多采用小比例尺，各类水工图常用比例见表10-2。

表10-2　　水工图常用比例

图　类	比　例
枢纽总布置图、施工总平面布置图	1∶5000，1∶2000，1∶1000，1∶500，1∶200
主要建筑物布置图	1∶2000，1∶1000，1∶500，1∶200，1∶100
基础开挖图、基础处理图	1∶1000，1∶500，1∶200，1∶100，1∶50
结构图	1∶500，1∶200，1∶100，1∶50
钢筋图	1∶100，1∶50，1∶20
细部构造图	1∶50，1∶20，1∶10，1∶5

2. 详图多

因画图采用的比例尺小，细部构造表达不清，水工图中常采用较多的详图来表达建筑物的细部构造（有关详图知识，下一节介绍）。

3. 断面图多

水工建筑物所用的建筑材料繁多，同时为表达建筑物各部分断面形状及建筑材料，以便施工放样，因此，水工图中断面图应用较多。

4. 考虑水和土的影响多

任何一个水工建筑物都是和水、土密切相关的，处处须考虑水和土的影响。绘图时应考虑水流方向，并注意对建筑物上下部分的表达。

5. 粗实线的应用多

水工图中的粗实线，不仅用来表达可见轮廓线，还用来表达建筑物的施工缝、沉陷缝、温度缝、防震缝等。但材料分界线应用中粗线绘制。

水工图中的图线应用时要注意以下几点：

（1）建筑物的混凝土强度等级分区图，其分区线应用中粗线绘制，绘出相应的图例，标注混凝土有关的技术指标，并附有图例说明，图例线用细实线绘制。

（2）土石坝断面图中筑坝材料的分区线，应用中粗实线绘制，并注明各区材料名称。

（3）渠道、堤防等建筑物断面图中的填料、防渗及护坡结构的分区应用中粗实线绘制，并标注各区材料名称，护坡结构可用引出线分层注明材料及厚度。

（4）细部构造详图应包括以下内容：结构缝、温度缝、防震缝等永久缝图，可在结构图或浇筑分块图中表达并用粗实线绘制，在详图中还应注明缝间距、缝宽尺寸和用文字注明缝中填料的名称。施工临时缝可用中粗虚线表示。

第五节　水工图的表达方式

绘制水利工程图样时，应首先考虑便于读图。根据建筑物的结构特点，选用适当的表达方法，在完整、清晰地表达建筑物各部分形状的前提下，力求制图简便。

一、基本表达方法

1. 视图的名称及作用

（1）平面图。俯视图一般称为平面图。它表达建筑物的平面形状及布置，表明建筑物的平面尺寸（长、宽）及平面高程、剖视（面）图的剖切位置及投影方向。

（2）剖视图。在水利工程图中，当剖切面平行于建筑物轴线或顺河流流向时，称为纵剖视图，如图 10 - 6 所示；当剖切面垂直于建筑物轴线或河流流向时，称为横剖视图。

剖视图表达建筑物的内部结构形状及位置关系，表达建筑物的高度尺寸及特征水位，表达地形、地质情况及建筑材料。

（3）立面图。正视图、左视图、右视图、后视图可称为立面图或立视图。当视向与水流方向有关时，视向顺水流方向所得立面图，称为上游立面（或立视）图；视向逆水流方向时，称为下游立面（或立视）图。

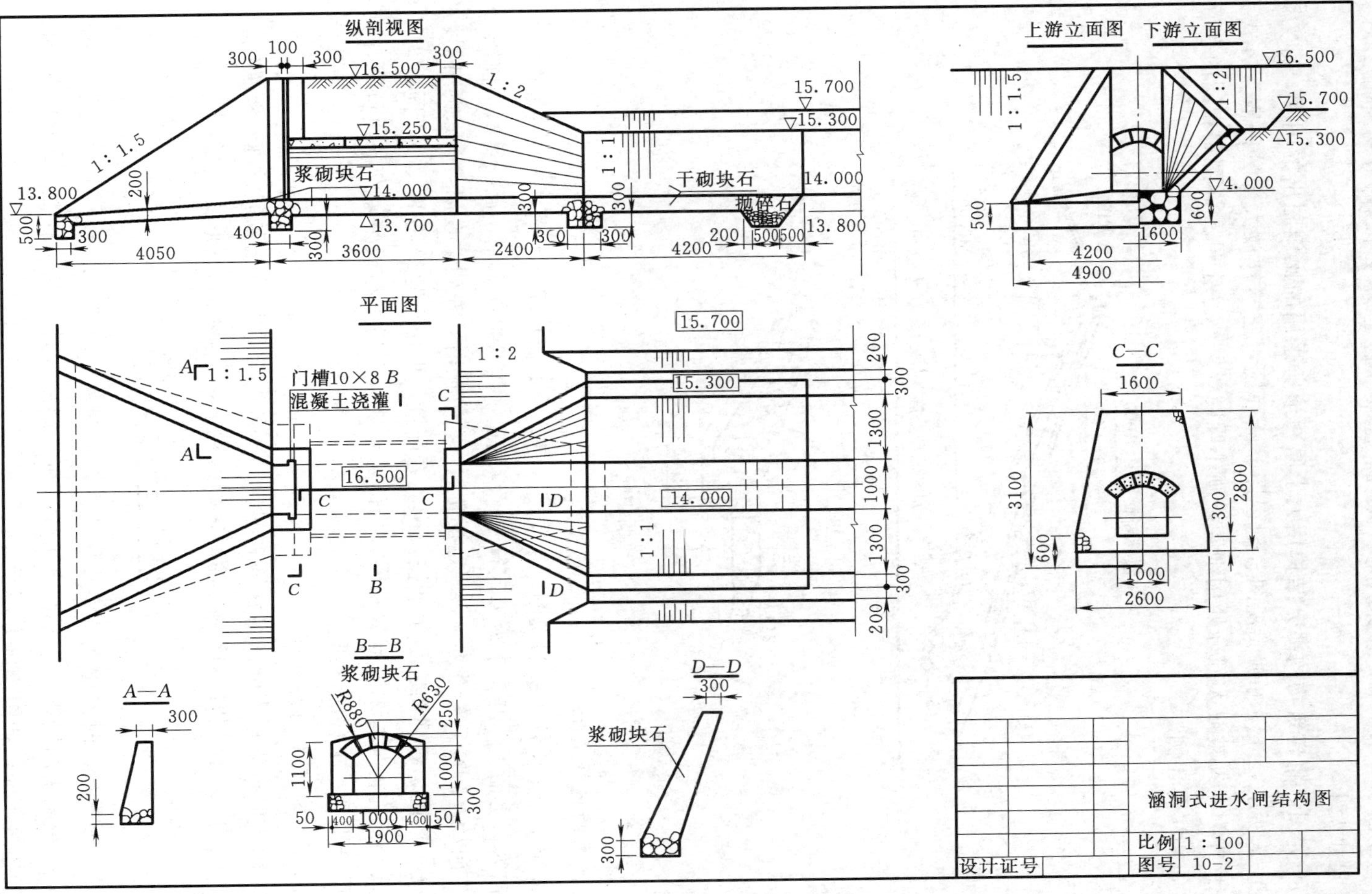

图 10-6　涵洞式进水闸结构图

立面图主要表达建筑物的立面外形。

(4) 断面图。水工图中多采用移出断面，主要表达建筑物组成部分的断面形状、建筑材料及尺寸大小。

(5) 详图。将建筑物的部分结构用大于原图形所采用的比例画出的图形，称为详图，如图 10-7 所示。详图可画成视图、剖视图、断面图，它与被放大部分的表达方式无关。其标注形式为：在被放大部分处用细实线画小圆圈，并标注字母。详图用相同的字母标注其图名，并注写比例。

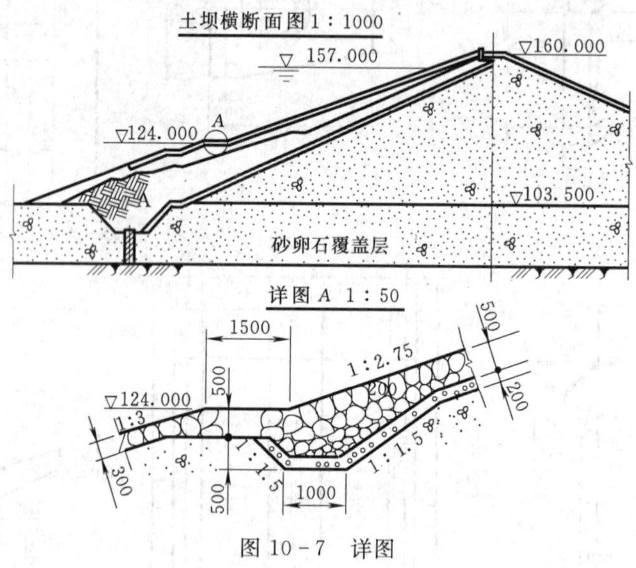

图 10-7 详图

2. 视图的选择及配置

平面图是一个比较重要的视图。绘制挡水建筑物如挡水坝、水电站等的平面图时，应使水流方向为自上而下，并画水流方向符号；绘制过水建筑物如水闸、涵洞等的平面图时，应使水流方向从左向右。对于河流，规定视向顺水流方向时，左边为左岸，右边为右岸。

为便于读图，各视图应尽可能按投影关系配置，但由于建筑物的大小不同，为了合理利用图纸，允许将某些视图配置在图幅内的适当地方。对大型或较复杂的建筑物，也可将每个视图分别画在单独的图纸上。

3. 视图名称及比例的标注

水工图中应将各视图的图名注写在对应图形的上方，并在图名下方画一粗横线。当整张图纸中只用一种比例时，比例应注写在标题栏中，否则按如下形式注写：

平面图 1:200　或　$\dfrac{\text{平面图}}{1:200}$

按以上形式注写时，比例的字高应比图名的字高小一号或二号。

当一个视图中的铅垂和水平两个方向采用不同比例时，应分别标注纵横比例，但两个比例不宜超过 5 倍，如图 10-8 所示。

4. 水工图中常用的符号

(1) 图样中表示水流方向的符号，其中图线宽可取 0.35～0.5mm。有如图 10-9 所示三种式样供选用。图 10－9（a）中 B 为 10～15mm。

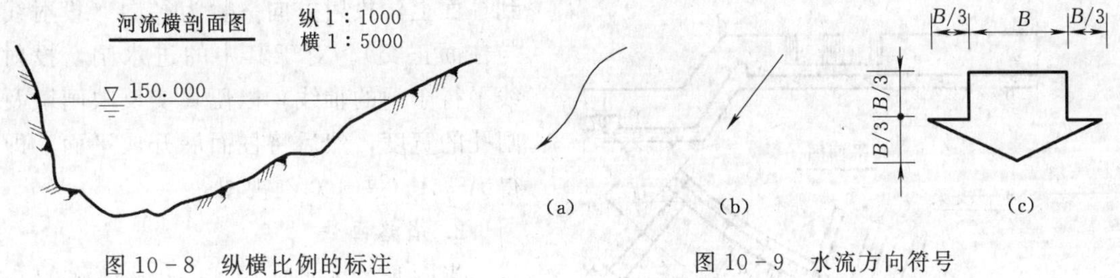

图 10－8　纵横比例的标注　　　　图 10－9　水流方向符号

(2) 平面图中指北针有图 10－10 所示三种式样供选用，其位置一般在图的左上角，必要时也可放在右上角，图线宽可取为 0.35mm，粗线宽可取为 0.5～0.7mm，B 可取为 16～20mm。

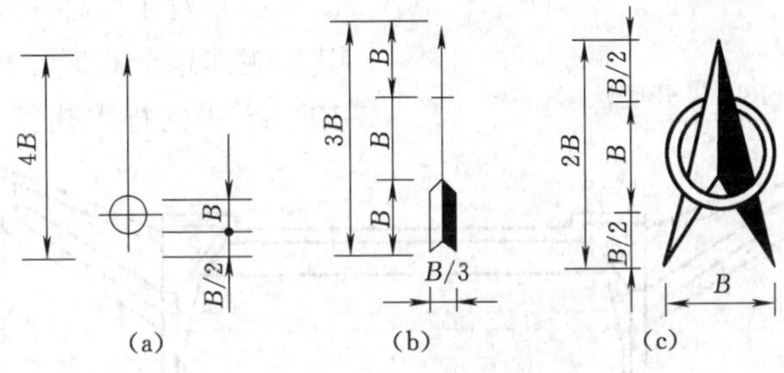

图 10－10　指北针

(3) 图形的对称符号应按图 10－11 所示式样用细实线绘制。对称线两端的平行线长度为 6～8mm，平行线间距可取为 2～3mm，且距端点为 3mm。

(4) 图形的连接符号应以细实线表示需连接的部位，以折断线两端靠图形一侧的大写拉丁字母表示连接编号。两个被连接的图形必须用相同的字母编号，如图 10－12 所示。

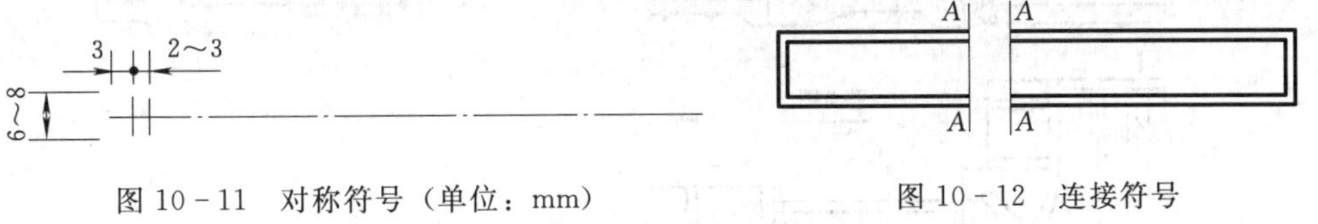

图 10－11　对称符号（单位：mm）　　　　图 10－12　连接符号

5. 文字说明

水工图中可有必要的文字说明，文字应简明扼要，正确表达设计意图，其位置宜放在图纸的右下方或适当位置。

二、规定画法和习惯画法

1. 展开画法

当构件或建筑物的轴线（或中心线）为曲线时，可将曲线展开成直线后，绘制成视图、剖视图和断面图。这时，应在图名后注写“展开”二字，或写成“展视图”。图 10－13 所示渠道，其剖视图是采用与渠道中心线重合的柱状剖切面剖切后展开而得到的。展

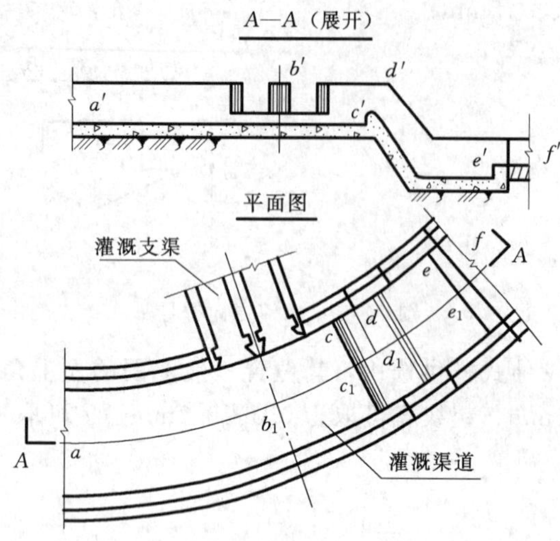

图 10-13 展开画法

开的方法是：先把柱面后面的建筑物投射到柱面上，投射方向一般为径向（投射线与柱面正交）。对于其中的进水闸，投射线平行于闸的轴线，以便真实反映闸墩及闸孔的宽度，然后将柱面展开成平面，即得 $A—A$（展开）剖视图。

2. 省略画法

当图形对称时，可以只画对称的一半，但须在对称线上加注对称符号，如图 10-14 所示涵洞平面图。

3. 简化画法

(1) 对于图样中的一些细小结构，当其成规律地分布时，可以简化绘制，如图 10-15 中的排水孔。

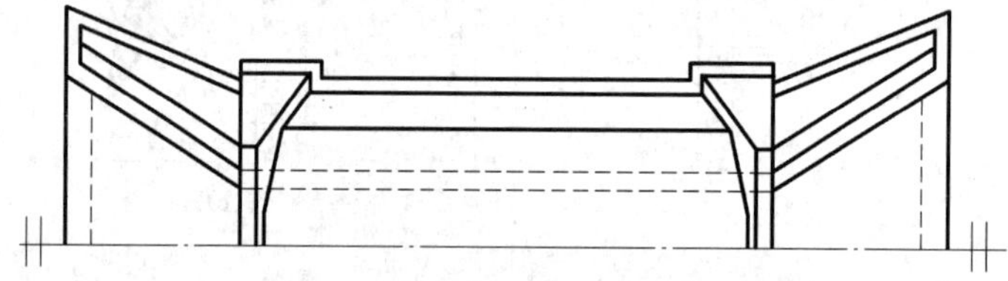

图 10-14 省略画法

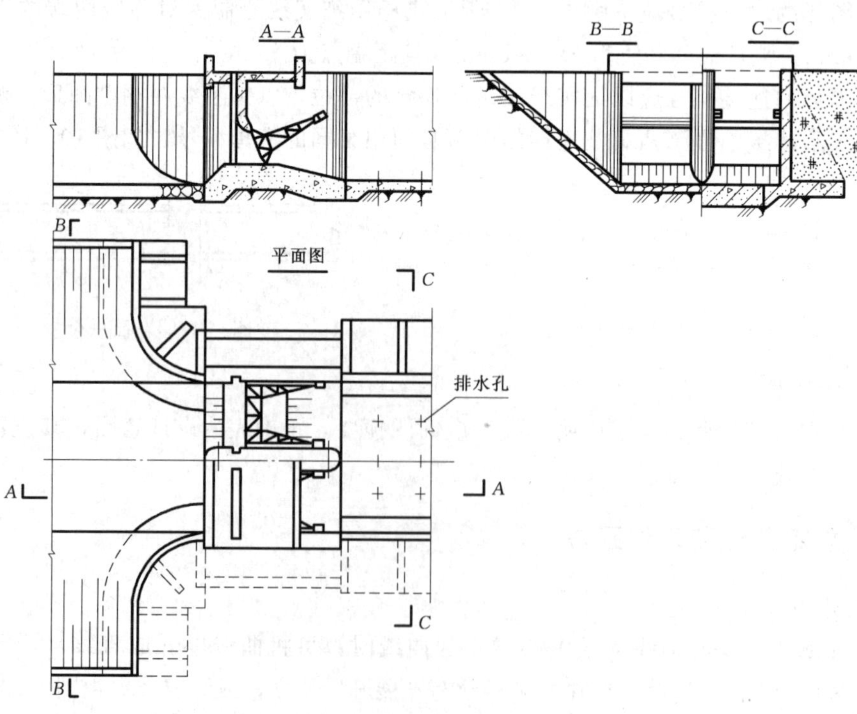

图 10-15 简化画法、拆卸画法和合成视图

(2) 图样中的某些设备（如闸门启闭机、发电机、水轮机调速器、桥式起重机）可以简化绘制。

4. *拆卸画法*

当视图、剖视图中所要表达的结构被另外的结构或填土遮挡时，可假想将其拆掉或掀掉，然后再进行投影，如图 10－15 所示平面图中，对称线上半部的一部分桥面板及胸墙被假想拆卸，填土被假想掀掉。

5. *合成视图*

对称或基本对称的图形，可将两个相反方向的视图或剖视图或断面各画对称的一半，并以对称线为界，合成一个图形，称为合成视图。如图 10－15 中 B—B 和 C—C、图 10－6 中的“上下游立面图”均为合成视图。

6. *分层画法*

当结构有层次时，可按其构造层次分层绘制，相邻层用波浪线分界，并可用文字注写各层结构的名称，如图 10－16 所示。分层画法可理解为分层局部剖切的局部剖视图。

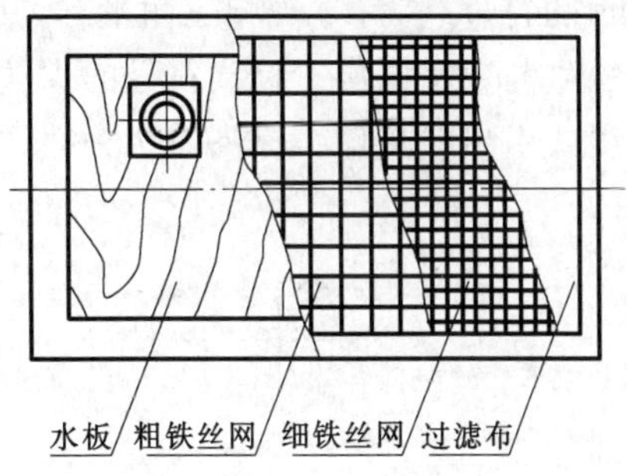

图 10－16　分层画法

7. *连接画法*

当图形较长时，可将其分成两部分绘制，再用连接符号相连，并用大写拉丁字母编号，这种画法称为连接画法。如图 10－17 所示土坝立面图。

8. *断开画法*

对于较长的构件或建筑物，当沿长度方向的形状不变，或按一定的规律变化时，可以断开绘制，这种画法称为断开画法。如图 10－18 所示渠道断开画法。必须注意连接画法与断开画法的区别。

注意：对原来倾斜的直线当采用断开画法后要相互平行，且按全长尺寸标注。

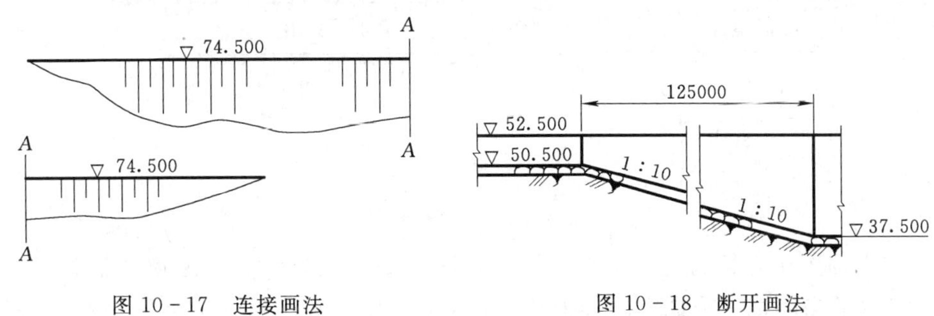

图 10－17　连接画法　　　图 10－18　断开画法

第六节　水工图的尺寸注法

本节是在组合体视图及剖视图尺寸标注的基础上，根据水工图的特点及施工测量的要求，介绍水工图尺寸标注的特点与方法。

一、铅垂尺寸的注法

1. 标高的注法

标高由标高符号和标高数字两部分组成，如图 10－19（a）、（b）所示。

（1）标高符号。

1）在立面图和铅垂方向的剖视图、断面图中，标高符号一般采用如图 10－19（a）所示的符号（为 45°等腰三角形），用细实线绘制，其高度（h）宜采用标高数字的高度，即符号与数字同高。标高符号的尖端向下指，也可向上指，但尖端必须与被标注高度的轮廓线或引出线接触。标高数字一律注写在标高符号的右边，如图 10－19（e）所示。

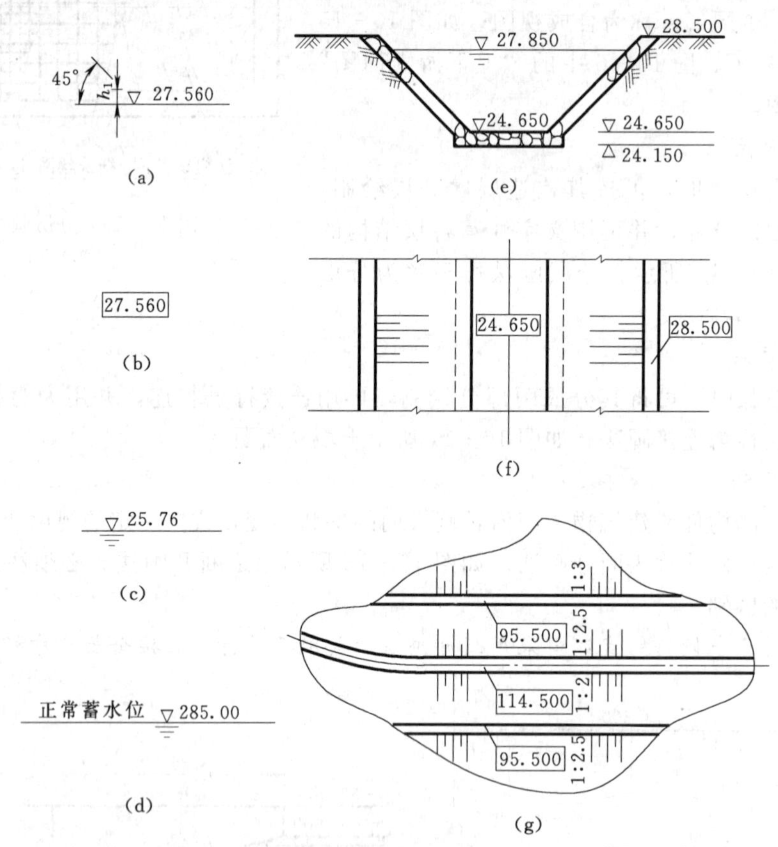

图 10－19　标高的注法

2）在平面图中，标高符号是采用细实线而绘制的矩形线框，矩形线框的长、宽比约为 2∶1（适当时也可按数字的排列长度取长、宽比为 3∶1），标高数字注写在其中，如图 10－19 所示（b）。当图形较小时，可将符号引出绘制，如图 10－19（f）、（g）所示。

（2）标高数字。

1）单位：标高数字以米为单位，注写到小数点后第三位，在总布置图中，可注写到小数点后第二位。

2）形式：零点标高注成±0.000 或±0.00；正数标高数字前一律不加“+”号，如图 10－19（e）中的“27.850、28.500”等；负数标高数字前必须加注“－”号，如“－2.18、－5.980”等。

（3）水面标高（简称水位）。

1）水位符号：水面标高的注法与立面图中标高注法类似，不同之处是需在水面线以下绘三条渐短的细实线，如图 10－19（c）所示。

2）特征水位：特征水位应在标注水位的基础上加注特征水位名称，如图 10－19（d）中的“正常蓄水位”。

2. 高度的注法

水工图中铅垂方向的尺寸可以只注标高，也可以既注标高又注高度。在标注高度尺寸时，其尺寸一般以建筑物的底面为基准，因为建筑物都是由下向上修建的，以底面作为高度基准便于随时测量与检验。

二、水平尺寸的注法

标注水平尺寸的关键在于选好基准。当建筑物在长度或宽度方向对称时，应以对称轴线（或中心线）为基准，如图 10－6 进水闸的宽度方向即以对称轴线作为尺寸基准。当建筑物的某一方向无对称轴线时，则以建筑物的主要结构的端面为基准，如图 10－6 中进水闸长度方向即以闸室底板上游端面为基准。

三、桩号的标注

河道、渠道及隧洞等建筑物的轴线、中心线长度方向的定位尺寸，可采用“桩号”的方法进行标注，如图 10－20 所示。

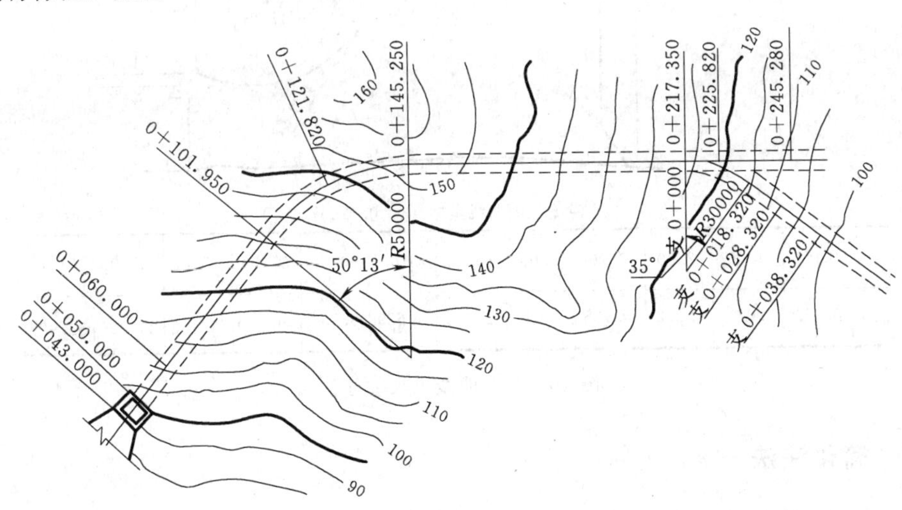

图 10－20　桩号的标注

（1）桩号的标注形式：标注形式为 k±m，k 为公里数，m 为米数。起点桩号标注成 0+000；起点桩号之间（即与桩号的尺寸数字增加的方向相反）标注成 k－m，如 0－

020；起点桩号之后标注成 k+m，如图 10－20 中的 0＋043.000，表示该桩号距起点桩号为 43m，0＋060.000，表示该桩号距起点桩号为 60m，两桩号之间相距 17m。

（2）桩号的数字注写：桩号数字一般垂直于定位尺寸方向或轴线方向注写，且标注在其同一侧；当轴线为折线时，转折点处的桩号数字应重复标注；当平面轴线为曲线时，桩号沿径向设置，桩号数字应按弧长注写。当同一图中几种建筑物均采用“桩号”标注时，可在桩号数字前加注文字以示区别，如图 10－20 中的“支 0＋018.320”，即表示支线上该桩号距起点桩号为 18.32m，且为弯曲轴线的弧长，而“支 0＋028.320”，则表示支线上该桩号距起点桩号为 28.32m（包含弧长）。

四、曲线的尺寸注法

1. 连接圆弧的尺寸注法

连接圆弧需标出圆心、半径、圆心角、切点、端点的尺寸，对于圆心、切点、端点除标注尺寸外，还应注上高程和桩号。

2. 非圆曲线的尺寸注法

非圆曲线（如溢流坝面）一般用非圆曲线上各点的坐标来表示，如图 10－21 所示。

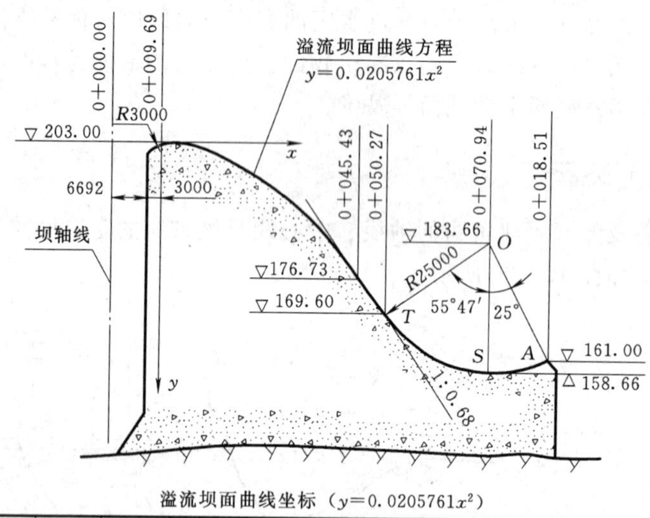

溢流坝面曲线坐标（$y=0.0205761x^2$）

x	0.00	1.00	2.00	3.00	5.00	10.00	15.00	20.00	25.00	30.00	35.00	40.00
y	0.000	0.021	0.802	0.185	0.514	2.058	4.629	8.230	12.860	18.518	25.206	32.922

图 10－21　曲线的尺寸注法

五、简化注法

（1）多层结构尺寸的注法。注多层结构的尺寸时可用引线引出，引出线必须垂直通过被引的各层，文字说明和尺寸数字应按结构的层次注写，如图 10－22 所示。

（2）均匀分布的相同构件或构造，其尺寸可简化标注。如某进水闸结构图，平面图中的尺寸“7×800”，表示排水孔横向间距有 7 个，间距值为 800mm。

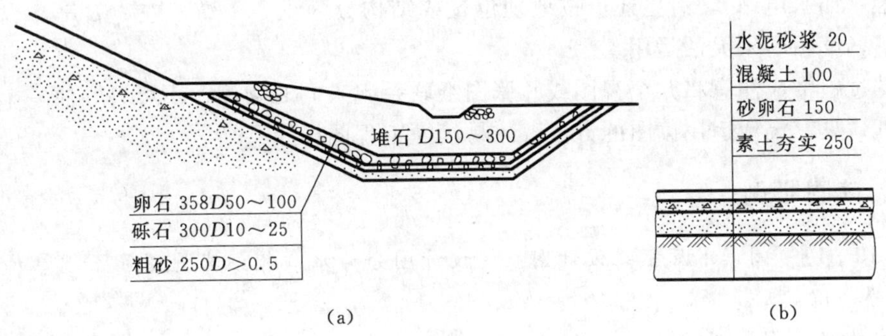

图 10-22 多层结构的尺寸注法

另外，由于水工建筑物的施工是分段进行的，因此水工图中要求注出各分段尺寸，并且还要标注总体尺寸，这样形成的封闭尺寸链不仅允许而且需要。当同一建筑物的几个视图分别画在不同的图纸上时，为了便于读图也允许标注重复尺寸。

第七节 水 工 图 的 识 读

一、读图的目的和要求

读图的目的是了解工程设计的意图，以便按照设计的要求组织施工、验收及管理。

通过读图必须达到下列基本要求：

(1) 了解水利枢纽所在地的地形、地理方位和河流的情况以及组成枢纽的各建筑物的名称、作用和相对位置。

(2) 了解各建筑物的结构、形状、尺寸、材料及施工的要求和方法。

提高识读水工图的能力对于学习专业课乃至从事工程技术工作都有重要意义。为了培养和提高识读水工图的能力，还必须掌握一定的专业知识，并在工程实践中继续巩固和逐渐提高。

二、读图的步骤和方法

识读水工图一般是由枢纽布置图看到建筑物结构图；由主要结构看到次要结构；由大轮廓看到小构件。对于建筑物结构图应采用“总体→局部→细部→总体”的循环过程。具体步骤如下：

(1) 概括了解。阅读标题栏及有关说明，了解建筑物的名称、作用、制图比例、尺寸单位及施工要求等内容。

(2) 分析视图。从视图表达方法入手，分析采用了哪些视图、剖视、断面和详图等，了解剖视、断面的剖切位置及投射方向，确定详图表达的部位和各视图的大概作用。

(3) 分析形体。所谓分析形体就是将建筑物分解为几个主要部分来逐一识读。分解时应考虑建筑物的结构特点，有些建筑物可沿水流方向分段（如涵洞、水闸等），有些可沿高度分层（如水电站），有些还可按地理位置或结构分为上、下游，左、右岸，以及外部和内部等，读图时须灵活运用。

读图过程中应注意将几个视图或几张图纸联系起来同时阅读，不可只盯住一个视图或一张图纸。只有灵活运用读图的方法，才易读懂工程图样。

三、读图举例

【例 10－1】 阅读水库枢纽设计图（该设计图分为水库枢纽布置图和土坝结构图两部分），现分别识读。

1. 水库枢纽布置图

(1) 组成及作用。如图 10－23 所示，水库枢纽工程包括三个基本组成部分，即挡水坝、输水涵洞、溢洪道等建筑物。其中，坝是挡水建筑物，其作用是拦截水流，抬高水位以形成水库。涵洞是引水建筑物，它的作用是根据下游需水情况引水库水供灌溉、发电及其他目的之用。溢洪道是泄水建筑物，当上游来水过多时，它可以防止洪水从坝顶漫溢而引起溃坝事故。

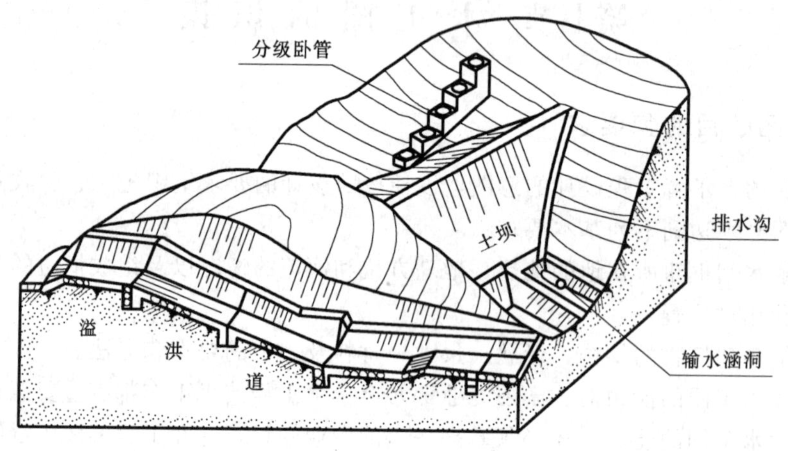

图 10－23　水库枢纽示意图

(2) 读图。图 10－24 所示水库枢纽布置图是将组成水库枢纽的土坝、溢洪道和输水涵洞等几个主要建筑物画在地形图上，以表示其平面形状及位置。

从枢纽布置图上可以看出枢纽所在地区的地形、水流方向及地理方位等。在河道的两边有两座小山，土坝就布置在两座小山之间。输水涵洞在河道的左岸穿过土坝的坝体并与坝轴线垂直通向下游；在上游左岸山坡上筑有分级卧管，它是涵洞的进口建筑物，其下端与输水涵洞相连。在河道右岸山坡上筑有溢洪道，溢洪道的各段底板上都注有高程，各斜坡面上都画有示坡线并注有坡度，四周的曲线为溢洪道的开挖线。

2. 土坝结构图

(1) 分析视图。如图 10－25 所示，土坝由坝身、截水糟、排水体和护坡四部分组成，主要用于挡水。土坝结构图中包括土坝最大横断面图和上游坝脚详图 A。土坝最大横断面图是在河床底部垂直于坝轴线剖切而得到的。

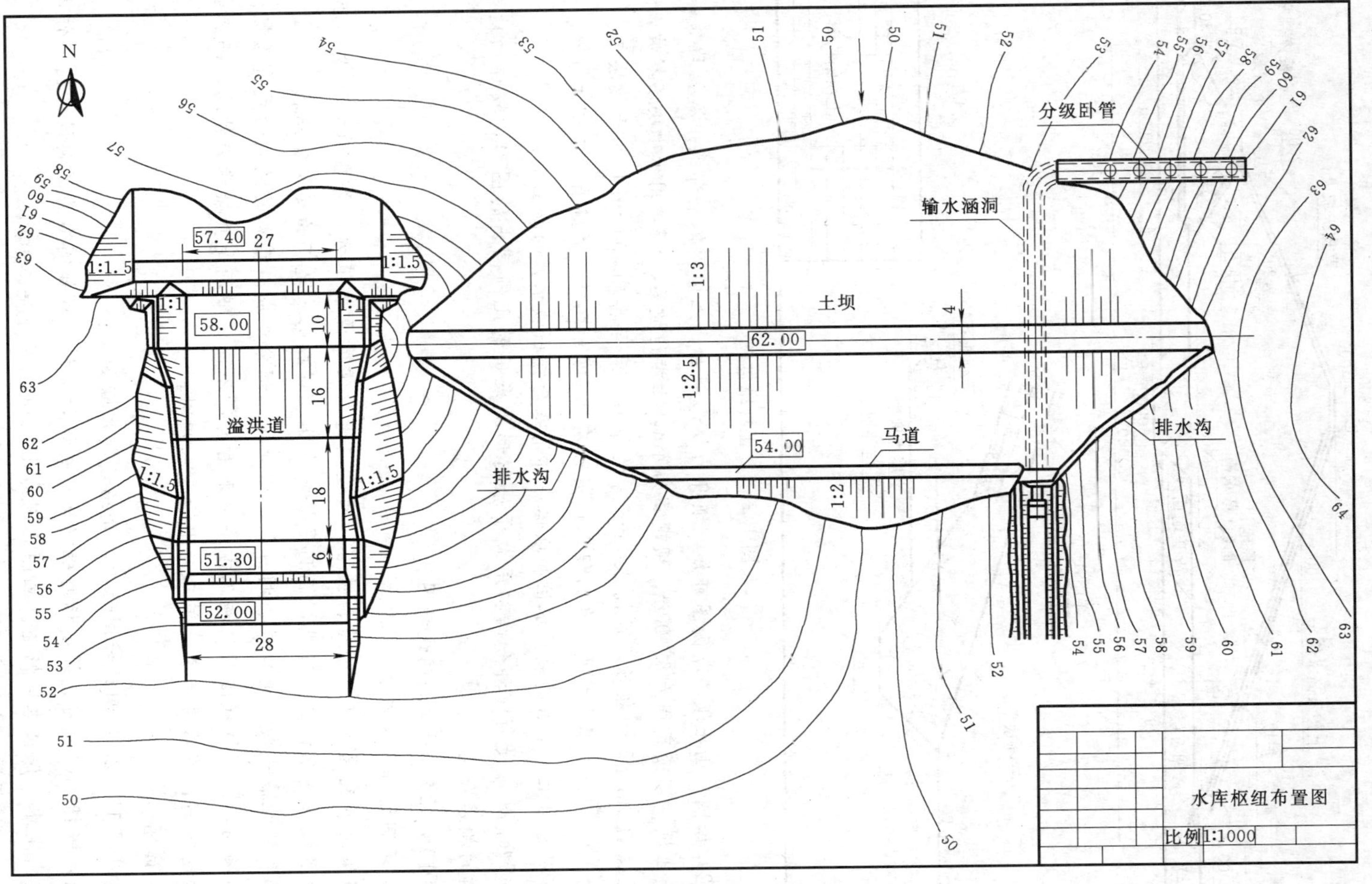

图 10-24　水库枢纽布置图

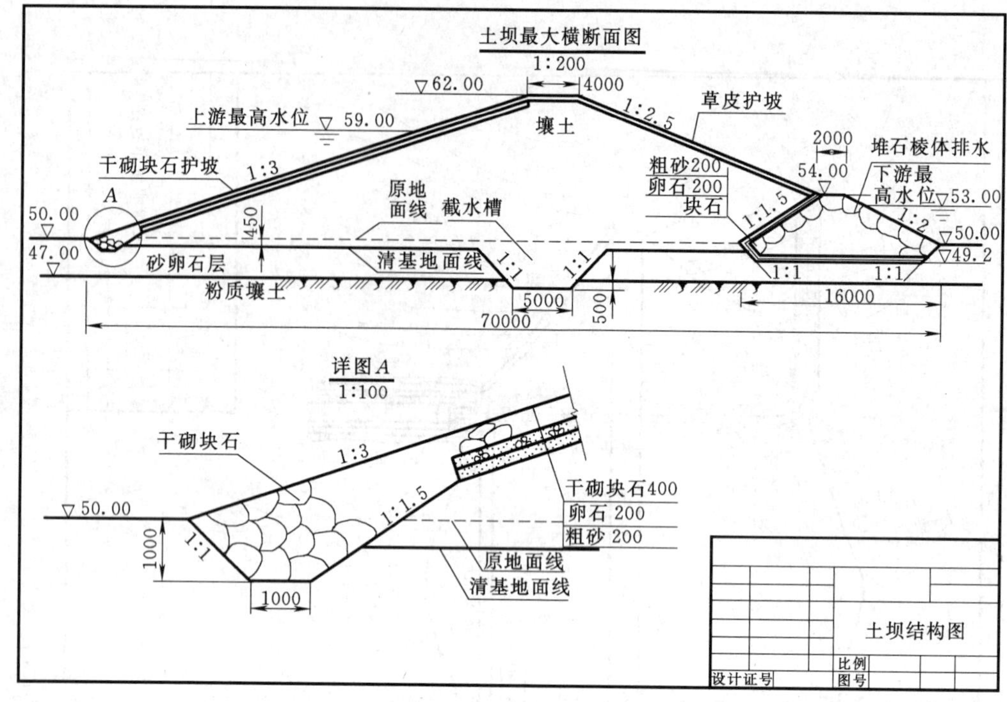

图 10-25　土坝结构图

（2）读图。由土坝横断面图可知，坝身为梯形断面，土坝坝体全部采用壤土堆筑而成，是均质土坝。坝顶高程为 62.00m，坝顶宽为 4m。上游边坡为 1：3，用干砌块石护坡，先在其底层铺 200mm 厚的粗砂，再铺 200mm 厚的卵石，表层再砌 400mm 厚的干砌块石。下游边坡为 1：2.5，用草皮护坡，在高程 54m 处设有 2m 宽的马道，并筑有堆石棱体排水。从图中还可以看出上、下游的最高水位和坝体底部清基后挖出截水槽的断面形状。

坝脚详图 A 是将该部分结构用大于原图形所采用的比例画出的图形，较详细地表达了坝脚的构造和尺寸。

【例 10-2】 阅读涵洞设计图。

1. 涵洞的作用及组成

当渠道或交通道路（公路、铁路）通过沟道时常常需要填方，并在填方下设一涵洞，以便使水流或道路畅通。可见，涵洞是修建在渠、堤或路基之下的交叉建筑物。

涵洞的组成一般由进口段、洞身段、出口段三部分组成。常见的涵洞形式有盖板涵洞和拱圈涵洞等。涵洞和隧洞从施工方法上来看有所不同，隧洞是直接凿岩钻洞，而涵洞则是先开挖筑洞，然后再回填，但二者用途基本相同。

2. 读图

现以图 10-26 涵洞设计图为例，介绍读图步骤如下：

（1）概括了解。首先阅读标题栏以及有关设计资料。可知图名为涵洞设计图，作用是排泄沟内洪水，保证水渠畅通。画图比例为 1：100，尺寸单位 mm。

（2）分析视图。表达该涵洞的主要视图有平面图（半剖视图）、纵剖视图、上游立面图和洞身剖视图组合起来的合成视图，此外还有两个移出断面图。

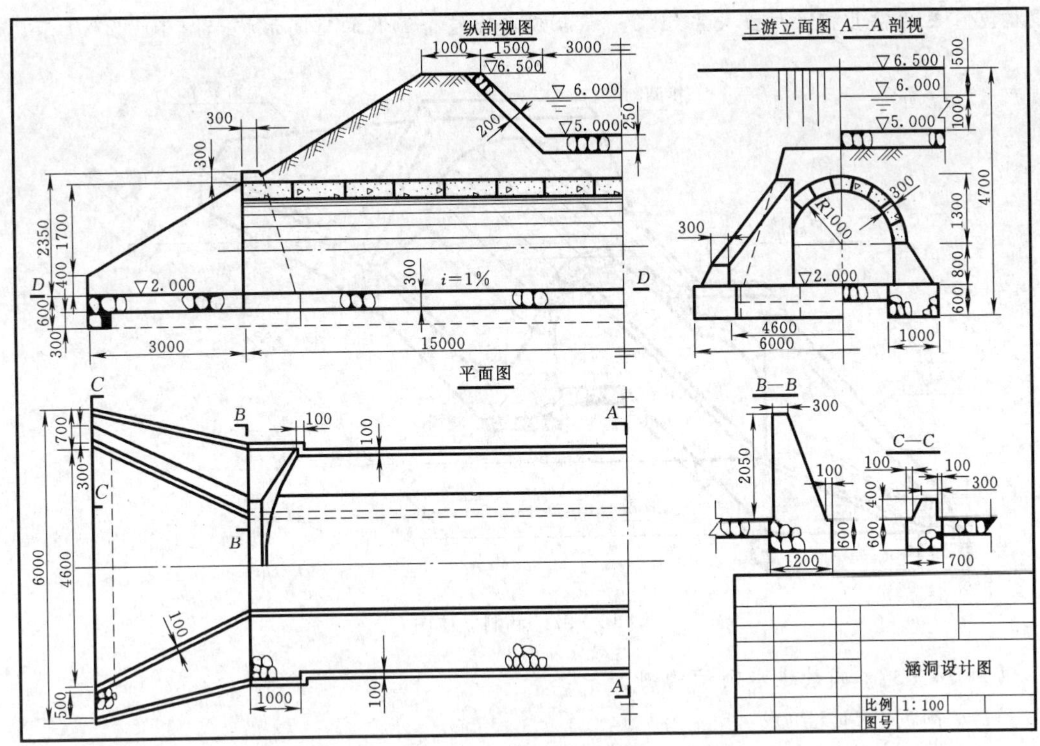

图 10-26　涵洞设计图

平面图只画了一半，在对称中心线上画有对称符号，为了减少图中的虚线，既采用了半剖视（D—D 剖视），又采用了拆卸画法。它表达了涵洞各部分宽度，各剖视、断面的剖切位置和剖视方向及涵洞底板的材料。

纵剖视图为沿涵洞对称中心线剖切而得的全剖视，它表达了涵洞的长度和高度方向的形状、大小和砌筑材料，并反映了渠道和涵洞的接触关系。

上游立面图与 A—A 剖视图，以对称中心为界，形成了视向相反的合成视图。前者反映涵洞进口段的外形，后者反映洞身的形状、拱圈厚及各部位尺寸。

B—B、C—C 两个移出断面，分别表达了翼墙右端、左端的断面形状，与进口段底板的连接关系、细部尺寸及材料。

（3）分析形体。根据涵洞的构造特点，可沿长度方向将其分为进口段、洞身、出口段三部分进行分析。

1）进口段。从平面图和上游立面图中可知，进口段为八字翼墙，结合纵剖视图，可看出翼墙为斜降式，由 B—B 断面知翼墙为浆砌石，两翼墙之间为护底，护底最上游与齿墙构成一体，其材料也为浆砌石，而且翼墙基础与护底之间设有沉陷缝。

2）洞身。从合成视图中可看出洞身断面为门洞形式，上部是拱圈，用混凝土砖块筑成，下部是边墙和基础，用浆砌石筑成，从纵剖视图可看出洞底也为浆砌石筑成，且坡降为 1%，以便使水流通顺。

3）出口段。由于该涵洞上游与下游完全对称，出口形体与进口相同，不再重述。

（4）综合整体。经过以上分析，对涵洞的进口段、洞身段、出口段三大组成部分，先逐段构思，然后按其相互位置关系组装，综合想象出整个涵洞的空间形状如图10-27所示。

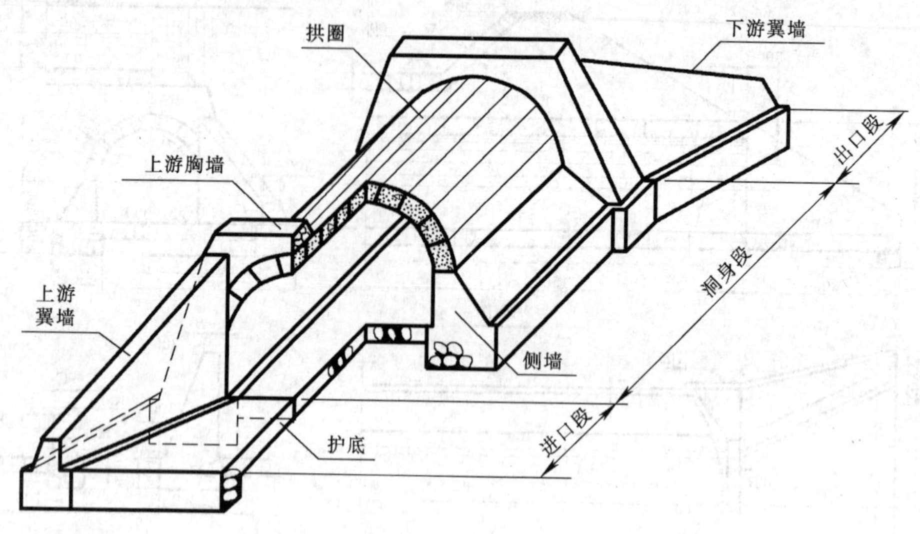

图10-27　涵洞立体图

【例10-3】 阅读进水闸结构图。

1. 水闸的作用及组成

水闸的作用：水闸是修建在河道或渠道上的建筑物。由于水闸设有可以启闭的闸门，关闭闸门即可挡水，抬高上游水位；开启闸门则可放水，调节闸门开启的大小，可以控制过闸流量。因此，水闸的作用可概括为：控制水位、调节流量。水闸按其在水利工程中的功用不同可分为进水闸、节制闸、分洪闸、泄水闸等几种。

水闸的组成：水闸一般由上游连接段、闸室、下游连接段三部分组成。各部分的结构及作用如下：

(1) 上游连接段。闸室以左的部分为上游连接段。上游连接段由护底、护坡、铺盖和上游翼墙等组成。它的作用主要有三点：一是引导水流平顺进入闸室；二是防止水流冲刷河床；三是降低渗透水流在闸底和两侧对水闸的影响。水流过闸时，过水断面逐渐缩小，流速增大，上游河底和岸坡可能被水冲刷，工程上经常采用的防冲手段是在河底和岸坡上用干砌块石或浆砌块石予以护砌，称为护底、护坡。

自护底而下，紧接闸室底板的一段称为铺盖，它兼有防冲与防渗的作用，一般采用抗渗性能良好的材料浇筑。

引导水流良好地收缩并使之平顺地进入闸室的结构，称为上游翼墙。翼墙还可以阻挡河道两岸土体坍塌，保护靠近闸室的河岸免受水流冲刷，减少侧向渗透的危害。翼墙的结构形式一般与挡土墙相同。上游翼墙平面布置形式为八字形。

(2) 闸室。水闸中闸墩所在的部位为闸室。它由底板、闸墩、岸墙（或称边墩）、闸门、交通桥及工作桥等组成。闸室是水闸起控制水位、调节流量作用的主体。

(3) 下游连接段。闸室以右的部分称为下游连接段。这一段由消力池、海漫、护底及下游翼墙和护坡等组成。下游连接段的主要作用是消除出闸水流的能量，防止其对下游渠

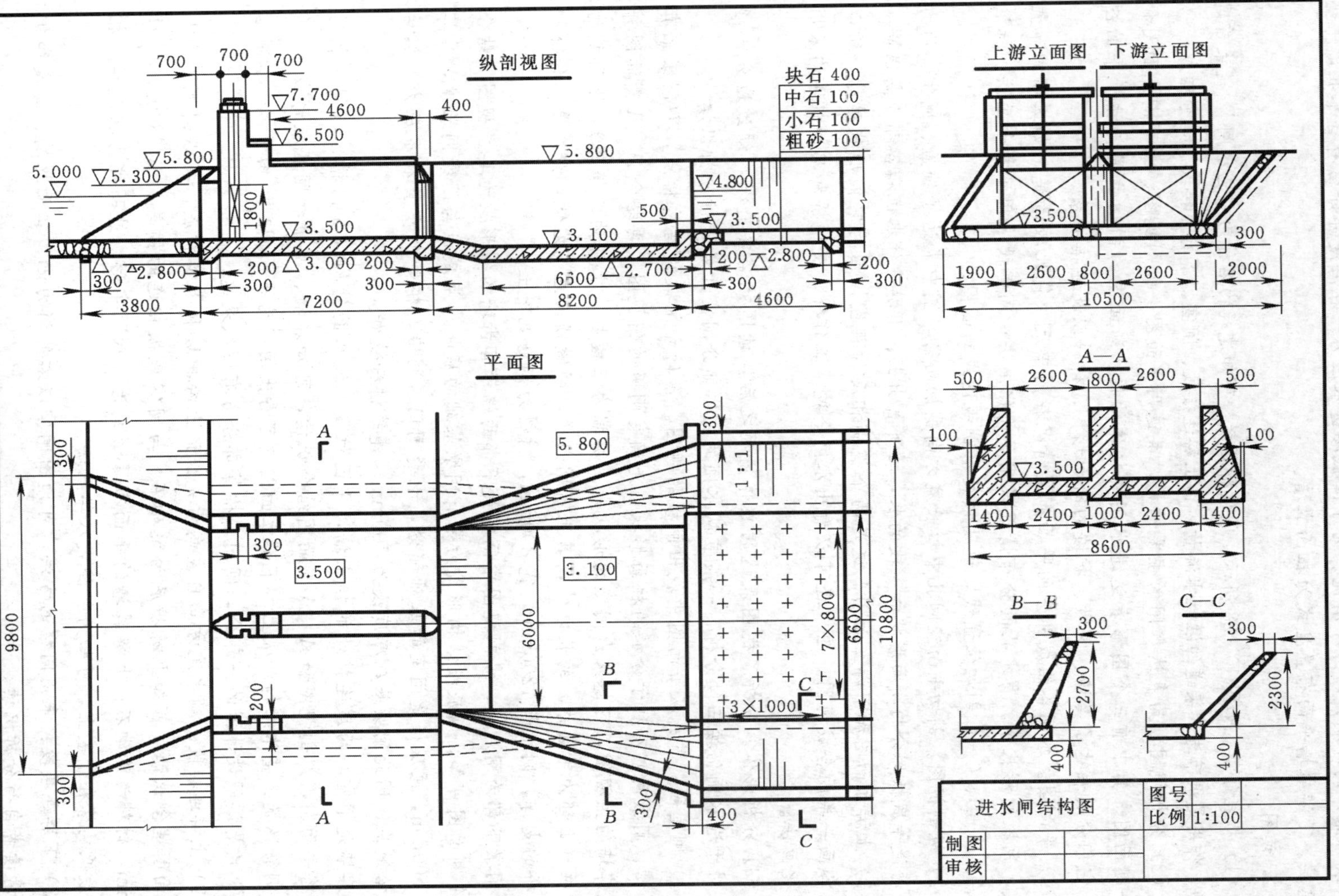

图10－28　进水闸结构图

底（或河床）的冲刷，即防冲消能。为了降低渗透水压力，在海漫部分留有冒水孔，下垫反滤层。下游翼墙平面布置型式为扭面翼墙。

2. 读图

(1) 概括了解。如图 10－28 所示，阅读标题栏，可知建筑物名称为“进水闸”，是渠首建筑物，作用是调节进入渠道的灌溉水流量，由上游连接段、闸室、下游连接段三部分组成。

(2) 分析视图。为表达水闸的主要结构，共选用平面图、纵剖视图、上下游立面图和三个断面图。其中前三个图形表达进水闸的总体结构，断面图的剖切位置标注于平面图中。它们分别表达了翼墙、闸墩、护坡的断面形状、材料以及连接关系。

1) 平面图。水闸各组成部分的平面布置情况在图中反映得比较清楚，如翼墙的布置形式、闸墩的形状等。冒水孔的分布情况采用了简化画法；闸室段采用了拆卸画法。标注 *A—A*、*B—B*、*C—C* 剖切位置线，说明该处有剖视图或断面图。

2) 纵剖视图。剖切平面经闸孔中心长流方向剖切而得，图中表达了铺盖、闸室、消力池、海漫等底板部分的断面形状和各段的长，还可看出上、下游设计水位和各部分高程等。

3) 上游立面图和下游立面图。这是两个视向相反的视图，因为它们形状对称，所以采用各画一半的合成视图，图中还可以看出水闸全貌。工作桥、交通桥和启闭机等均采用了简化画法。

(3) 分析形体。分析了视图表达的总体情况之后，读图就需要更深入细致地分析形体。对于进水闸仍按三段分析，一般宜从水闸的主体部分闸室开始进行分析识读。

1) 闸室段：首先从平面图中找出闸墩的视图。借助于闸墩的结构特点，即闸墩上有闸门槽、闸墩两端有利于分水的柱面形状，先确定闸墩的俯视图，再结合 *A—A* 断面图并参照岸墙的主视图，可想象出闸墩的形状是上游端为三棱柱（上部为三棱锥），下游端为半圆柱（上部为半圆锥）的长方体，其上有闸门槽，闸墩顶面左高右低，分别是工作桥和交通桥的支撑，闸墩长 7200mm，宽 800mm，材料为钢筋混凝土。

闸墩下部为闸底板，纵剖视图中闸室最下部两端带有齿墙的矩形框为其主视图。结合 *A—A* 断面图可知，闸底板结构形式为带有闸墩基础的底板，闸底板与闸墩同长度，其厚度为 500mm，闸底板是闸室的基础部分，承受闸门、闸墩、桥等的重量和水压力，然后传递给地基，因此闸墩基础厚度设为 700mm，建筑材料较好。

岸墙是闸室与两岸连接处的挡土墙，平面位置、迎水面结构（如门槽）与闸墩相对应。将平面图、纵剖视图和 *A—A* 断面图结合识读，可知岸墙、闸墩和闸底板形成“山”字形钢筋混凝土整体结构。从上、下游立面图中可看出闸门为平面闸门，由于“进水闸结构图”只是该闸设计图的一部分，闸门、桥等部分另有图纸表达。

2) 上游连接段：顺水流方向自左向右先识读上游护坡和上游护底。将纵剖视图和上游立面图结合识读，可知上游护底为浆砌石。与闸室底板相连的铺盖，长 3800mm，厚 400mm，材料为浆砌石；上游翼墙的平面布置形式为“八”字形，最高端形状与岸墙相同，最低端落在铺盖上，可知为斜降式八字翼墙。

3) 下游连接段：采用同样的方法，可读出闸室以右的消力池、扭面翼墙、海漫和护坡，请读者自行分析识读。

(4) 综合整理。将上述读图的成果对照总体图综合归纳，想象出其整体形状如图 10－

29 所示。

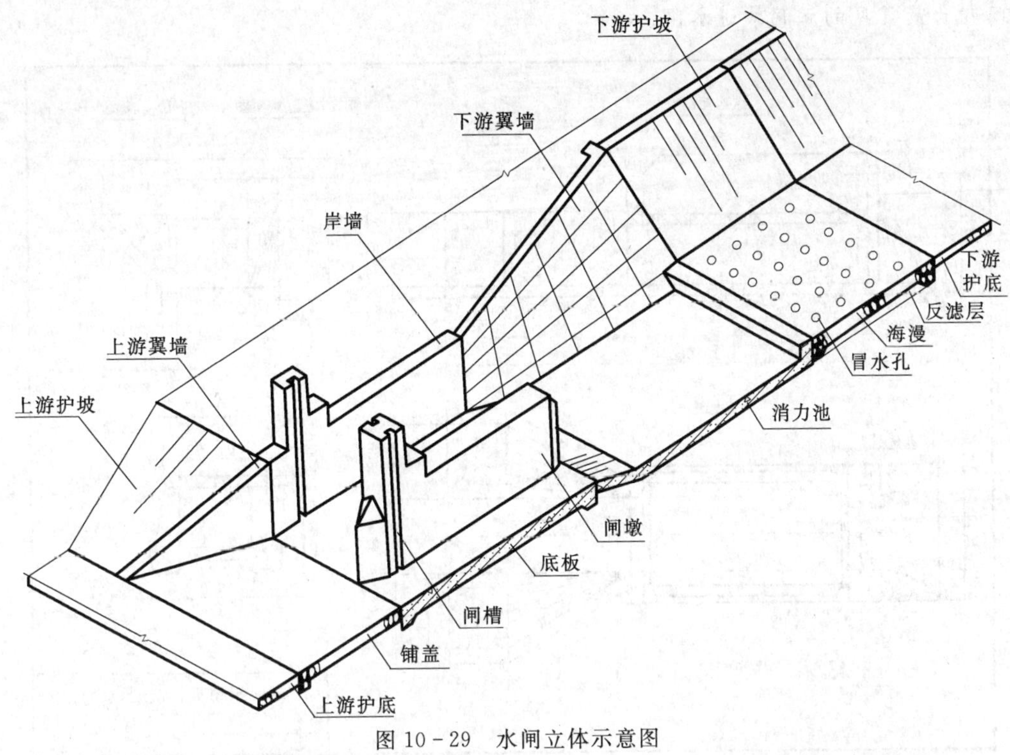

图 10-29 水闸立体示意图

进水闸为两孔闸，每孔净宽 2600mm，总宽度 6000mm，设计引水的水位 5.00m，灌溉水位 4.80m。

上游连接段材料为浆砌块石，以斜降式八字翼墙与闸室相连。

闸室为“山”字形整体结构，材料为钢筋为钢筋混凝土。闸门为升降式平面闸门。闸室上部有工作桥、交通桥，其盖板均为预制钢筋混凝土构件。

下游连接段的翼墙为扭曲面，材料为浆砌块石，与闸底板相连的为消力池，长 8200mm，深为 400mm，以消除出闸水流大部分能量，材料为钢筋混凝土。下游护坡、海漫、下游护底分别用浆砌块石、干砌块石护砌，长度为 4600mm，海漫部分设排水孔，其下铺设反滤层。

【例 10-4】 阅读斗门设计图。

1. 斗门的作用及组成

当斗渠从支渠引水时，就需要在斗渠的渠首设置斗门，以便控制进入斗渠的水流量。可见，斗门须从支渠的渠堤下交叉穿过，是斗渠的渠首建筑物。

斗门可分为进口段、洞身段、出口段三部分。进口有圆弧锥翼墙、铺盖组成。洞身由浆砌石侧墙、底板、钢筋混凝土盖板及上、下游胸墙组成。出口又分两段：一段由浆砌石扭曲面翼墙、护坦组成；另一段由干砌石护坡、护底组成。

2. 读图

现以图 10-30 为例，介绍读图步骤如下：

(1) 概括了解。首先阅读标题栏以及有关设计资料。可知图名为斗门设计图，画图比例为1∶50，尺寸单位mm。该建筑物的作用同进水闸，结构形式也类似涵洞，因此，该斗门即为最常见的涵洞式进水闸。

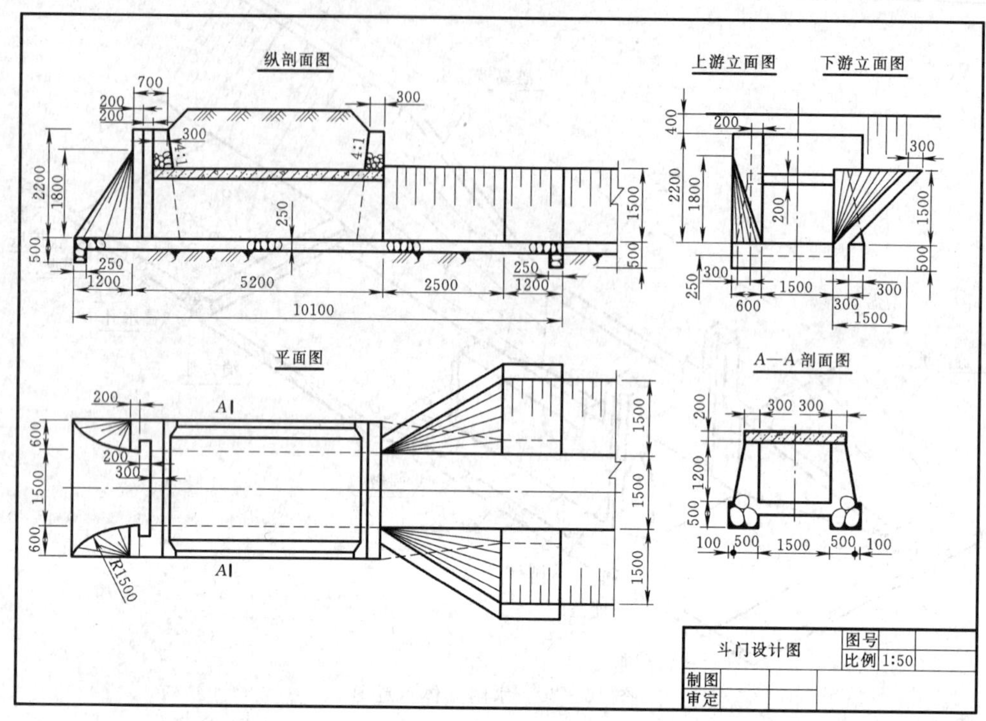

图10-30 斗门设计图

(2) 分析视图。由于本例是一个涵闸，因此我们可参照上述两例来读图。下面只作简略读图。

表达该斗门的主要视图有平面图、纵剖视图、上、下游立面图和洞身剖面图。

平面图采用了掀土画法。反映了斗门的平面布置以及进口、洞身、出口三段的位置关系。

纵剖视图中表示了洞身上的渠堤（为夯实土），并可看出各底部的建筑材料浆砌石与天然土的接触关系，同时也看出洞身的钢筋混凝土盖板。

上、下游立面图组成合成视图。并用素线表示了圆弧锥及扭曲面。

A—A 剖面是通过洞身的横剖面图，完整地表达了洞身的断面形状及材料。

(3) 分析形体。根据涵闸的构造特点，可将该斗门沿长度方向分为进口段、洞身段、出口段三部分进行分析。

1) 进口段。从平面图和上游立面图中可知，进口段为圆弧锥翼墙，结合纵剖视图，可看出两翼墙之间为铺盖，并构成一整体。

2) 洞身段。从纵剖视图和平面图可看出洞身两端有胸墙，上游胸墙设有闸槽。*A—A* 剖面图中可看出洞身断面为矩形，上部有钢筋混凝土盖板，下部是侧墙和基础，用浆砌石筑成。

3) 出口段。用扭曲面连接洞身的矩形断面和斗渠的梯形断面。

(4) 综合整体。经过以上分析，对斗门的进口段、洞身段、出口段三大组成部分，先逐段构思，然后按其相互位置关系，综合想象出整个斗门的空间形状如图10-31所示。

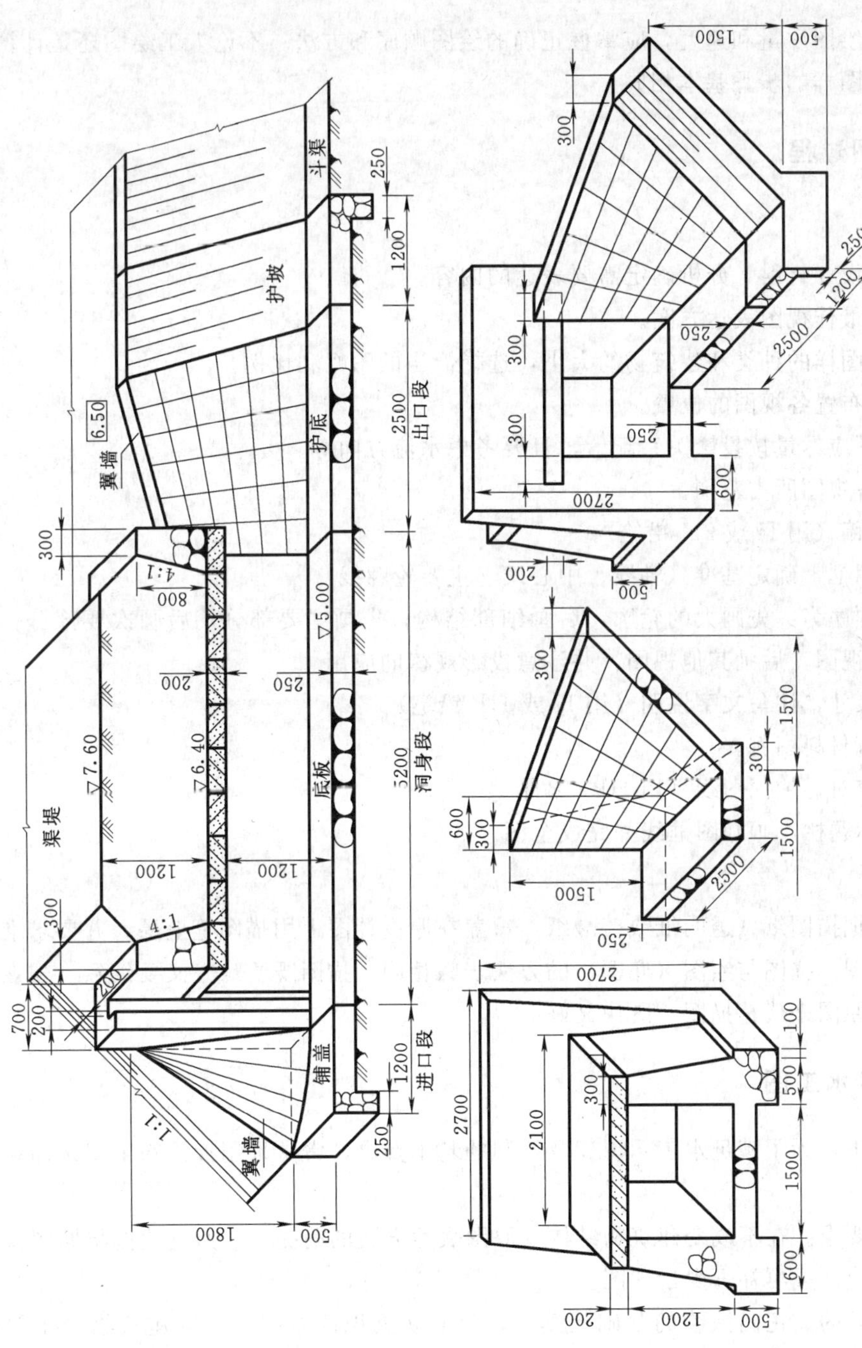

图 10－31　斗门立体示意图

第八节 水工图的绘制

为了提高绘图质量和速度，应掌握正确的绘图顺序和方法。不论人工绘图还是计算机绘图，其绘制图样的步骤基本相同。

一、绘图过程

1. 画图

(1) 根据设计材料，分析确定需要表达的内容。

(2) 选择最佳视图表达方案。

(3) 根据图样的种类和建筑物的大小，选择恰当的图幅和比例。

(4) 合理布置各视图的位置。

1) 各视图应尽量按投影关系配置，且要考虑水流方向等。

2) 估算各视图所占范围。

(5) 画底稿（用H或2H铅笔）。

1) 画好图框，确定基准（轴线、中心线、主要轮廓线）。

2) 画图顺序为：先画大的轮廓，后画细部结构；先画主要部分，后画次要部分；先画特征明显的视图，后画其他视图，并注意投影规律的应用。

3) 标注尺寸，注写文字说明（用H或HB铅笔）。

4) 画建筑材料图例。

5) 检查校对，加深图线（用HB、B铅笔）。

6) 填写标题栏，画好图框线并完成全图。

2. 描图

描图即是把描图纸（透明纸或硫酸纸）覆盖在原设计图上用描图笔上墨，并要求准确无误地绘出原图。描图与绘图（底图）的方法步骤相同，描图既要耐心又要细致。现在可用计算机抄绘原图来代替描图，既快又好。

二、抄绘水工图

在制图课中，为了满足水工图识读及绘制的基本要求，常常采用抄绘水工图来加强实训练习。

(1) 基本要求。在不改变建筑物结构及原图表达方案的前提下，另选比例将原图抄绘于指定的图幅上，或再补画少量视图。

(2) 抄绘目的。正确抄绘的基础是读图，只有认真识读原图，了解建筑物的主要结构，并弄清各视图的关系，抄绘结果的正确性才有保证。因此，抄绘水工图是为了加强绘图技能训练和提高读图能力。

(3) 画图步骤。与上述水工图的画图步骤相同。

第九节　钢　筋　图

配有钢筋的混凝土称为钢筋混凝土，用钢筋混凝土制成的板、梁、柱等构件称为钢筋混凝土结构。主要表达钢筋混凝土结构中钢筋的图样，称为钢筋图。

一、基本知识

1. 钢筋符号

在钢筋混凝土结构设计规范中，对国产建筑用钢筋，按其强度等级分为五级。除Ⅰ级钢筋材料为碳素钢（外形为光圆）外，Ⅱ、Ⅲ、Ⅳ、Ⅴ级钢筋的材料均为合金钢（外形为人字纹或螺纹），强度逐级提高。各级钢筋均有规定的符号，详见表 10－3。

表 10－3　　钢筋等级和符号

钢筋种类	符号	钢筋种类	符号
Ⅰ级钢筋（3号钢）	Φ	冷拉Ⅰ级钢筋	$Φ^L$
Ⅱ级钢筋（16锰）	Φ̲	冷拉Ⅱ级钢筋	$Φ̲^L$
Ⅲ级钢筋（25锰硅）	⊈	冷拉Ⅲ级钢筋	$⊈^L$
Ⅳ级钢筋（44锰2硅）	Φ̿	冷拉Ⅳ级钢筋	$Φ̿^L$
Ⅴ级钢筋（热处理44锰2硅）	$Φ̿^t$	冷拉低碳钢丝（乙级）	$Φ^b$
5号钢钢筋（5号钢）	Φ		

2. 钢筋的作用和分类

根据钢筋在构件中所起的作用不同，可分为五类，如图 10－32 所示。

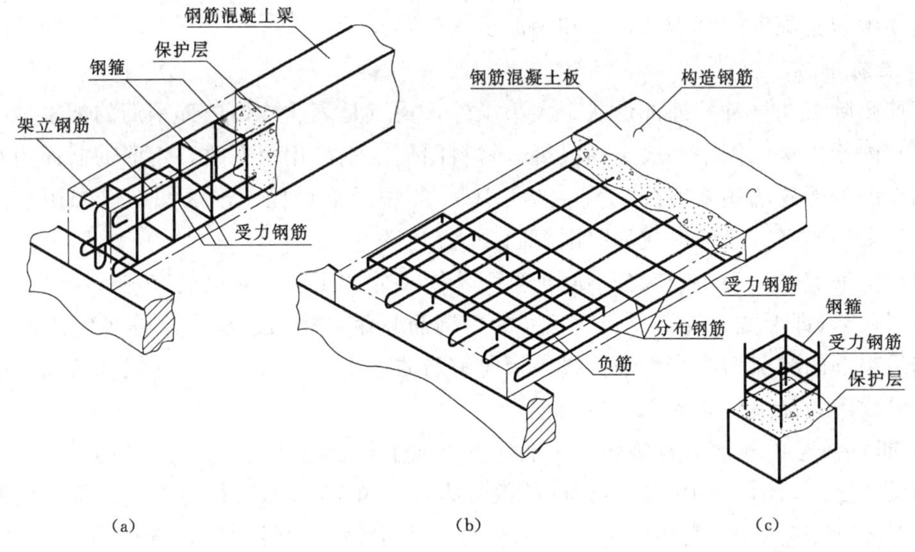

图 10－32　钢筋分类

（1）受力钢筋。用来承受主要拉、压应力的钢筋，用于梁、板、柱中。

（2）钢箍。固定受力钢筋的位置，并承受部分斜拉应力的钢筋，用于梁、柱中。

（3）架立钢筋。用来固定梁内钢箍位置的钢筋，常于钢箍构成钢筋骨架。

（4）分布钢筋。在板内与受力钢筋垂直布置，并将承受的外力均匀地传给受力钢筋。

（5）构件钢筋。根据构造要求或施工安装需要而配置的钢筋。

3. 钢筋端部的弯钩

对于外形光圆的受力钢筋，为了加强钢筋与混凝土的结合力，需将钢筋两端做成弯钩。带纹钢筋两端可不做弯钩。常见弯钩的形式及画法如图 10－33 所示。图中双点画线表示弯钩伸直后的长度。

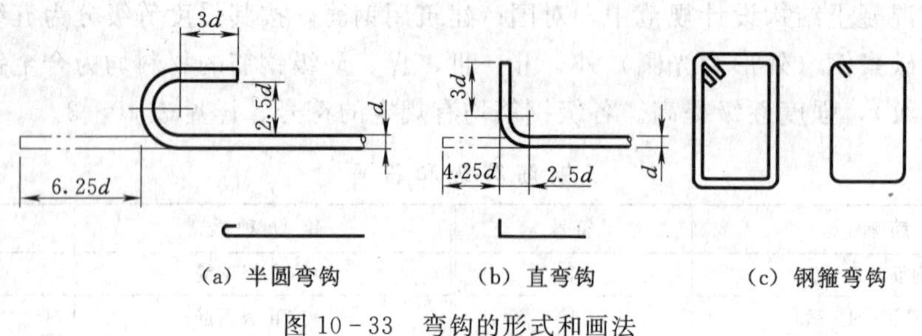

图 10－33　弯钩的形式和画法

4. 钢筋的保护层

为了防止钢筋锈蚀，钢筋不应外露，钢筋外皮与构件表面之间应留有一定厚度的混凝土，称为钢筋的保护层。从有关的设计规范中可查得梁和柱中受力钢筋的保护层通常为 25mm，钢箍为 15mm，分布筋的保护层通常为 10mm 或 15mm。

二、钢筋图

钢筋图包括配筋图、钢筋详图和钢筋表等内容。

1. 配筋图

配筋图除表达构件的外部形状、大小以外，重点是表达构件内部钢筋的配置情况。

（1）图示方法。图中一般不画混凝土材料图例。钢筋用粗实线，钢筋的截面用小黑圆点，构件的外形轮廓用细实线表示，如图 10－34 中的立面图。配筋图一般采用全剖，必要时也可采用半剖、阶梯剖或局部剖等画法。

（2）钢筋编号。为便于区分不同类型、不同尺寸的钢筋，对钢筋应进行编号。

1）每类（即形式、规格、长度相同的）钢筋只编一个号。编号字体规定用阿拉伯数字，编号小圆圈和引出线均为细实线。指向钢筋的引出线画箭头，指向钢筋截面的小黑圆点的引出线不画箭头，如图 10－34 所示。

2）钢筋编号的顺序应有规律，一般为自下而上，自左而右，先主筋后分布筋。

如尺寸③2ф10，其中③表示钢筋的编号为 3，2ф10 表示直径为 10mm 的Ⅰ级钢筋共 2 根。又如④ф6@200，其中@为间距的代号，表示钢筋编号为④，直径为 6mm 的Ⅰ级钢筋，其相邻钢筋的中心间距为 200mm。

2. 钢筋详图

钢筋详图是表示构件中每种钢筋加工成型后的形状和尺寸的图。图上直接标注钢筋各部分的实际尺寸，并注明钢筋的编号、根数、直径以及单根钢筋断料长度（如 $L=4204$），所以它是钢筋断料加工的依据，如图 10－34 中的钢筋详图。

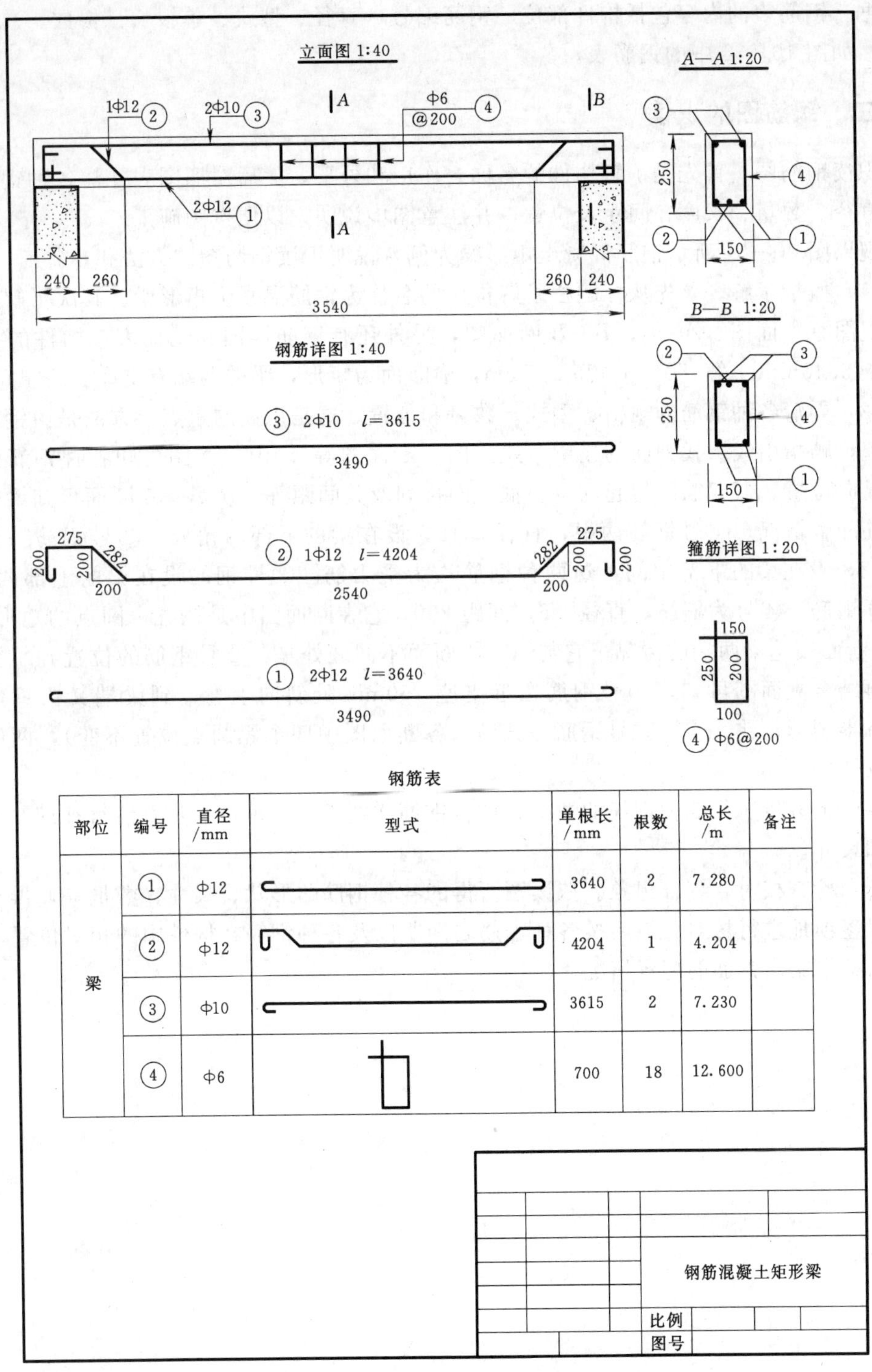

钢筋表

部位	编号	直径/mm	型式	单根长/mm	根数	总长/m	备注
梁	①	Φ12		3640	2	7.280	
	②	Φ12		4204	1	4.204	
	③	Φ10		3615	2	7.230	
	④	Φ6		700	18	12.600	

图 10－34 钢筋混凝土矩形梁

3. 钢筋表

为了便于统计钢筋用量，钢筋图中应附有钢筋表，可用作施工时备料和编制材料预算的依据。钢筋表的内容包括构件部位、钢筋编号、直径、型式、单根长、根数、总长和备注等，如图 10-34 中的钢筋表。

三、钢筋图的识读

识读钢筋图，首先是了解构件的名称、作用和外形，然后对照图表弄清各种钢筋的形状、直径、数量、长度、间距及位置，并注意图中说明，以便按图施工。

现以图 10-34 所示钢筋混凝土矩形梁为例，说明识读钢筋图的方法和步骤。

(1) 概括了解。首先从标题栏了解构件的名称为钢筋混凝土矩形梁。其次了解表达该梁的视图有立面图、*A*—*A*、*B*—*B* 断面图，另外还有钢筋详图和钢筋表。构件的外形尺寸为长 3540mm、宽 150mm、高 250mm，横断面为矩形，梁的两端有支座。

(2) 弄清各种钢筋的规格、型式、数量和位置。这是识读的重点，方法是由钢筋的编号看起，顺指引线查找钢筋的投影（立面图、断面图等）。由立面图可知各种钢筋的编号及其纵向位置、弯起筋的弯起部位、箍筋的排列及其间距等。从 *A*—*A* 断面可知梁的中间段钢筋配置情况。①号钢筋两根，直径 Φ12，设在梁的下部两角处。②号钢筋一根，直径 Φ12，设在梁的下部中间，这两种钢筋均为受力筋。③号钢筋设在梁的上部两角处，为架立钢筋。④号为箍筋，直径 Φ6，间距 200；它在断面图中是绕五个圆点的矩形线框。*B*—*B* 断面表达梁两端的情况，它与 *A*—*A* 断面不同之处是：②号钢筋的位置到了梁的上部；再结合立面图可知，②号钢筋在近支座 260mm 处斜向上弯，到梁端又铅垂弯向梁底，有半圆形弯钩。①、③号钢筋是直筋（各断面图中四个黑圆点位置不变），两端也是半圆形弯钩。

将以上分析所得四种钢筋的情况，结合钢筋详图识读，可进一步看清每种钢筋的详细形状和尺寸。

(3) 检查核对，综合想象。依读图所得的各种钢筋的形状、尺寸、数量等，再与钢筋表逐根逐项地进行核对，最后按各种钢筋之间距以及各种钢筋在构件中的相对位置，综合想象出整个梁内钢筋的配置情况。

第十一章 机 械 图

第一节 概 述

随着工程建设的施工机械化程度的不断提高，在设计、施工与管理工作中，经常会遇到机械设备的造型、设计、安装及维修等问题，作为工程技术人员必须具有一定的阅读和绘制机械图的能力。

一、机械图的特点

机械图也是按正投影原理绘制的，其绘图与读图的基本方法同前所述，但因机械图与水工图、房屋建筑图以及园林工程图所表达的对象不同，相比之下，机械图具有以下主要特点：

1. 比例

水工建筑、房屋建筑、园林工程等形体庞大，常采用缩小比例绘制图样；机器结构紧凑，零件形体比较小，常用的绘图比例为 1∶1，对于小零件则采用放大的比例。

2. 尺寸

(1) 水工图中要求尺寸界线与轮廓线空开，在机械图上尺寸界线是直接从轮廓引出，而不空开。

(2) 水工图中允许标注封闭尺寸和必要的重复尺寸，机械图中不允许出现封闭的尺寸链和重复尺寸。

3. 技术要求

与水工建筑物及房屋构件相比，机械零件最显著的特点就是要求其形状、尺寸及表面质量都达到一定的精度，因此，在机械图上需要注明技术要求来保证机件的精度。

4. 规定画法

机械图中的标准件和常用件（如螺纹紧固件、齿轮等），绘图时并不画其真实形状，而是按国标的规定画法来绘制。

二、机械图的分类

机器是由若干零件装配而成的，零件则是由原材料经过加工而成的。因此，机械图按其作用不同可分为零件图和装配图。

1. 零件图

表示零件的结构形状、尺寸大小和技术要求等内容的图样称为零件图。它是制造、检验零件的依据。

2. 装配图

表达机器或部件的结构形状、装配关系、工作原理和技术要求的图样称为装配图。也是进行装配、检验、安装及维修的技术文件。

在设计过程中一般要先画出装配图，再根据装配图画出零件图。在生产过程中，一般先根据零件图加工出零件，再根据装配图把零件装配成部件或机器。

第二节　螺纹及螺纹紧固件的画法

螺纹是机器零件上常用的结构，如螺钉、螺栓、管接头、丝杠等。螺纹主要用于连接零件、传递动力和改变运动形式。由于使用量大，所以它的结构和尺寸都已全部或部分地标准化，以便制造和使用。螺纹的加工方法很多，通常是在车床上车削而成。在圆柱（或圆锥）外表面上加工出的螺纹称外螺纹，在圆孔内表面上加工出的螺纹称内螺纹，如图 11－1 所示。

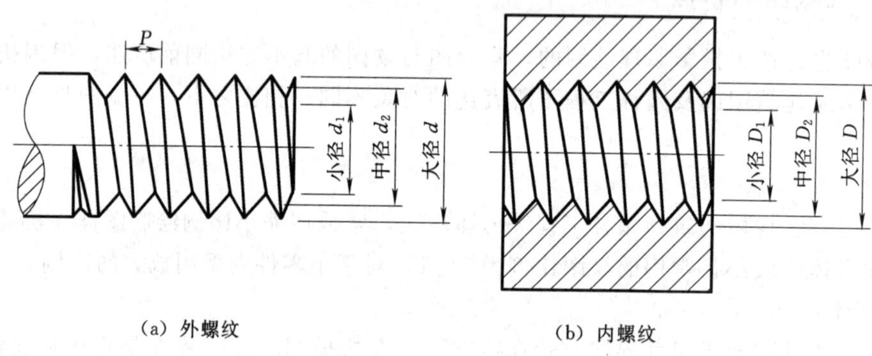

图 11－1　外螺纹和内螺纹

一、螺纹的要素和规定画法

1. 螺纹的要素

（1）牙型。在通过螺纹轴线的剖面上，螺纹的轮廓形状称为螺纹牙形。常见的螺纹牙型有三角形、梯形、锯齿形等，如图 11－2 所示。三角形螺纹用于连接，其他螺纹用于传递动力。

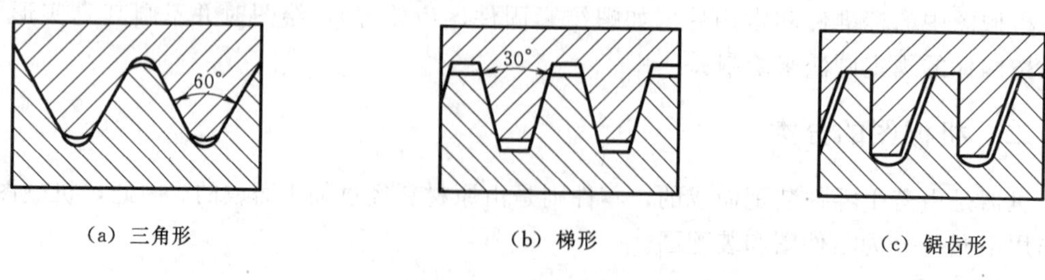

图 11－2　螺纹的牙型

（2）大径、小径和中径。如图 11－1 所示，与外螺纹牙顶或内螺纹牙底相重合的假想圆柱面的直径称为大径，外螺纹大径用 d 表示，内螺纹大径用 D 表示。与外螺纹牙底或内螺纹牙顶相重合的假想圆柱面的直径称为小径，外螺纹的小径用 d_1 表示，内螺纹的小径用 D_1 表示。螺纹的大径与小径之间的一个假想圆柱面的直径称为中径，在此圆柱面上，螺纹牙型上的沟槽和凸起的宽度相等，外螺纹的中径用 d_2 表示，内螺纹的中径用 D_2 表示。螺纹的大径又称为公称直径。

（3）线数 n。线数是指在同一圆柱面上形成的螺纹条数。沿圆柱面上一条螺旋线所形成的螺纹，称为单线螺纹。沿同一圆柱面上的两条或两条以上螺旋线形成的螺纹，称为双线或多线螺纹，如图 11-3 所示。

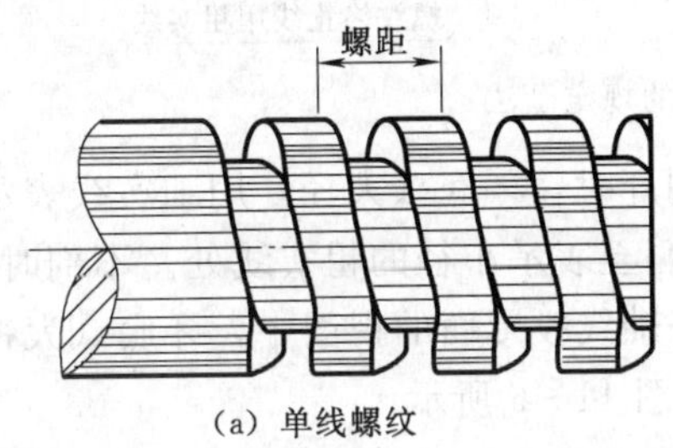

(a) 单线螺纹

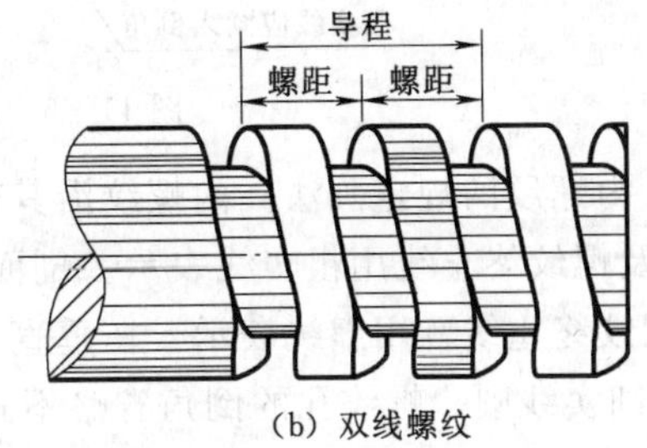

(b) 双线螺纹

图 11-3　螺纹的线数、螺距及导程

（4）螺距 P 和导程 P_h。相邻两牙在中径线上对应两点之间的轴向距离，称为螺距。同一螺纹线上，相邻两牙在中径线上对应两点的轴向距离，称为导程，如图 11-3 所示。对于单线螺纹，螺距等于导程；对于多线螺纹，导程等于线数乘以螺距，即 $P_h=nP$。

（5）旋向。旋向是指螺纹旋进的方向。按顺时针方向旋入的螺纹称为右旋螺纹；按逆时针方向旋入的螺纹称为左旋螺纹，其判断方法如图 11-4 所示，其中以右旋为最常用。

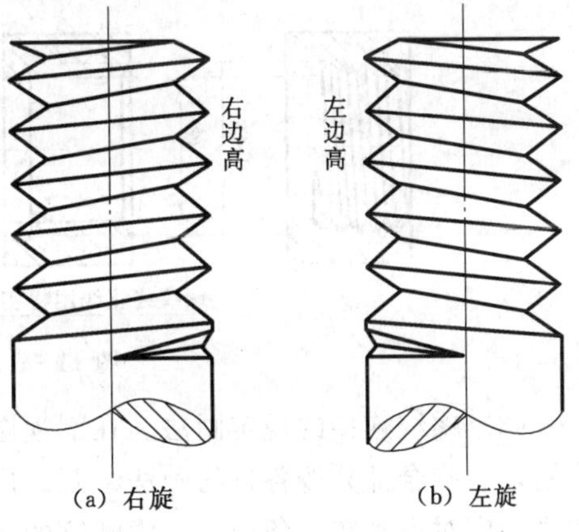

(a) 右旋　(b) 左旋

图 11-4　螺纹的旋向

只有上述各要素完全相同的一对内、外螺纹连接时才能互相旋合，起到连接和传动作用。

牙型、公称直径、螺距三个要素符合国标的螺纹称为标准螺纹；牙型不符合标准的螺纹称为非标准螺纹；牙型符合标准，而公称直径或螺距不符合标准的螺纹称为特殊螺纹。

2. 螺纹的规定画法

螺纹的真实投影很复杂，而制造螺纹又常采用专用刀具和机床。为了方便作图，国家标准（GB/T 4459.1—1995）规定螺纹在图样中采用规定画法。

（1）外螺纹的规定画法。外螺纹的牙顶（大径）及螺纹终止线用粗实线表示，牙底（小径）用细实线表示，在平行于螺杆轴线投影面的视图中，还要画出螺杆的倒角或倒圆。在垂直于螺杆轴线投影面的视图中表示牙底的细实线圆只画约 3/4 圈（空出约 1/4 圈的具体位置不作规定），在此视图中螺纹的倒角圆省略不画，如图 11-5 所示。小径通常画成大径的 0.85 倍，其实际数值可查阅有关标准。

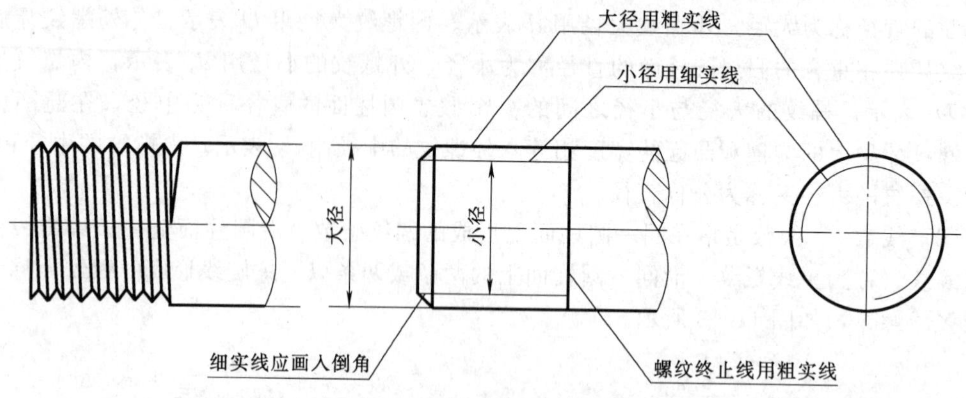

图 11-5 外螺纹的规定画法

（2）内螺纹的规定画法。内螺纹沿其轴线剖开时，牙底（大径）用细实线表示，牙顶（小径）及螺纹终止线用粗实线表示。剖面线应画至表示小径的粗实线处。不剖时，牙顶、牙底及螺纹终止线皆用虚线表示。在垂直于螺杆轴线投影面的视图中，牙底（大径）画出 3/4 圈的细实线圆，螺纹孔的倒角省略不画，如图 11-6 所示。

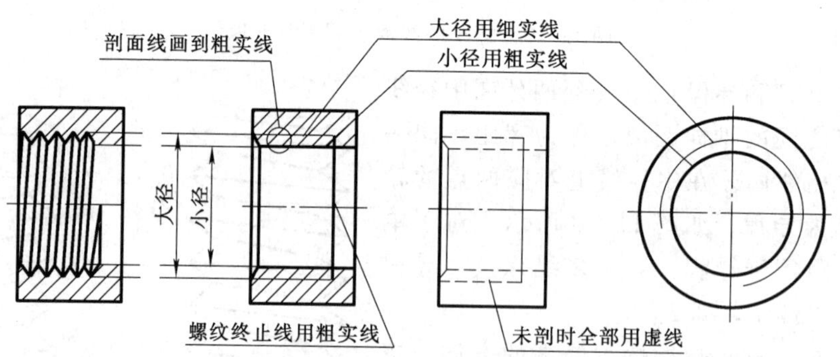

图 11-6 内螺纹的规定画法

（3）螺纹连接的规定画法。在剖视图中表示螺纹连接时，其旋合部分按外螺纹的画法绘制，非旋合部分按各自的画法绘制。内螺纹的牙顶线（粗实线）与外螺纹的牙底线（细实线）应对齐画在一条线上；内螺纹的牙底线（细实线）与外螺纹的牙顶线（粗实线）应对齐画在一条线上，如图 11-7 所示。

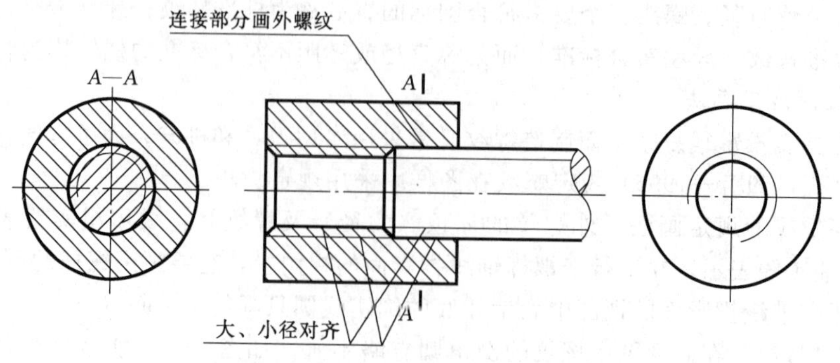

图 11-7 螺纹连接的规定画法

(4) 螺纹其他结构的规定画法。无论是外螺纹还是内螺纹，在作剖视处理时，剖面线符号应画至表示大径或表示小径的粗实线处。

绘制不穿通的螺孔时，一般应将钻孔深度和螺纹深度分别画出，如图 11－8 (a) 所示。钻孔深度一般应比螺纹深度大 0.5D，其中 D 为螺纹大径。钻孔底部锥面是由钻头钻孔时不可避免产生的工艺结构，其锥顶角为 120°，且尺寸标注中的钻孔深度也不包括该锥顶角部分。图 11－8 (b) 表示了螺纹孔中相贯线的画法。

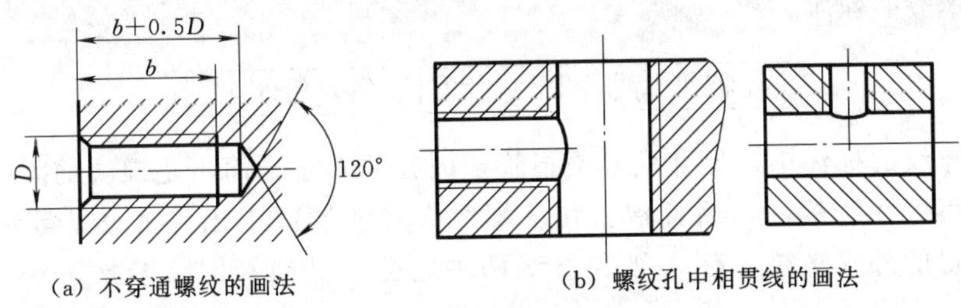

(a) 不穿通螺纹的画法　　(b) 螺纹孔中相贯线的画法

图 11－8　螺纹与其他结构的规定画法

(5) 圆锥螺纹的规定画法。画圆锥内、外螺纹时，在投影为圆的视图上，不可见端面牙底圆的投影不画，牙顶圆的投影为虚线圆时可省略不画，如图 11－9 所示。

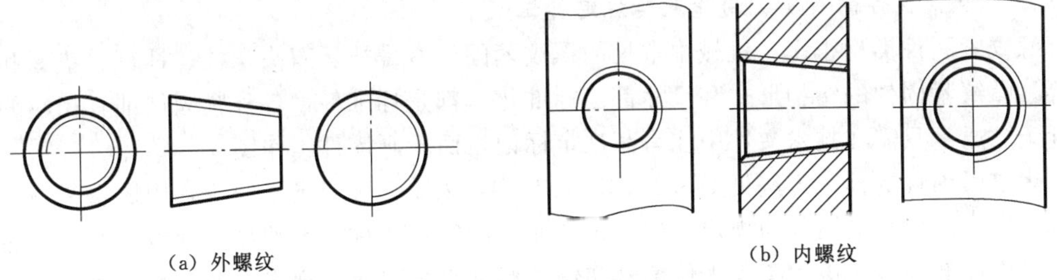

(a) 外螺纹　　(b) 内螺纹

图 11－9　圆锥螺纹的规定画法

3. 螺纹的标注

因为各种螺纹均采用统一的规定画法，绘制的螺纹不能完全表示出螺纹的基本要素及尺寸，故必须在图上用规定代号进行标注。

(1) 普通螺纹、梯形螺纹、锯齿形螺纹的标注。

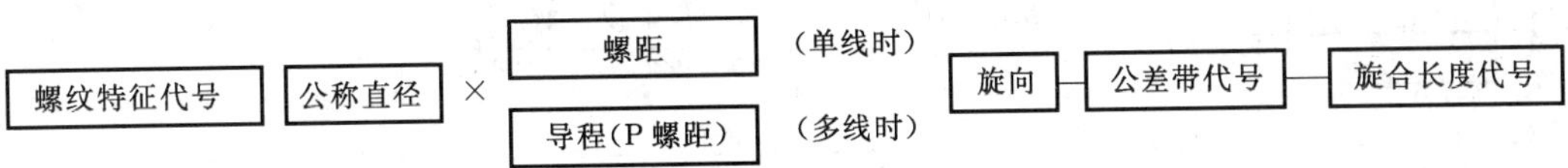

其中：单线螺纹，导程和线数省略不注；右旋螺纹则旋向省略不注；左旋螺纹用 LH 表示；普通粗牙螺纹螺距省略不注。

螺纹公差带代号是由表示其大小的公差等级数字和表示其位置（基本偏差）的字母所组成（内螺纹用大写字母，外螺纹用小写字母），例如 6H、6g 等。当螺纹的中径公差带与顶径公差带代号不同时，应分别注出，如 M10－5g6g，其中 6g 为顶径公差带代号，5g

为中径公差带代号。当中径与顶径公差带代号相同时，则只注一个代号，如 M10－6g。梯形螺纹、锯齿形螺纹只标注中径公差带代号。

旋合长度代号。螺纹的配合性质与旋合长度有关。普通螺纹的旋合长度分为短、中、长三组，分别用代号 S、N、L 表示。梯形螺纹为 N、L 两组。当旋合长度为 N 时可省略标注，必要时可用数值注明旋合长度。旋合长度的分组可根据螺纹大径及螺距从有关规范中查取。

（2）管螺纹的标注。

螺纹特征代号　尺寸代号　公差等级代号

由于管螺纹的标注中，尺寸代号是指管子内径的大小，而不是螺纹的大径，所以管螺纹必须采用旁注法标注，而且指引线从螺纹大径轮廓线引出。其公差等级代号仅限于非螺纹密封的外管螺纹，有 A 级和 B 级两种之分，其他管螺纹无此划分，故不需要标注。

（3）非标注螺纹。非标准螺纹必须画出牙型并标注全部尺寸。

二、螺纹紧固件

1. 螺纹紧固件的种类、用途及其规定标记

螺纹紧固件类型很多，机械中常见的螺纹紧固件有螺栓、双头螺柱、螺钉、垫圈和螺母等。螺纹紧固件的结构形式和尺寸都已标准化，都是标准件，各种紧固件都有相应的规定标记。通常只需在技术文件中注写其规定标记，而不画零件工作图。

螺纹紧固件的标记方法见 GB/T 1327—2000，表 11－1 列出了一些常用螺纹紧固件及其规定标记。螺纹紧固件的规定标记应包含如下内容：名称标准编号、规格尺寸、性能等级。其中标准编号由该螺纹紧固件编号和颁发标准年号组成；规格尺寸一般由螺纹代号×公称长度组成；性能等级是标准规定发的常用等级时，可省略不注。

表 11－1　　常用螺纹紧固件的图例及规定标记

名　称	规定标记示例	名　称	规定标记示例
六角头螺栓 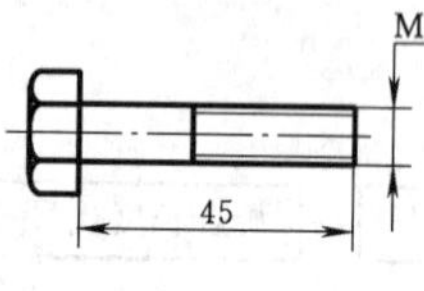 M10 45	螺栓 GB/T 5782—2000—M10×45	Ⅰ型六角螺母 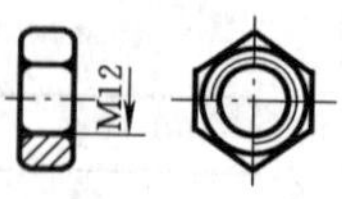 M12	螺母 GB/T 6170—2000—M12
双头螺柱 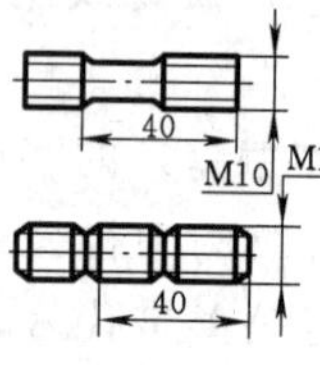 40 M10　M10 40	螺柱 GB/T 898—1988—M10×40 螺柱 GB/T 898—1988—AM10×40	Ⅰ型六角开槽螺母 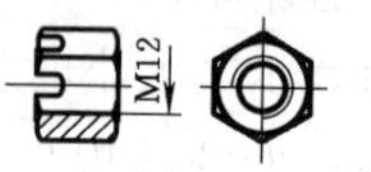 M12	螺母 GB/T 6178—1986—M12

续表

名　　称	规定标记示例	名　　称	规定标记示例
开槽圆柱头螺钉	螺钉 GB/T 75—1985—M5×20	开槽圆柱端紧定螺钉	螺钉 GB/T 65—2000—M5×16
开槽沉头螺钉	螺钉 GB/T 68—2000—M5×20	内六角圆柱头螺钉	螺钉 GB/T 70.1—2000—M5×20
开槽锥端紧定螺钉	螺钉 GB/T 71—1985—M5×16	平垫圈	GB/T 97.1—2002—12

2. 螺纹紧固件的绘制

在装配图中为表示连接关系还需画出螺纹紧固件。绘制螺纹紧固件的方法有两种：

（1）查表画法。通过查阅设计手册，按手册中国家标准规定的数据画图，所有螺纹紧固件都可用查表方法绘制。

（2）比例画法。为了提高画图速度，螺纹紧固件各部分的尺寸（除公称长度 l 和旋合长度 b_m 外），是以螺纹大径 d（或 D）为基础数据，根据相应的比例系数得出的，根据计算出的尺寸绘制紧固件，称比例画法。画图时，螺纹紧固件的公称长度 l 根据被连接零件的厚度确定，旋合长度 b_m 与被连接零件的材料有关。各种螺纹紧固件的比例画法见表11－2。

表 11－2　　各种螺纹紧固件的比例画法

名　称	比　例　画　法
螺栓、螺母	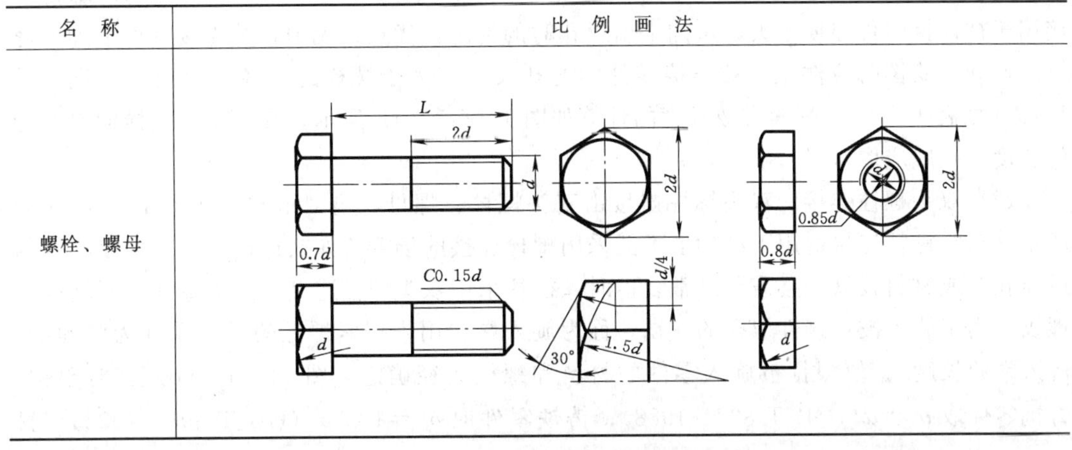

续表

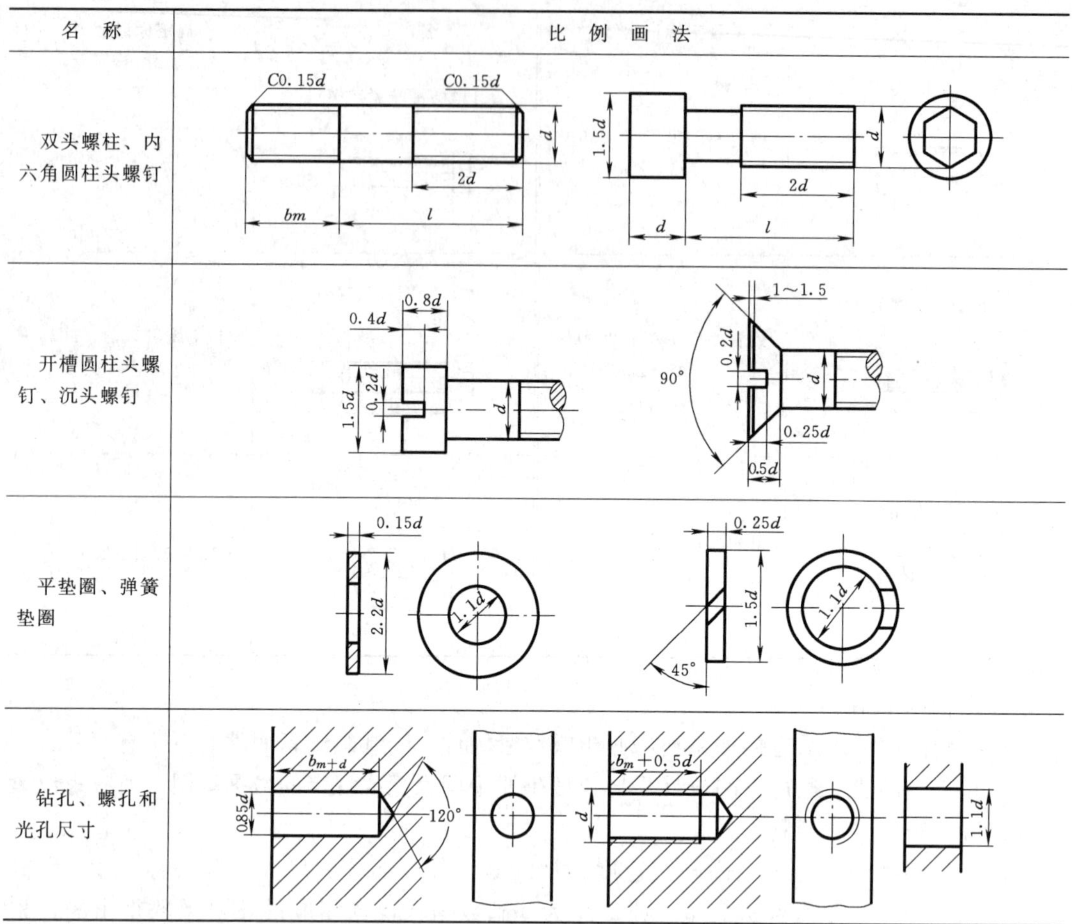

三、螺纹连接的画法

1. 常见的三种螺纹连接

(1) 螺栓连接。螺栓连接由螺栓、螺母、垫圈组成，如图 11-10 (a) 所示。螺栓连接用于被连接零件厚度不大，可加工出通孔时的情况，优点是无须在被连接零件上加工螺纹。设计和绘图时应注意，被连接零件的通孔尺寸应大于螺栓的大径，一般通孔直径是 1.1d（见表 11-2）。螺栓有效长度的计算如图 11-11 (a) 所示，其中 a 为螺栓伸出螺母的长度，一般应取（0.3～0.4）d。

(2) 双头螺柱连接。双头螺柱连接由双头螺柱、螺母、垫圈组成，如图 11-10 (b) 所示。双头螺柱连接适用于结构上不能采用螺栓连接的场合，如被连接件之一太厚不宜制成通孔，或材料较软，且需要经常装拆时，往往采用双头螺柱连接。双头螺柱的两端都有螺纹，用于旋入被连接件螺孔的一端，称为旋入端，用来拧紧螺母的另一端称为紧固端。旋入端的长度 b_m 值根据被旋入零件的材料和螺柱大径确定［图 11-11 (d)］，对于钢、青铜零件取 $b_m=d$（GB/T 897—1988）；铸铁零件取 $b_m=1.25d$（GB/T 898—1988）；材料强度介于铸铁和铝之间的零件取 $b_m=1.5d$（GB/T 899—1988）；铝合金、非金属材料零件取 $b_m=2d$（GB/T 900—1988）。双头螺柱有效长度的计算如图 11－11（b）所示，其中 a 的取值与螺栓相同。

（3）螺钉连接。螺钉连接由螺钉、垫圈组成如图 11－10（c）所示。螺钉直接拧入被连接件的螺孔中，不用螺母，在结构上比双头螺柱连接更简单、紧凑。其用途和双头螺柱连接相似，但如果经常装拆则容易使螺孔磨损，导致被连接件报废，故多用于受力不大，或不需要经常拆装的场合。螺钉有效长度的计算如图 11－11（c）所示，其中 b_m 的取值与双头螺柱相同。

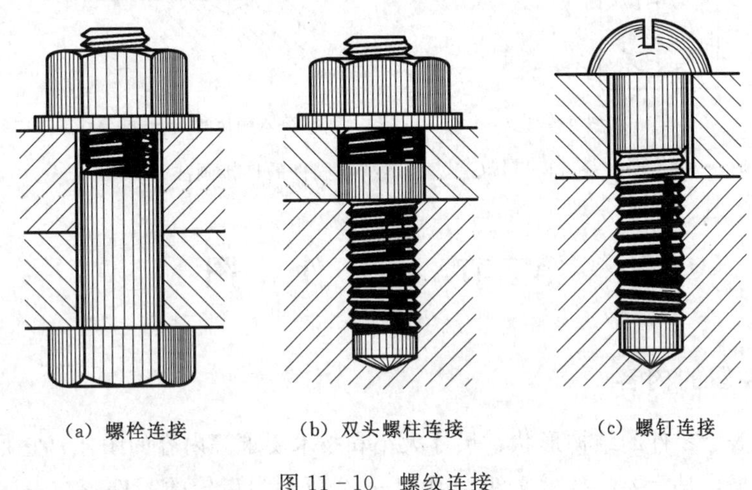

(a) 螺栓连接　(b) 双头螺柱连接　(c) 螺钉连接

图 11－10 螺纹连接

2. 常见螺纹连接的规定画法

常见的三种螺纹连接的规定画法如图 11－11（a）、（b）、（c）所示。螺纹连接的视图实际上是一个简单结构的装配图，因此，无论哪种螺纹连接，其视图的绘制均应符合装配图画法的基本规定。图 11－11（d）为旋入端长度 b_m 与钻孔深度和螺孔深度的关系。

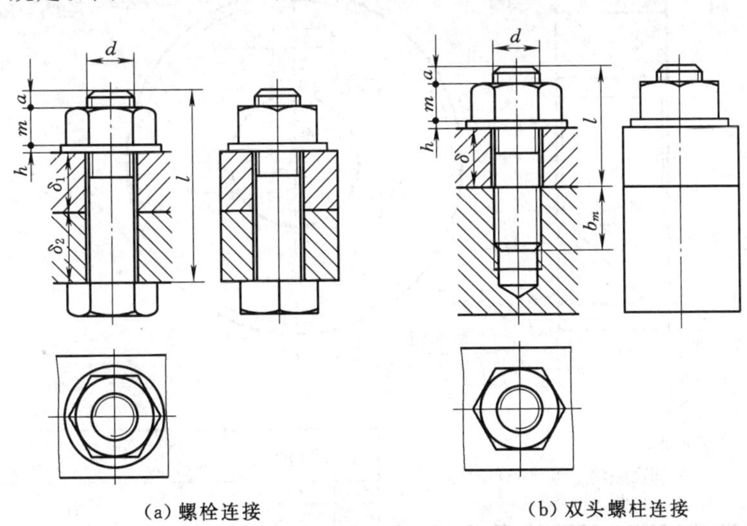

(a) 螺栓连接　(b) 双头螺柱连接

图 11－11（一） 螺纹紧固件的连接画法

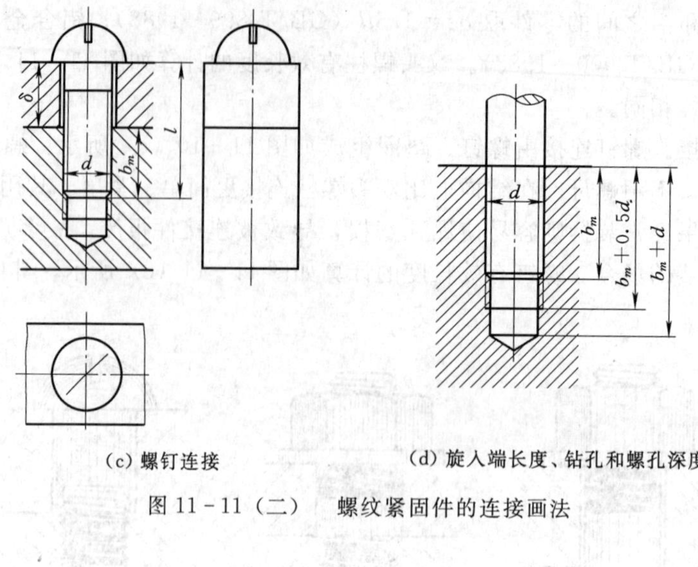

(c) 螺钉连接 (d) 旋入端长度、钻孔和螺孔深度

图 11-11（二） 螺纹紧固件的连接画法

第三节 零 件 图

一、零件图的内容

零件图是表示零件的结构形状、尺寸大小和技术要求等内容的图样，它是制造和检验零件的主要依据，是重要的技术文件。图 11-12 所示为齿轮的零件图。一张完整的零件图应包括以下几项内容：

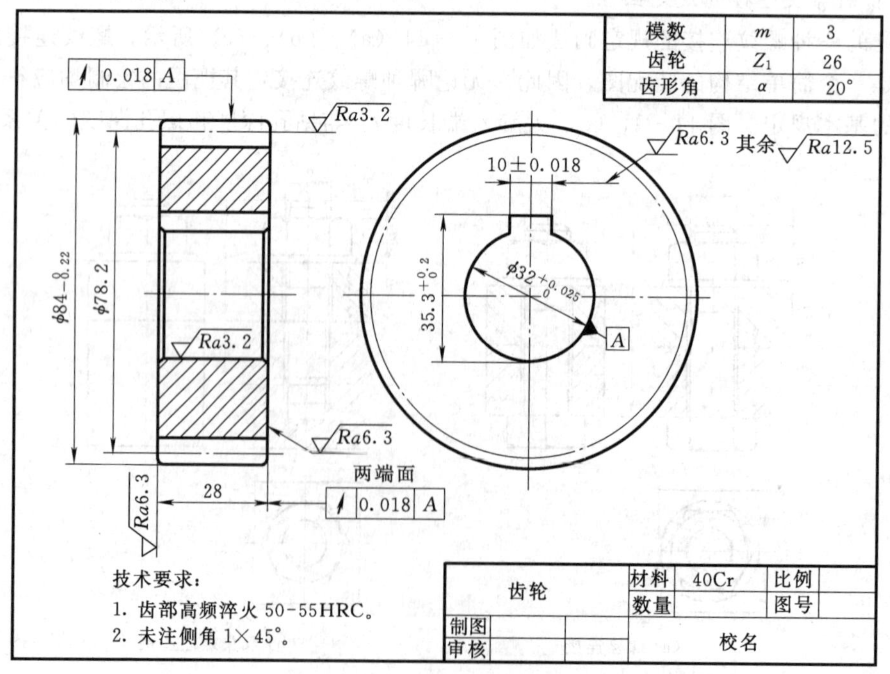

图 11-12 直齿圆柱齿轮零件图

(1) 一组视图。用以表达零件各部分的结构形状。

(2) 完整的尺寸。用以确定零件各部分的大小及其相对位置。

(3) 技术要求。用以说明零件在制造和检验时应达到的质量指标，如表面结构、尺寸公差、材料的表面处理及热处理要求等。

(4) 标题栏。标题栏内注写零件的名称、材料、数量等。

1. 零件的视图

零件的结构和形状是多种多样的，因此表达它们的方式也不相同。为了能用最少的一组视图将零件的内外结构形状表达清楚，在选择视图时应按以下原则来考虑：主视图的选择应考虑零件的加工位置（零件在加工过程中所放的位置）、工作位置（零件加工好以后装配在机器上的位置）和形状特征。其他视图的选择原则是：在零件各部分形状表达清楚的前提下，视图的数量应最少。

下面分析几种常用零件的表达方法：

(1) 轴套类零件。轴套类零件多数是由共轴的数段较长的回转体组成，主要是在车床、磨床上切削加工，加工时轴线处于水平位置，所以选择这类零件的视图时，一般按加工位置放置，即用非圆方向的视图作主视图，然后再根据需要选择一些其他的视图来补充表达。如图 11－13 所示为一个轴的零件图。其主视图按形状特征及加工位置原则将轴线水平放置画出，为了反映出键槽的结构，选用了两个移出剖面来补充表达。

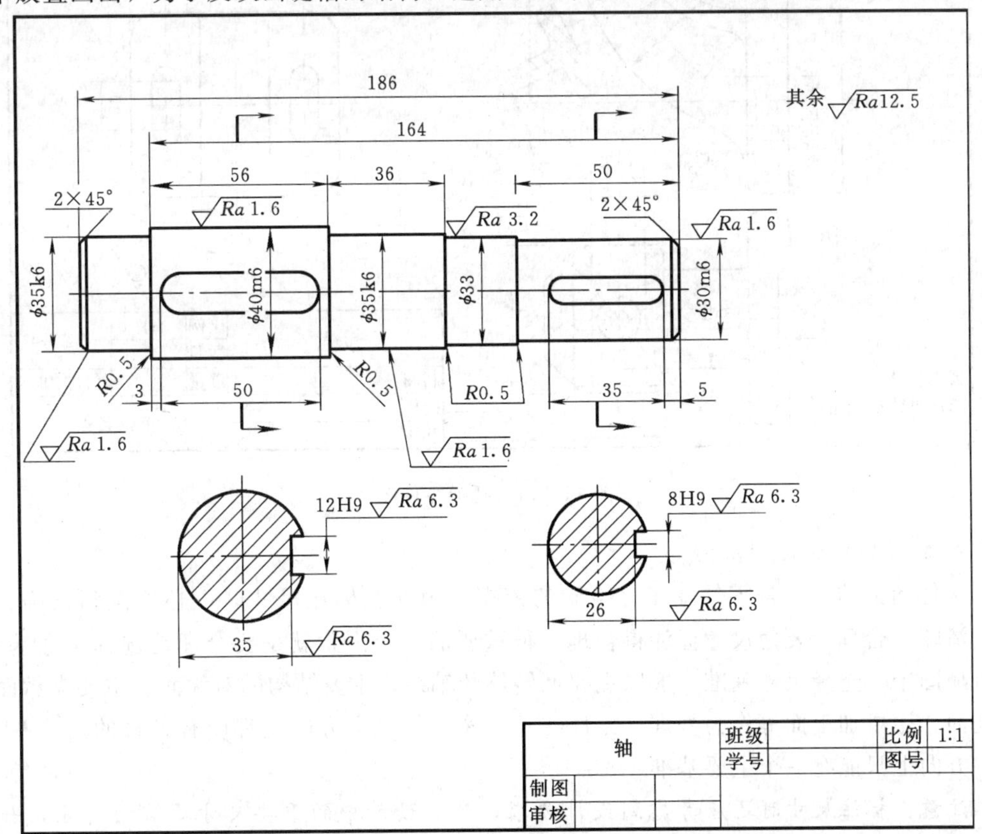

图 11－13 轴的零件图

（2）盘盖类零件。盘盖类零件包括手轮、齿轮、法兰盘等，它们大部分是由共轴的短粗的回转体组成，多由车床加工完成。因此这类零件通常也是按加工位置放置，把轴线放成水平放置来画，一般把非圆视图作为主视图，并常用剖视表达，然后根据零件的结构选择其他的视图来补充表达。如图 11－12 所示的齿轮零件图，其轴线水平放置，主视图采用了全剖视图。

（3）叉架和箱体类零件。叉架和箱体类零件包括支架、支座、外壳、箱体等。这类零件的主要部分多为支承其他零件的圆柱形通孔和包容其他零件的空腔，为了增加零件的刚度和强度，还有肋板等结构，其结构复杂，加工程序较多。这类零件应按工作位置放置，按形状特征选择主视图，然后以最少量视图将其内、外结构表达清楚。如图 11－14 所示为托架零件图，其主视图按工作位置放置，表达出支承部分的形状。俯视图和主视图采用了局部剖。左视图主要表达底板的形状和安装孔的位置。

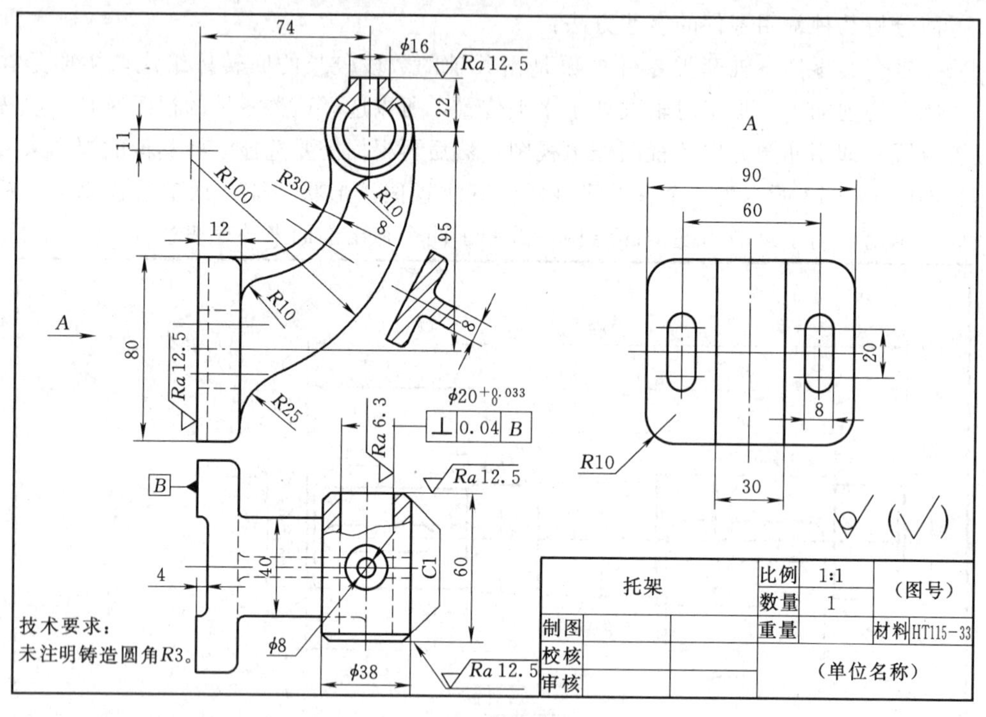

图 11－14　托架零件图

2. 零件图中的尺寸

零件图上的尺寸是零件加工、检验的依据，因此在标注尺寸时，必须做到正确、完整、清晰、合理。要使尺寸标注得合理，很重要的一个因素就是要合理地选择尺寸基准。在机械图中，选择尺寸基准一般以主要回转体的轴线、主要结构的对称面、主要支承面和装配面、主要加工面等作为基准。零件在长、宽、高三个方向上都应有各自的尺寸基准，同一方向上只能有一个主要基准。

注意：标注尺寸时还应考虑到设计要求，凡是设计中的重要尺寸要直接标出，如图 11－14 中的 74、95 等。机械图上的尺寸标注不允许注成封闭尺寸链，如图 11－15 所示。

尺寸标注要便于加工和测量，如图 11-16 所示。

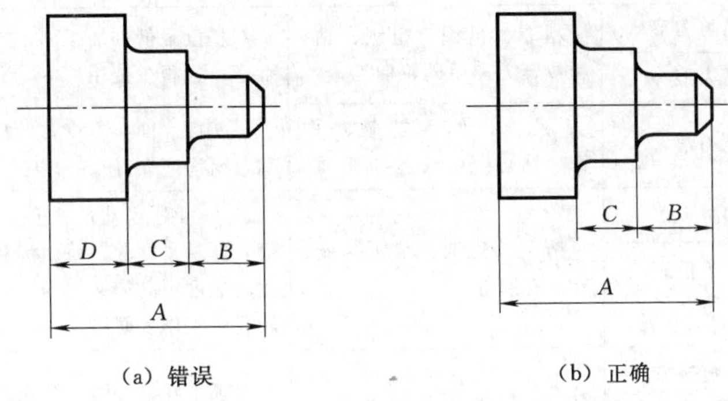

(a) 错误　　(b) 正确

图 11-15 不允许注成封闭尺寸链

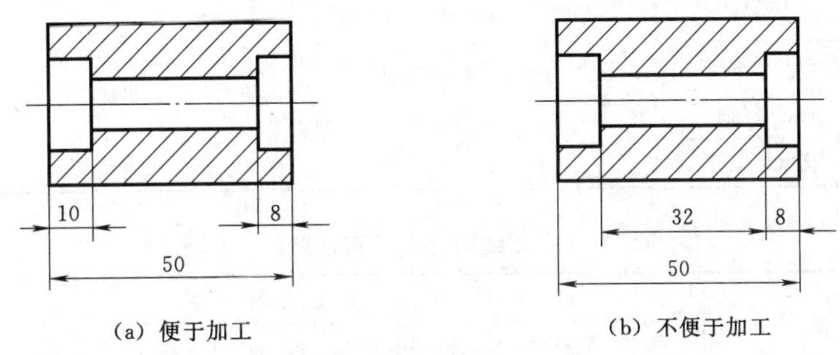

(a) 便于加工　　(b) 不便于加工

图 11-16 尺寸标注要便于加工和测量

3. 技术要求

在零件加工制造过程中，有许多因素会影响其加工质量及使用性能，因此，在零件图上必须注写出制造零件应达到的一些机械加工的质量指标，这些质量指标统称为技术要求。技术要求的内容包括表面结构、公差配合、形位公差及热处理等，下面简要介绍常用的两项技术要求。

(1) 表面结构。指零件加工后表面微观的不平程度。它反映了零件表面的加工质量。实际表面的结构轮廓包含：表面粗糙度轮廓（R 轮廓）、表面波纹度轮廓（W 轮廓）和表面原始轮廓（P 轮廓）三类结构特征。一般来说，互相接触的零件表面、有相对运动或配合要求的表面应要求光滑些。零件表面结构特征是粗糙度、波纹度和原始轮廓特性的统称。轮廓算数平均偏差用 Ra 表示。轮廓算数平均偏差 Ra 是目前生产实际中评定表面结构采用最多的参数。它用电子轮廓仪测量，运算过程由仪器自动完成。Ra 的优先选用值为 0.4、0.8、1.6、3.2、6.3、12.5、25，单位为微米（μm）。Ra 值越小，表面质量就越高，但加工成本也越高。表 11-3 是不同表面 Ra 值的外观情况以及与之对应的加工方法和应用举例，可供参考选用。表面结构的各种符号及其含义如表 11-4 所示。表面结构代号由完整图形代号、参数代号（如 Ra、Rz）和参数值组成，见表 11-5 表面结构代号示例及含义。

表 11－3　　**Ra 参数值与应用举例**

Ra/μm	表面特征	主要加工方法	应用举例
50、100	明显可见刀痕	粗车、粗铣、粗刨、钻、粗纹锉刀和粗砂轮加工	粗糙度最低的加工面，或称没有要求的自由表面，一般很少使用
25	可见刀痕		
12.5	微见刀痕	粗车、刨、立铣、平铣、钻	不接触表面、不重要的接触面，如螺钉孔、倒角、机座底面等
6.3	可见加工刀痕	精车、精铣、精刨、铰、镗、粗磨等	没有相对运动的零件接触面，如箱、盖、套筒、要求紧贴的表面、键和键槽工作表面；相对运动速度不高的接触面，如支架孔、衬套、带轮轴孔的工作表面等
3.2	微见加工痕迹		
1.6	看不见加工痕迹		
0.8	可辨加工痕迹方向	精车、精铰、精拉、精镗、精磨等	要求很好密合的接触面、如滚动轴承的配合表面、锥销孔等；相对运动速度较高的接触面，如滑动轴承的配合表面、齿轮轮齿的工作表面等
0.4	微辨加工痕迹方向		
0.2	不可辨加工痕迹方向		
0.1	暗光泽面	研磨、抛光、超级精细研磨等	精密量具的表面、极重要零件的摩擦面，如气缸的内表面、精密机床的主轴颈、坐标镗床的主轴颈等
0.05	亮光泽面		
0.025	镜状光泽面		
0.012	雾状镜面		

表 11－4　　**表面结构符号及其含义**

符　号	意义及说明
	基本图形符号（简称基本符号），表示表面可用任何方法获得。当不加注表面结构参数值或有关说明（例如表面处理、局部热处理状况等）时，仅适用于简化代号标注
	扩充图形符号（简称扩充符号），基本符号加一短横线，表示表面是用去除材料的方法获得。例如车、铣、钻、刨、磨等
	扩充图形符号（简称扩充符号），基本符号加一小圆，表示表面是用不去除材料的方法获得。例如铸、锻、热轧、冲压变形、粉末冶金等；也可用于保持原供应状况的表面（包括保持上道工序的状况）
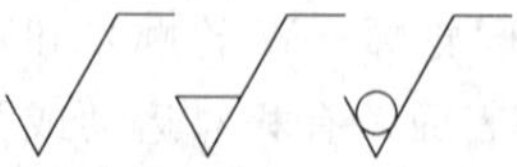	完整图形符号（简称完整符号），在上述三个符号的长边上加一横线，用于标注表面结构特征的补充信息
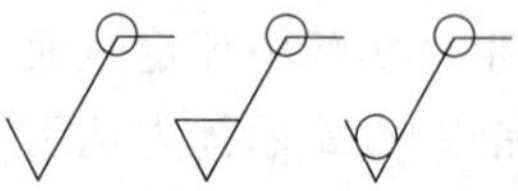	带有补充注释的图形符号，在完整图形符号上加一小圆，表示构成封闭轮廓的各表面具有相同的表面结构参数要求
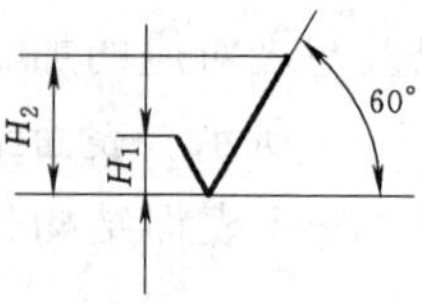 H_2 H_1 60°	表面结构图形符号、代号的画法要求： $d'=h/10$、$H_1=1.4h$、$H_2=2H_1$、h=字高、d'为符号的线宽

表 11-5　　**表面结构代号示例及含义**

代号示例	含　义
Ra 0.8	表示不允许去除材料，Ra 的单项上限值为 0.8μm
Ra 1.6	表示去除材料，Ra 的单项上限值为 1.6μm
Ra max×1.6	表示去除材料，Ra 的所有实测值不超过 1.6μm
URa3.2 LRa 1.6	表示去除材料，Ra 的双向极限值，上限值为 3.2μm，下限值为 1.6μm

(2) 公差配合。在制造零件时，尺寸做得绝对精确是不可能的，为了保证互换性，必须对零件的尺寸规定一个允许的变动量，这个变动量称为尺寸公差，如图 11-17 所示。零件图上的每个尺寸都有尺寸公差，但在零件图上只需注出需要尺寸的公差，其他尺寸由机床本身的精度即可保证。尺寸公差在零件图上的标注形式有三种：第一种是标注上下偏差，如图 11-12 孔 $\phi32^{+0.025}_{0}$，其中 φ32 为基本尺寸（设计时给定），+0.025 为上偏差，0 为下偏差，即该孔加工时最大极限尺寸为 φ32.025，最小极限尺寸为 φ32，实际尺寸为 φ32.025～φ32 为合格，公差=|上偏差－下偏差|，该孔的公差为 0.025mm。第二种是标注公差带代号，如图 11-13 中 φ35k6，其中 k6 为公差带代号，k 为基本偏差代号（基本偏差是靠近零线的偏差），6 为公差等级代号，根据基本尺寸和公差代号查表即可得到上、下偏差值。第三种是公差带代号和上下偏差同时标注，即在基本尺寸后先写公差带代号，再在其后括号内注写上、下偏差值，如 φ35k6(+0.018)。

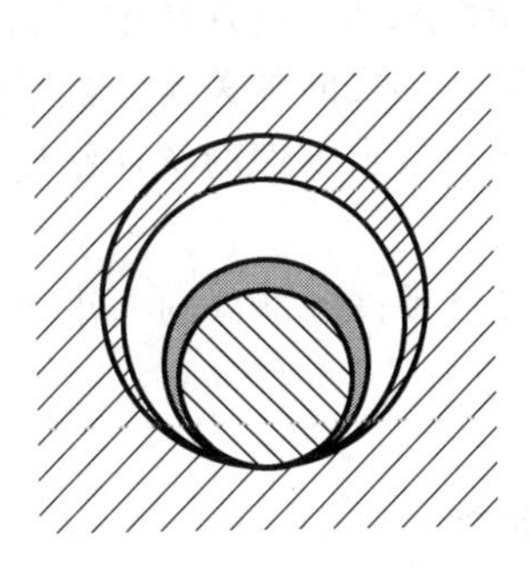

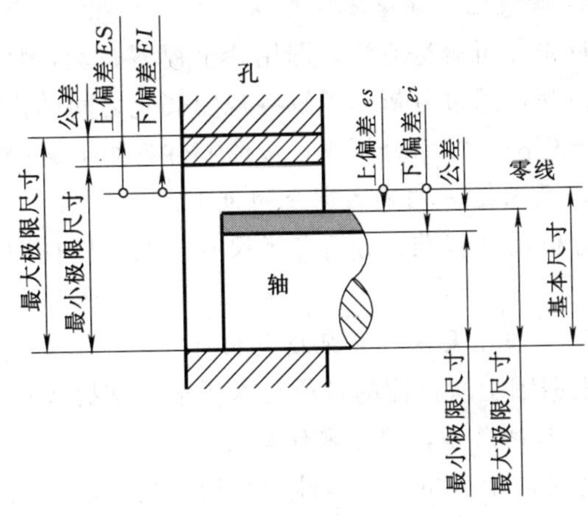

图 11-17　尺寸公差的名词

基本尺寸相同，互相结合的孔和轴公差带之间的关系，称为配合。根据使用要求不同，孔和轴之间的配合性质分为三种：第一种是间隙配合，孔和轴配合时，若孔的实际尺寸总是大于轴的实际尺寸，则孔与轴之间必然具有间隙，这种配合称为间隙配合。第二种是过盈配合，孔和轴配合时，若孔的实际尺寸总是小于轴的实际尺寸，则孔与轴之间必然会有过盈，这种配合称为过盈配合。第三种是过渡配合，孔和轴配合时，可能具有间隙，也可能具有过盈，这种配合称为过渡配合。

在实际生产中，通常将两个互相配合的零件中的一个作为基准件，使其基本偏差不变，而通过改变另一个零件的基本偏差而达到各种不同性质的配合，常用的是基孔制和基轴制。

配合代号在装配图上的标注形式一般是：在基本尺寸后标注配合代号。配合代号由组成配合的孔、轴公差带代号表示，写成分数的形式。如图 11－19 中的 ϕ22H7/h6，其中 ϕ22 为互相配合的孔与轴的基本尺寸，分子上的 H7 为孔的公差带代号，分母上的 h6 为轴的公差带代号。

当分子上出现大写字 H 时为基孔制，当分母上出现小写字母 h 时为基轴制。配合性质可通过查表，由上、下偏差判定，也可直接根据代号判定，当采用基孔制配合时，轴的基本偏差代号 a～h 用于间隙配合，j～n 主要用于过渡配合，p～zc 主要用于过盈配合。当采用基轴制时配合，孔的基本偏差代号 A～H 用于间隙配合，J～N 主要用于过渡配合，P～ZC 主要用于过盈配合。

二、零件图的识读

读零件图的方法步骤如下：

1. 看标题栏，了解零件概貌

读零件图，应先看标题栏，从标题栏中可以看出零件的名称、材料、比例等。根据零件名称，可以推想零件类型及用途，根据比例可了解零件的实际大小，根据零件的材料，大致可知其加工方法。

2. 看视图，想象零件形状

首先分析表达方法，即用几个视图表达，是基本视图还是剖视图，剖视图中的剖切方法如何等，通过分析，了解各视图彼此之间的内在联系及空间物体之间的关系，然后应用形体分析法、线面分析法，读懂零件各组成部分的形状，进而想象出零件的整体结构。

3. 看尺寸，明确各部分的大小

分析尺寸基准，分清各类尺寸，在读懂视图的基础上，弄清零件各部分的大小及相对位置。

4. 看技术要求，掌握质量指标

根据图上所标注的各项技术要求，掌握零件的各项质量指标。

5. 归纳总结，得出零件全貌

通过以上分析，将零件的结构形状、尺寸和技术要求等综合起来，就能对零件有一个全面的认识，从而达到读懂零件图的要求。

【例 11－1】 识读图 11－14 托架零件图。

分析：

(1) 看标题栏，概括了解。从标题栏中可以看出该零件名称为托架，属于叉架类零件。其作用主要是支承其他零件。材料 HT 为灰铸铁，先铸造然后再切削加工。绘图比例为 1∶1。

叉架和箱体类零件。叉架和箱体类零件包括支架、支座、外壳、箱体等。这类零件的主要部分多为支承其他零件的圆柱形通孔和包容其他零件的空腔，为了增加零件的刚度和强度，还有肋板等结构，其结构复杂，加工程序较多。这类零件应按工作位置放置，按形状特征选择主视图，然后以最少量视图将其内、外结构表达清楚。如图 11－14 所示为托架零件图，其主视图按工作位置放置，表达出支承部分的形状。俯视图和主视图采用了局部剖。左视图主要表达底板的形状和安装孔的位置

(2) 分析视图，想象形状。托架采用了三个视图来表达，即主视图、俯视图和 A 向视图。其中主视图采用了局部剖和移出断面，俯视图也采用了局部剖。对照零件的三视图可以看出：该零件前后对称，大体上可以分为三部分，一部分的基本形体为圆柱，直径为 $\phi16$ 带有圆孔，上部有一个凸台并加工有小圆孔与大圆孔相通。另一部分的形体为带圆角的长方形底板，上面有两个安装孔构成底座，为安装所设。还有一部分的形体是中间的过渡段，用来连接圆柱和长方形底板并起支承作用。

(3) 分析尺寸，明确各部分大小。底座高度方向尺寸以上下对称平面为基准，宽度方向以前后对称平面为基准，圆柱轴线以底座上下对称平面为基准，分别标出了该零件的定形尺寸、定位尺寸和总体尺寸，逐一详细分析，明确各部分大小。

(4) 分析技术要求，掌握质量指标。该零件有一处规定了尺寸公差，孔 $\phi20+0.033$，即该尺寸加工后尺寸在 $\phi20.033\sim\phi20$ 之间为合格。表面结构质量要求是 $Ra12.5$，未注明的铸造圆角为 $R3$，另外还可有几何公差的标注。

(5) 归纳总结。综合上述分析，建立该零件完整形象。但应注意的是在读图过程中，上述步骤不能机械地分开，而应穿插地进行。

第四节 装 配 图

一、装配图的内容

表达机器或部件的结构特点、零件之间装配关系和工作原理的图样称为装配图。一张完整的装配图应包括以下几项内容：

(1) 一组图形。用以表达机器或部件的整体结构、工作原理、零件之间的装配连接关系及主要零件的结构形状。

(2) 必要的尺寸。在装配图中只标注与机器或部件的性能、规格及装配、安装等有关的尺寸。

(3) 技术要求。用文字或符号说明机器或部件在装配、安装、检验及调试中应达到的要求。

(4) 零件序号和明细表。装配图中对每一种零件都需编写序号，并在标题栏上方编制零件的明细表，在明细表中列出各零件的名称、数量和材料等。

（5）标题栏。标题栏内注写装配体的名称、比例、图号等。

二、装配图的识读

读装配图的基本要求是了解机器或部件的工作原理和各零件之间的装配关系，弄清主要零件的基本形状和作用等。

【例 11－2】 以图 11－18 所示齿轮油泵为例，介绍读装配图的方法和步骤。

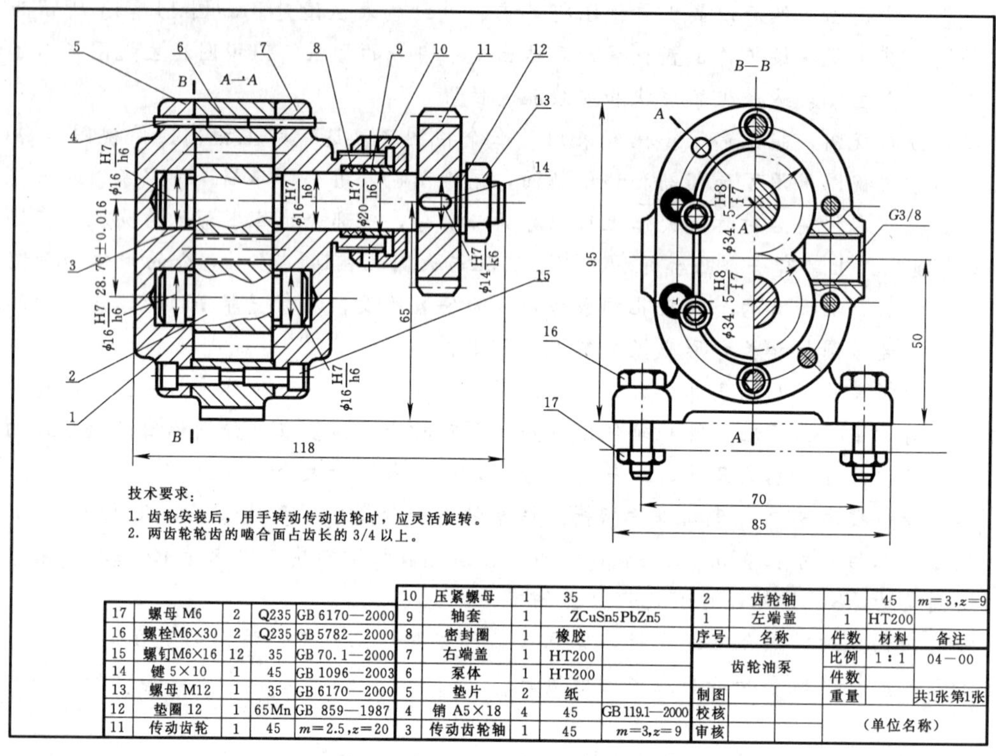

序号	名称	件数	材料	备注
17	螺母 M6	2	Q235	GB 6170—2000
16	螺栓M6×30	2	Q235	GB 5782—2000
15	螺钉M6×16	12	35	GB 70.1—2000
14	键 5×10	1	45	GB 1096—2003
13	螺母 M12	1	35	GB 6170—2000
12	垫圈 12	1	65Mn	GB 859—1987
11	传动齿轮	1	45	$m=2.5,z=20$
10	压紧螺母	1	35	
9	轴套	1	ZCuSn5PbZn5	
8	密封圈	1	橡胶	
7	右端盖	1	HT200	
6	泵体	1	HT200	
5	垫片	2	纸	
4	销 A5×18	4	45	GB 119.1—2000
3	传动齿轮轴	1	45	$m=3,z=9$
2	齿轮轴	1	45	$m=3,z=9$
1	左端盖	1	HT200	

齿轮油泵		比例	1∶1	04－00
		件数		
制图		重量		共1张第1张
校核		（单位名称）		
审核				

图 11－18　齿轮油泵装配图

1. 概括了解

看标题栏及有关资料了解部件的名称、用途、性能及工作原理；看明细表及视图了解各零件的名称、材料、数量及在部件中所在位置。从图 11－18 中的标题栏及明细表可知，该部件为齿轮油泵由 17 种零件组成，画图比例为 1∶1，所视图中大小反映了齿轮油泵的真实体大小，结构比较复杂。

2. 分析视图

沿齿轮油泵前后对称面剖切所得的 *A*—*A* 全部视图是主视图，反映了齿轮油泵各个零件间的装配关系，其中的局部剖视图反映了齿轮轴 2 和传动齿轮轴 3 的情况。左视图上的 *B*—*B* 半剖视图是沿左端盖 1 与泵体 6 的结合面剖切后，并拆去垫片 5 得到的。它反映了齿轮油泵泵体的外形特征，齿轮的啮合情况以及吸、压油的工作原理，再用局部剖视图反映吸、压油时，进、出油口的情况。左视图中的两条双点画线（假想画法）表明了齿轮油泵与基座的安装情况。齿轮油泵的外形尺寸是 118、85、95，由此断定齿轮油泵的体积不大。

3. 分析工作原理及传动关系

首先在主视图中找到原动件（运动由此传入）——传动齿轮 11。传动齿轮 11、传动齿轮轴 3、齿轮轴 2 是齿轮油泵中的运动零件，当传动齿轮 11 按逆时针方向（从左视图观察）转动时，通过键 14 将扭矩传递给传动齿轮轴 3，经过齿轮啮合带动齿轮轴 2 作顺时针方向转动。如图 11－19（a）所示，当一对齿轮在泵体内做啮合传动时，由于主动轮逆时针旋转，从动轮顺时针旋转，故啮合区内右边空间的压力降低而产生局部真空，油池内的油在大气压力作用下进入油泵低压区的吸油口，随着齿转的转动和，齿槽中的油沿箭头方向不断被带至左边的压油口，把油排出泵外，送至机器中需要润滑的各部分。从图 11－19（b）中可看出，齿轮油泵有沿传动齿轮轴 3 的轴线和齿轮轴 2 的轴线两条主装配线。

4. 分析零件间的装配关系，读懂部件中零件的主要功能和结构形状

泵体 6 是齿轮油泵中的主要零件之一，它的内腔容纳一对吸油和压油的齿轮，将传动齿轮轴 2 和齿轮轴 3 装入泵体后，两侧有左端盖 1 和右端盖 7 支承这一对齿轮轴。由定位销 4 将左、右端盖与泵体定位后，再用螺钉 15 将左、右端盖与泵体连接起来。为了防止泵体与端盖结合面处以及传动齿轮轴 3 的伸出端漏油，分别用垫片 5 及密封圈 8、轴套 9、压紧螺母 10 密封。传动齿轮 11 与传动齿轮轴 3 之间的配合尺寸是 $\phi 14\ \frac{H7}{k6}$；两齿轮轴与左、右端盖支承处的配合尺寸均为 $\phi 16\ \frac{H7}{h6}$；轴套 9 与右端盖 7 的配合尺寸是 $\phi 20\ \frac{H7}{h6}$；齿轮轴的齿顶圆与泵体内腔的配合尺寸是 $\phi 34.5\ \frac{H8}{f7}$，尺寸 28.76 ± 0.016 是一对啮合齿轮的中心距，这个尺寸准确与否将直接影响齿轮啮合传动的质量；尺寸 65 是传动齿轮轴线离泵体安装面的高度，这两个尺寸分别是设计和安装所要求的重要尺寸。

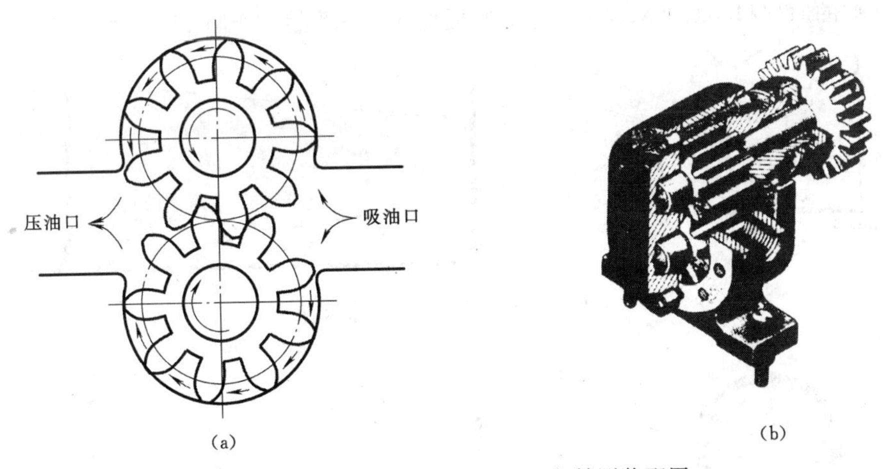

图 11－19　齿轮油泵的工作原理与轴测装配图

5. 归纳总结，看懂全图

在了解工作原理、看懂零件结构形状的基础上，进一步分析零件的拆装顺序及部件的结构特点，并结合尺寸、技术要求等进行全面总结，形成一个完整的概念，达到看懂装配图的目的。一般来说，装配顺序与拆卸顺序相反。在读图过程中上述步骤不能截然分开，应根据具体情况交替进行。

第十二章 园 林 工 程 图

园林工程图是在掌握园林艺术理论、设计原理、有关工程技术及制图基本知识的基础上所绘制的专业图纸，它可以表达园林设计人员的思想和要求，是生产施工与管理的技术文件。本章主要介绍透视投影、鸟瞰图和较常用的几种工程图的绘制与识读，如园林设计平面图，地形设计图，园林植物种植设计图等。要特别注意掌握通用图例的表达、识图步骤、绘制方法及制图规范，多看不同类型的园林工程图。

第一节 透视的基本知识

一、透视图的形成

在日常生活中，我们经常会用相机来记录我们看到的场景，通过照片我们能够感受和回忆这些场景，照片为什么能够产生这样的作用呢？在照片拍摄的过程中，底片通过感受透过镜头的光来完成成像，其原理示意如图 12-1 所示。我们可以看到原来等高的物体，拍成照片后就变得近大远小，产生了与真实情况不同的畸形，不过我们反而感觉比较真实，这是因为相机成像的原理和人眼视网膜上成像的原理是基本一致的，如图 12-2 所示。

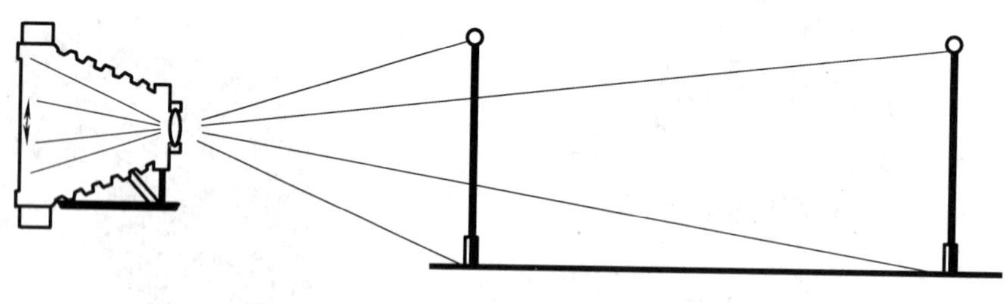

图 12-1 相机拍照成像示意

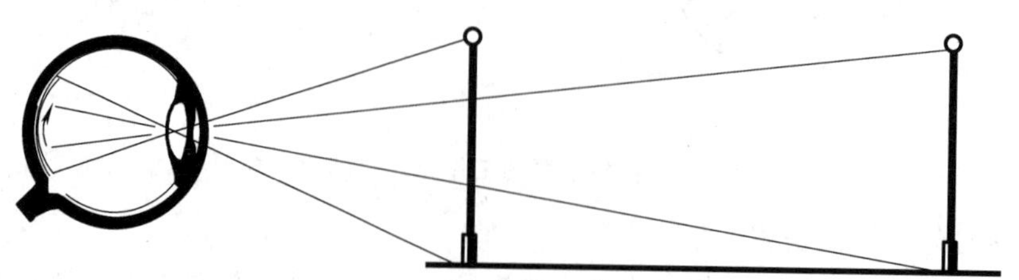

图 12-2 人眼视网膜成像示意

透视投影或透视图就是以观察者的眼睛为投影中心的中心投影，能够产生和照片一样准确和逼真的视觉感受，其原理示意如图 12－3 所示，实际上就是由人眼引向物体的直线（视线）与画布交点的集合，我们可以看到透视投影与相机或人眼视网膜的成像是对称的，只不过是上下方向刚好相反，所以常常用来绘制效果图。设计人员可以通过透视投影来推敲设计方案，其他人员也可以通过透视投影来领会设计意图，或提出评说，使设计方案更趋完美。

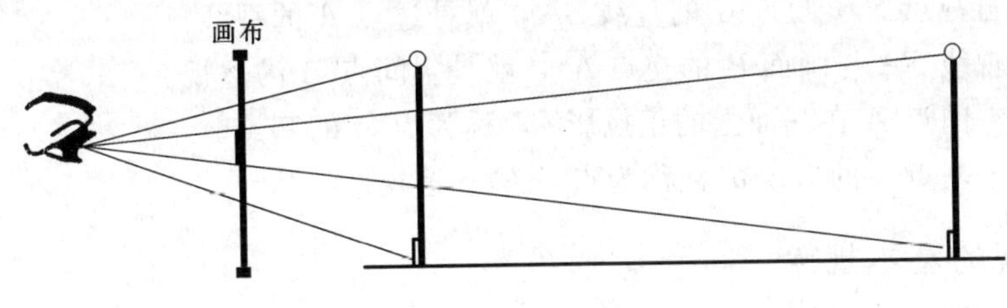

图 12－3　透视图示意

二、常用术语

在绘制透视图时，常用到一些专门的术语，下面结合图 12－4 介绍透视作图中常用的术语。图中点 A 为空间任意一点。

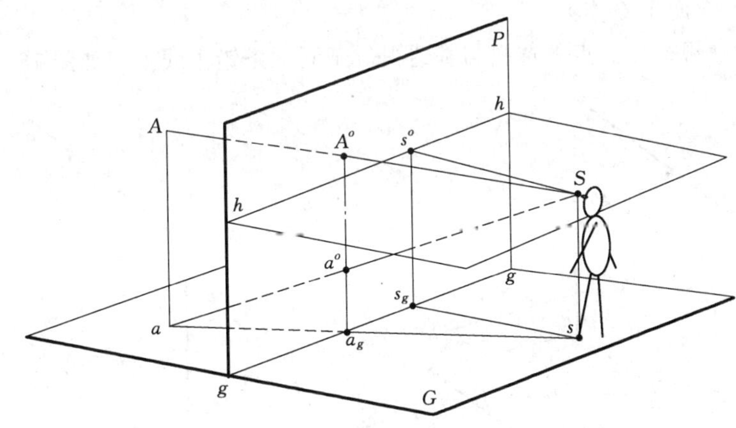

图 12－4　透视投影常用术语示意

基面——常用字母 G 表示，即放置物体的水平面或绘有物体平面图的投影面，相当于正投影图中的水平投影面 H。

画面——常用字母 P 表示，即透视图所在的平面，一般选用垂直于基面的铅垂面为画面，也可用倾斜平面或曲面作画面。

基线——常用字母 gg 表示，即基面与画面的交线，相当于正投影图中的 X 轴。

视点——常用字母 S 表示，即中心投影法中的投影中心，相当于人眼所在的位置。

站点——常用字母 s 表示，即视点 S 在基面 G 上的正投影，相当于人的站立点。

心点（主点）——常用字母 s^o 或 s^l 表示，即视点 S 在画面 P 上的正投影。

中心视线——引自视点并垂直于画面的视线，即视点 S 和心点 s^o 的连线 Ss^o。

视平面——过视点的水平面。

视高——视点 S 与基面 G 的距离，即人眼的高度。

视平线——常用字母 hh 表示，即视平面与画面的交线，该线平行于基线 gg，如果画面为铅垂面，心点则必位于视平线 hh 上，视平线与基线的距离等于视高。

视距——视点 S 与画面 P 的距离，即中心视线 Ss^o 的长度，当画面为铅垂面时，站点 s 与基线的距离 ss_g 也反映视距。

视线——自视点 S 引向点 A 的直线 SA，就是过点 A 的视线。

透视——视线 SA 与画面 P 的交点 A^o，就是空间点 A 的透视。

基点——空间点 A 在基面上的正投影 a，称为点 A 的基点。

基透视——基点 a 的透视 a^o，称为点 A 的基透视。

三、透视的基本规律

1. 点的透视与基透视

（1）点的透视规律。

1）点的透视规律一。以画面为界：若该点位于视点的另外一侧，点的透视为通过该点的视线与画面的交点（如图 12－5 所示 A 点）；若该点在画面上，其透视就是其自身（如图 12－5 所示 B 点）；若该点和视点位于画面的同一侧，其透视是视线延长线与画面的交点（如图 12－5 所示 C 点）。

2）点的透视规律二。点的透视与基透视位于同一条铅垂线上，如图 12－6 所示。

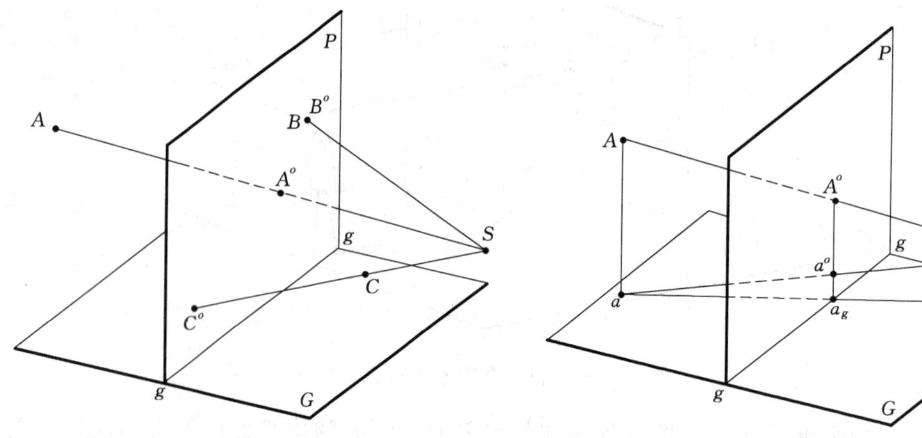

图 12－5　点的透视规律（一）

图 12－6　点的透视规律（二）

（2）点的透视作图。在正投影图的基础上，设想以 V 面作画面，求作空间点的透视。求点的透视与基透视，就是求解视线与画面的交点，即视线与画面的迹点。

图 12－7 展示了求作 A 点透视的空间情况。图中 S 点为视点，其在 $G(H)$ 面的投影为站点 s，在 $P(V)$ 面的投影为心点 s^o，心点 s^o 在视平线 hh 上。点 A 在 $G(H)$ 面的投影为 a，在 $P(V)$ 面的投影为 a'，a_x 为 a 点在 $P(V)$ 的投影。为求解 A 点的透视和基透视，自视点 S 引视线 SA 和 Sa，这两条视线的 $P(V)$ 面投影分别为 s^oa' 和 s^oa_x，两视线 SA 和 Sa 在 $G(H)$ 面投影重合为 sa，sa 与基线 gg 相交于点 a_g，a_g 即为 A 点透视和基透视的 $G(H)$ 面投影，因此由 a_g 向上延伸与 s^oa' 和 s^oa_x 的交点分别为 A 点的透视 A^o 和基透视 a^o。

具体作图时，可以将图 12-7 表示的空间情况用 $P(V)$ 面投影和 $G(H)$ 面投影表示出来。如图 12-8 (a) 所示。求作点的透视时，可以不画投影面框线，即简化为如图 12-8 (b) 所示。

2. 直线的透视

(1) 直线的透视、迹点和灭点。直线的透视就是直线上所有点的透视的集合。一般直线的透视仍为直线，如图 12-9 中的 AB，其透视就是视线 SA 与 SB 组成的视平面与画面 P 的交线 A^oB^o。当直线为铅垂线时，其透视仍为铅垂线，如图 12-9 中的 CD。当直线延长后恰好通过视点 S

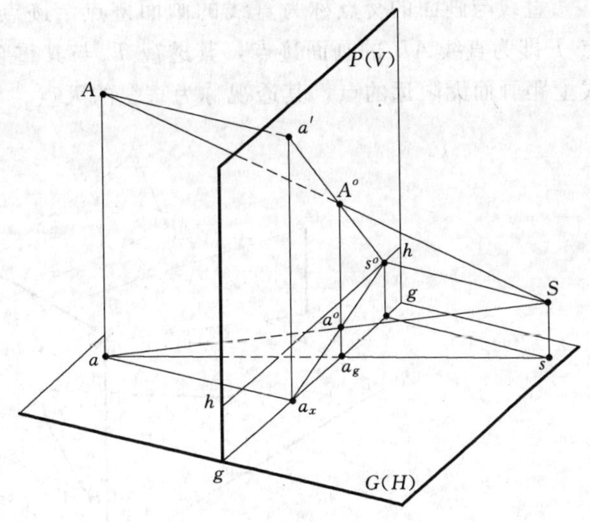

图 12-7 点的透视作法原理示意

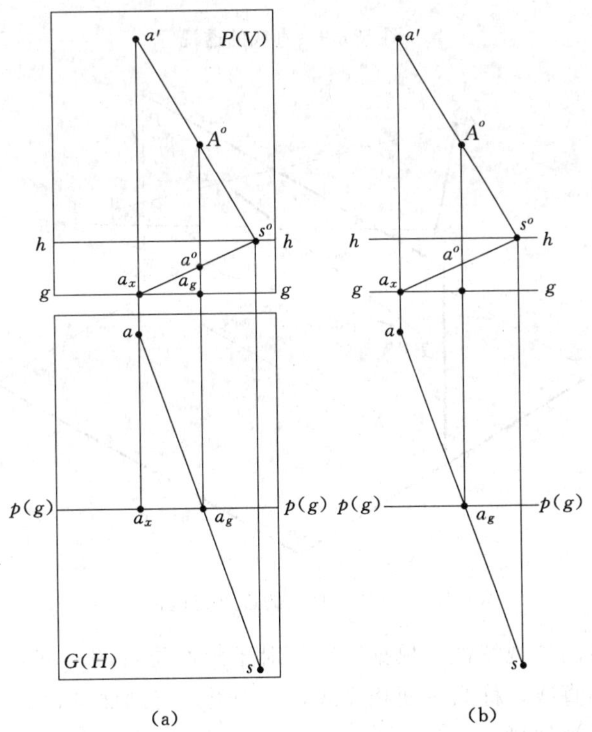

图 12-8 点的透视作法

时，其透视重合为一点，如图 12-9 中的 EF。当直线刚好处于画面上时，其透视和直线本身重合，如图 12-9 中的 HI。

直线上的点，其透视也在该直线的透视上。

直线与画面的交点称为直线的画面迹点，迹点的透视就是其本身。如图 12－10 中，点 T 即为直线 AB 的画面迹点，其透视 T^o 与其重合，迹点 T 和 A^oB^o 在同一直线上。直线上距画面无限远的点，其透视称为直线的灭点。

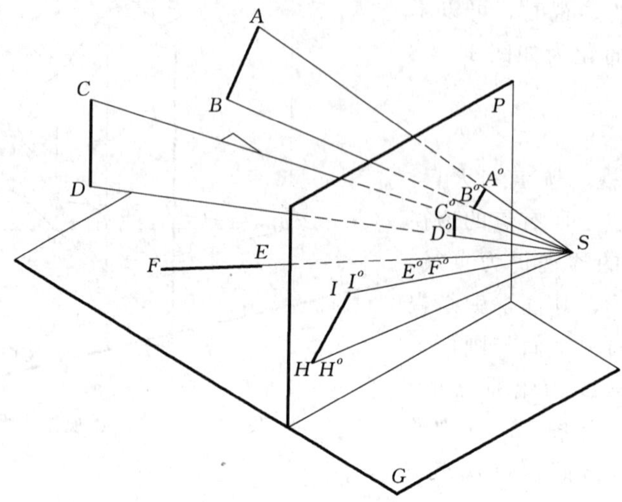

图 12－9 直线的透视

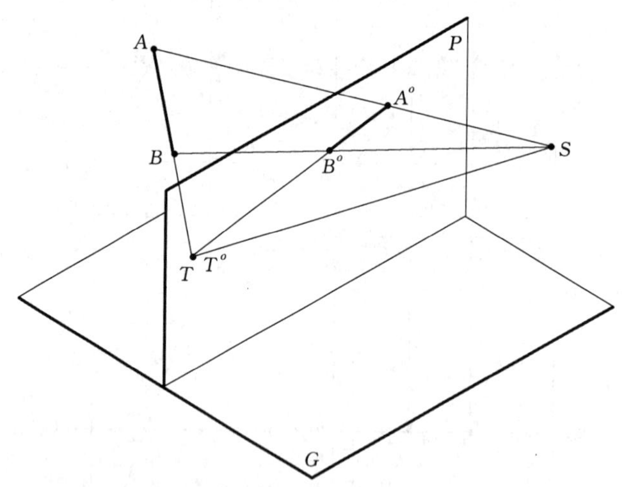

图 12－10 直线的迹点与透视

（2）画面平行线的透视特性。根据直线相对于画面位置的不同，可以将其分为两类：一类是与画面相交的直线，称为画面相交线，另一类是与画面平行的直线，称为画面平行线。画面平行线的透视规律：

1）在画面上不会有灭点和迹点。

2）点在画面平行线上所分线段之比，在透视上仍保持原长度之比。

3）一组相互平行的画面平行线，其透视仍相互平行。

4）铅垂线的透视，仍然是铅垂线。

5）倾斜于基面的画面平行线，其透视与基线的夹角，反映该直线在空间对基面的真实倾角。

6）平行于基线的直线，其透视也表现为水平线。

7）位于画面上的直线，其透视与其本身重合。

（3）直线透视高度的量取。

1）真高线。根据前面所讲的可以知道，当铅垂线位于画面上时，其透视就是该直线自身，当然也能够反映该直线的实际长度。

在图 12-11 中，直线 AB、CD 和 MN 为高度相同的铅垂线，且位于同一个平面上，其透视分别为 A^oB^o、C^oD^o 和 M^oN^o，直线 ACM 和直线 BDN 相互平行，其透视具有相同的灭点 F，如图 12-11（a）所示。在图 12-11（b）上，C^oD^o、M^oN^o 的长度不能反映直线 CD、MN 的真实长度，而 A^oB^o 则能够反映 AB、CD 和 MN 的真实长度，因此我们将画面上的铅垂线 AB（A^oB^o），称为透视图中的真高线。

按照给定的高度，可以利用真高线，通过基面上某一点的透视作出铅垂线的透视。

2）集中真高线。在图 12-12（a）中，MN 和 CD 是位于基面上的铅垂线，M_1N_1、C_1D_1 分别与 MN、CD 平齐等高，且 MN、M_1N_1 与画面的距离相等，CD、C_1D_1 与画面的距离相等，即矩形 MNN_1M_1 和矩形 CDD_1C_1 均平行于画面，可以看出，EB 反映 C_1D_1、CD 的真实长度，AB 反映 M_1N_1、MN 的真实长度，AB 可以看做是真高线，因此空间的任一透视高度都可以在 AB 上找到真实高度，这样的真高线称为集中真高线，如图 12-12（b）所示。

3．平面的透视

平面相对于画面的位置关系有两种：一种平面与画面保持平行，称为画面平行面；另一种平面与画面相交，称为画面相交面。

（1）画面平行面的透视特性。画面平行面上图形的透视与其自身平行，且为空间实际图形的相似形。

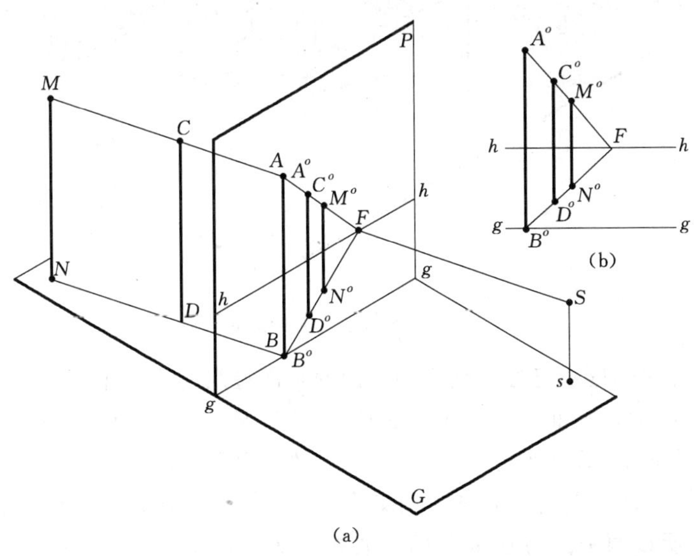

图 12-11　真高线示意图

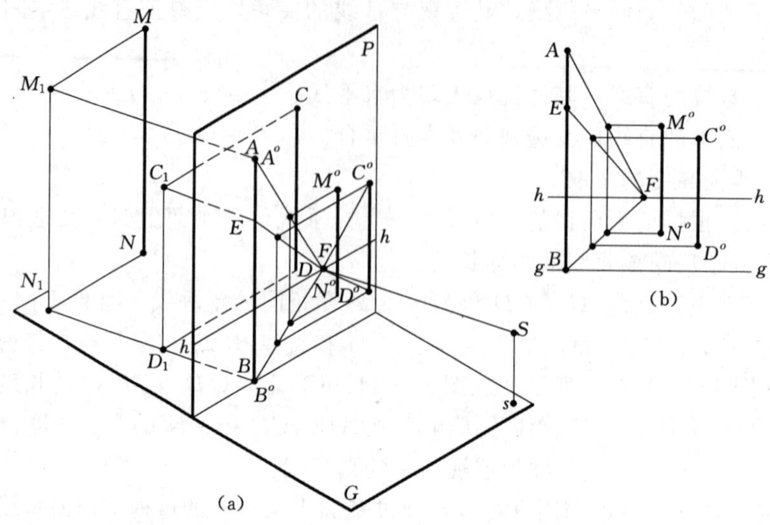

图 12-12　集中真高线示意图

如图 12-13 所示，四边形 $ABCD$ 所在平面与画面平行，AB、BC、CD、DA 均为画面平行线，其透视 $A^oB^o//AB$、$B^oC^o//BC$、$C^oD^o//CD$、$D^oA^o//DA$，且四边形 $ABCD$ 与其透视 $A^oB^oC^oD^o$ 相似。

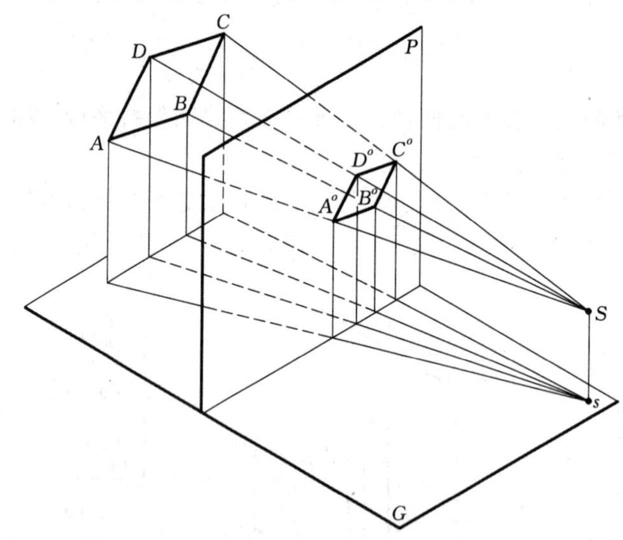

图 12-13　画面平行面的透视特性

(2) 画面相交面的透视特性。画面相交面的画面迹线与灭线平行。

如图 12-14 所示，平面 ABC 与画面 P 相交于 MN，MN 即为平面 ABC 的画面迹线；过视点 S 作平面 SDE 平行于平面 ABC，平面 SDE 与画面 P 的交线 F_1F_2 即为平面 ABC 的灭线，平面 ABC 上的所有画面相交线的灭点都汇聚在 F_1F_2 上。因为平面 ABC 平行于平面 SDE，所以两个面与画面 P 的交线相互平行，即 $MN//F_1F_2$，也就是画面相交面的画面迹线与该画面的灭线平行。

需要指出：铅垂面的画面迹线与灭线均是铅垂。基线平行面的迹线平行于基线，其灭线一定是水平线，但不一定与视平线重合，而其特例，即基面平行面（水平面）的灭线一定与视平线重合。

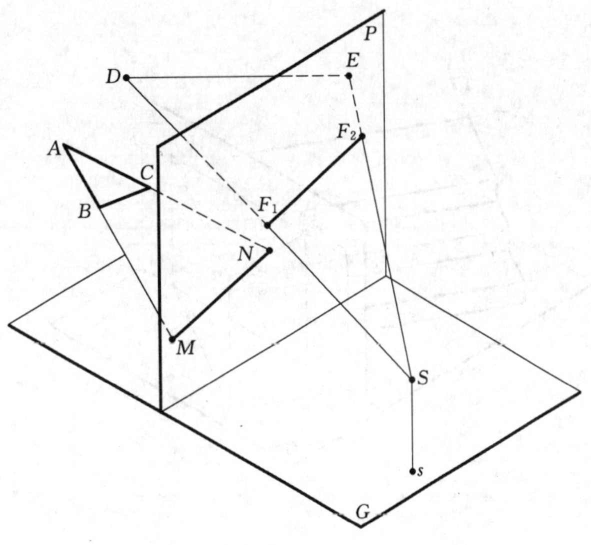

图 12-14 画面相交面的透视特性

四、透视图的分类

园林场景由于与画面间相对位置的变化，它的长、宽、高三组主要方向轮廓线，与画面可能平行也可能不平行，这样就会形成不同的透视。与画面平行的主要方向轮廓线，在透视图上就不会形成灭点，与画面不平行的主要方向轮廓线就会形成灭点。根据透视图上主要方向灭点的多少，可以将其分为三类。

1. 一点透视

如果场景中，有两组主要方向轮廓线平行于画面，那么这两组轮廓线的透视就不会有灭点，而第三组轮廓线的方向垂直于画面，其灭点就是心点 s^o，这种情形绘出的透视图就是一点透视，由于有一个方向的立面和画面平行，其也叫平行透视（简称平视）或正面透视。如图 12-15（a）所示，在 Y、Z 两方向与画面平行，X 方向与画面垂直，这样得到的透视就是一点透视。图 12-15（b）是一点透视的实例。

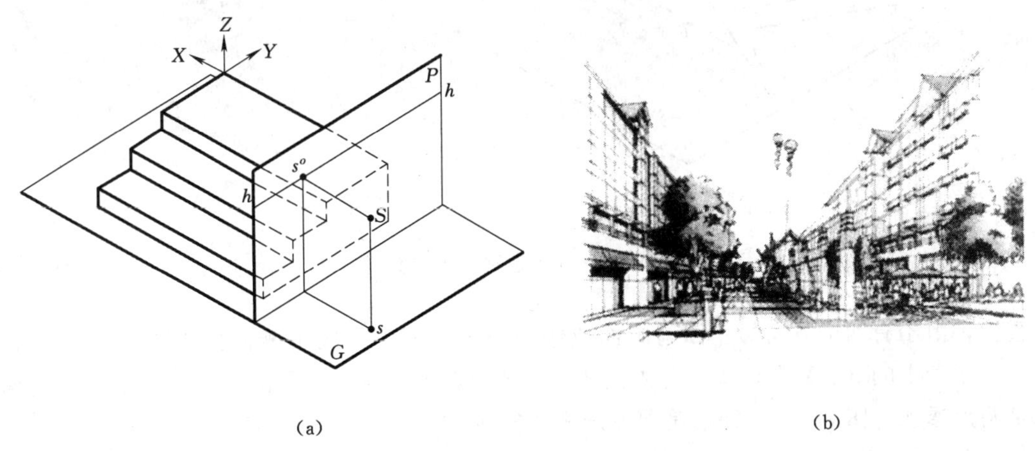

(a) (b)

图 12-15 一点透视示意与实例

2. 两点透视

如果场景中，有一组主要方向轮廓线平行于画面，而其余两组轮廓线均与画面斜交，这样在画面上就形成了两个灭点 F_x、F_y，两灭点都在视平线 hh 上，这样的透视图就是两

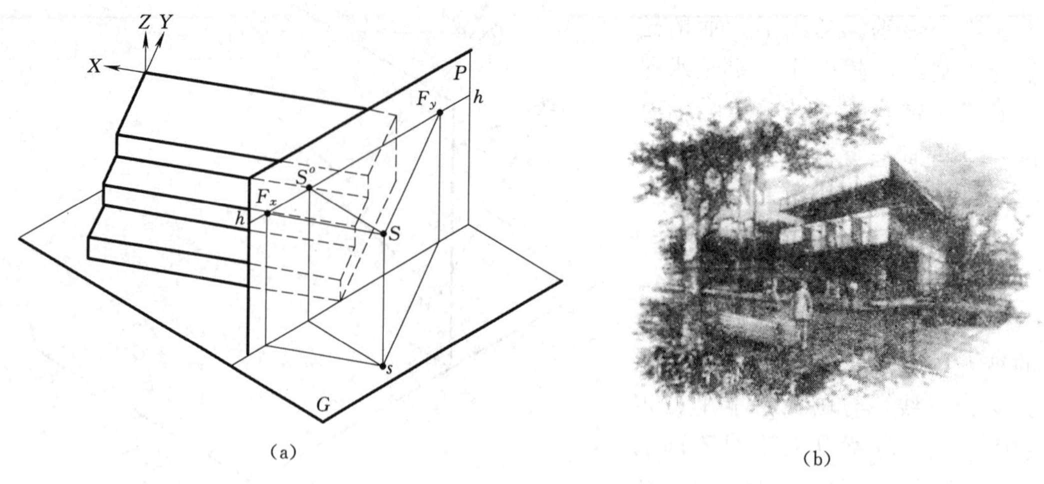

(a)　　(b)

图 12-16　两点透视示意与实例

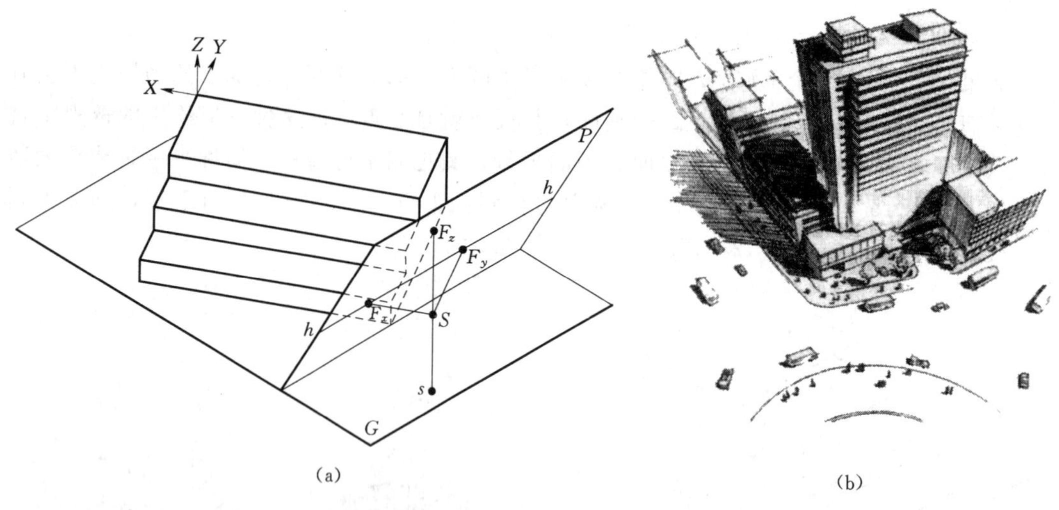

(a)　　(b)

图 12-17　三点透视示意与实例

点透视，由于有两个方向的立面与画面成倾斜角度，其也叫成角透视。如图 12-16（a）所示，场景中的 X、Y 向轮廓线与画面相交，Z 向轮廓线与画面平行，这样画出来的透视就是两点透视。图 12-16（b）是两点透视的实例。

3. 三点透视

如果画面倾斜于基面，即画面与场景中的三个主要方向轮廓线均相交，这样画面上就会有三个灭点，这样的透视图就是三点透视，由于画面是倾斜的，其也叫斜透视。如图 12-17（a）所示，画面 P 不垂直于基面 G，场景中 X、Y、Z 三方向均与画面相交，这样画出来的透视即为三点透视。图 12-17（b）是三点透视的实例。

第二节 鸟瞰图的绘制

一、鸟瞰图的概述

鸟瞰图是指视点高于建筑物的透视图。它符合于人们居高临下观看建筑物时所获得的视觉印象。

如绘单体建筑物，只需要适当地抬高视平线，采用视线法和量点法，就可画出鸟瞰图。鸟瞰图更多的是表现某一区域的建筑群，或一些布局相对复杂的建筑物，更适合表现园林设计效果图。鸟瞰图实例如图 12－18 所示。

绘制鸟瞰图用网格法，其程序是：在原图上画正方形网格→在画面上求得网格的透视→根据平面图中建筑物位置定出透视位置→画出透视平面图→求出透视高度，最后完成透视图。

图 12－18 鸟瞰图实例

二、一点透视网格的画法

（1）在画面上，按规定视高，画出基线 gg 和视平线 hh，在 hh 上确定心点 s^o 和距点 D；在 gg 上按格线宽度定出垂直画面的格线的迹点 1，2，3，…，12 等，连接 $1s^o$，$2s^o$，$3s^o$，…，$12s^o$ 即为画面垂直格线的透视方向。

（2）根据选定的视距，在心点的一侧，求出距点 D，连线 $12D$ 就是对角线的透视，它与 $1s^o$，$2s^o$，$3s^o$，$4s^o$，…，$12s^o$ 纵向格线相交，由这些交点作 gg 的平行线的透视，从而得出网格的一点透视，如图 12－19 所示。

三、一点透视实例

已知：一局部环境的平、立面图如图 12－20 所示，请用网格法作此局部环境的一点

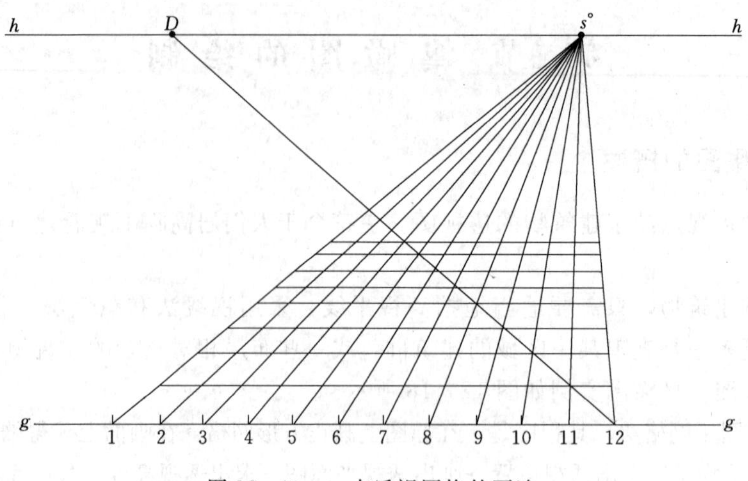

图 12-19 一点透视网格的画法

透视图。

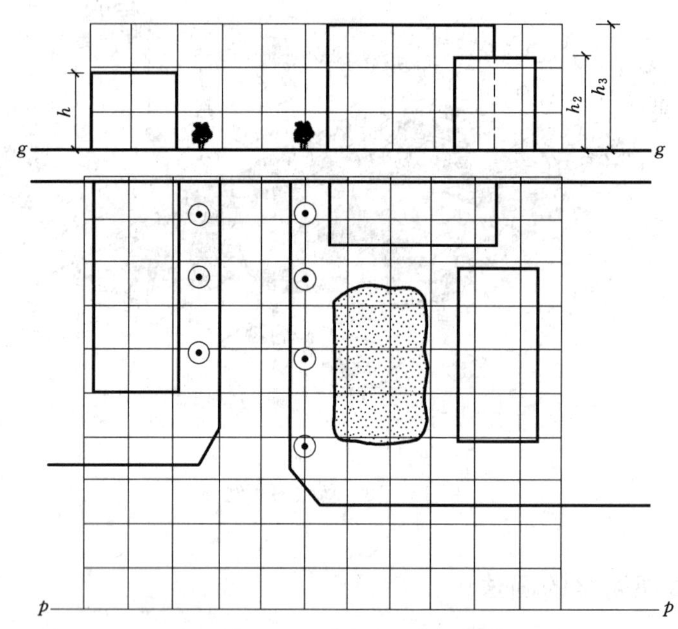

图 12-20 在平、立面图上建立网格

作图步骤：

(1) 在总平面图上，选定位置适当的画面 pp，再按选定的宽度画上正方形网格，使其中一组网格线平行于画面，另一组垂直于画面，如图 12-20 所示。

(2) 在画面上，按选定视高，画出基线 gg 和视平线 hh，在 hh 上确定心点 s^o，在 gg 上按格线宽度定出垂直画面的格线的迹点 1，2，3，…，12 等，连接 $1s^o$，$2s^o$，$3s^o$，…，$12s^o$ 即为画面垂直格线的透视。

(3) 根据选定的视距，在心点的一侧，求出距点 D，连线 $12D$ 就是对角线的透视，它与 $1s^o$，$2s^o$，$3s^o$，…，$12s^o$ 纵向格线相交，由这些交点作 gg 的平行线的透视，从而得出网格的一点透视。

(4) 根据总平面图中，建筑物和道路在方格网上的位置，凭目估尽可能准确地画出它们在透视网格中的位置，画出整个建筑群的透视平面图。

(5) 画每个建筑物的高度，透视高度的量取有两种方法。

1) 利用真高线：如图 12-21 所示，在 1 点处树立真高线，在其上量取各建筑物某一角点的高度，并和 s^o 相连，再根据角点基透视求出建筑物的透视高度。

2) 如墙角线 a^oA^o，其真实高度相当于 1.2 格的宽度，则在透视图中，于 a^o 处作水平线，与相邻线交于 c^o、d^o 两点，c^od^o 即 a^o 处 1 格的透视高度，于是在 a^o 处的铅垂线上取 $a^oA^o=1.2\times C^oD^o$，即得墙角线 aA 透视。如图 12-22 所示。

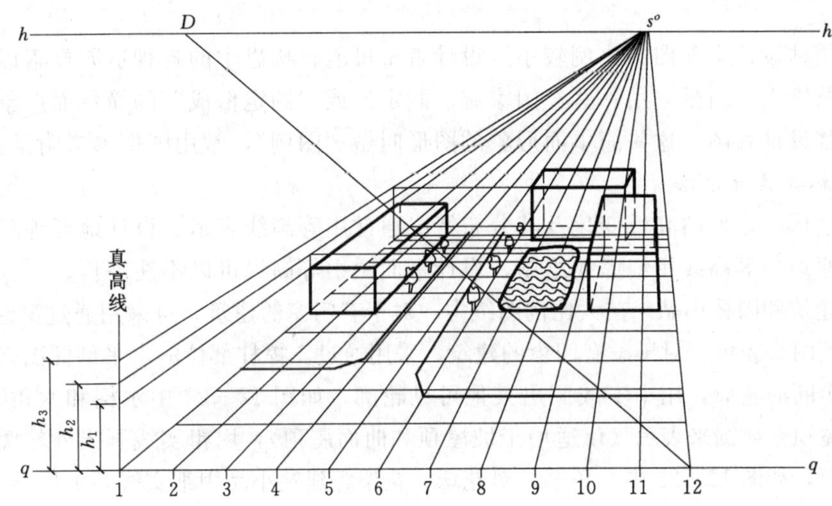

图 12-21　鸟瞰图的画法

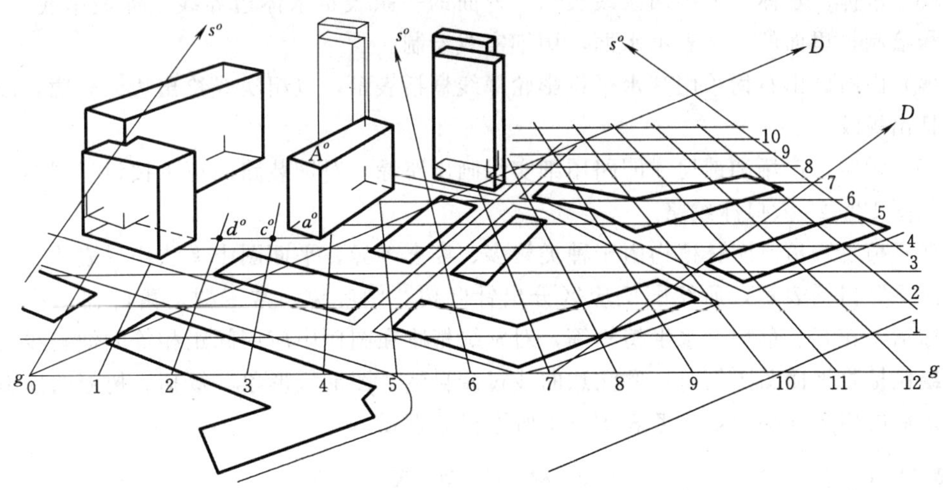

图 12-22　透视高度的求法

第三节　园林设计平面图的绘制与识读

一、内容与用途

园林设计平面图是表现规划范围内的各种造园要素（如地形、山石、水体、建筑及植物等）布局位置的水平投影图，它是反映园林工程总体设计意图的主要图纸，也是绘制其他图纸及造园施工的依据，如图 12－23 所示。

二、绘制要求

由于园林设计平面图的比例较小，设计者不可能将构思中的各种造园要素以其真实形状表达于图纸上，而是采用一些经国家统一制定的或“约定俗成”的简单而形象的图形来概括表达其设计意图，这些简单而形象的图形叫做“图例”，常用图例参考附录。

1. 园林要素表示法

（1）地形。地形的高低变化及其分布情况通常用等高线表示。设计地形等高线用细实线绘制，原地形等高线用细虚线绘制，设计平面图中等高线可以不注高程。

（2）建筑和园林小品。在大比例图纸中，对于有门窗的建筑，可采用通过窗台以上部位的水平剖面图来表示，对于没有门窗的建筑，采用通过支撑柱部位的水平剖面图来表示。用粗实线画出断面轮廓，用中实线画出其他可见轮廓，如图 12－23 中水榭和六角亭。此外，也可采用屋顶平面图来表示（仅适用于坡屋顶和曲面屋顶），用粗实线画出外轮廓，用细实线画出屋面，如图 12－23 中六角亭。对花坛、花架等建筑小品用细实线画出投影轮廓。

在小比例图纸中（1：1000 以上），只需用粗实线画出水平投影外轮廓线。建筑小品可不画。

（3）水体。水体一般用两条线表示：外面的一条表示水体边界线（即驳岸线），用特粗实线绘制；里面的一条表示水面，用细实线绘制。

（4）山石。山石均采用其水平投影轮廓线概括表示，以粗实线绘出边缘轮廓，以细实线概括出皴纹。

（5）园路、广场和铺地。园路用细实线画出路缘，对铺装路面也可按设计图案简略示出，如图 12－23 入口冰纹路。

（6）植物种植。园林植物由于种类繁多、姿态各异，平面图中无法详尽表达，一般采用“图例”概括表示，所绘图例应区分出针叶树、阔叶树、常绿树、落叶树、乔木、灌木、绿篱、花卉、草坪、水生植物等，对常绿植物在图例中应用间距相等的细斜线表示。

绘制植物平面图图例时，要注意曲线过渡自然，图形应形象、概括。树冠的投影要按成龄以后的树冠大小画，参考表 12－1 所列树冠直径。

表 12－1　　树　冠　直　径

树种	孤立树	高大乔木	中小乔木	常绿大乔木	锥形幼树	花灌木	绿篱（宽）
冠径	10～15	5～10	3～7	4～8	2～3	1～3	0.5～1.5

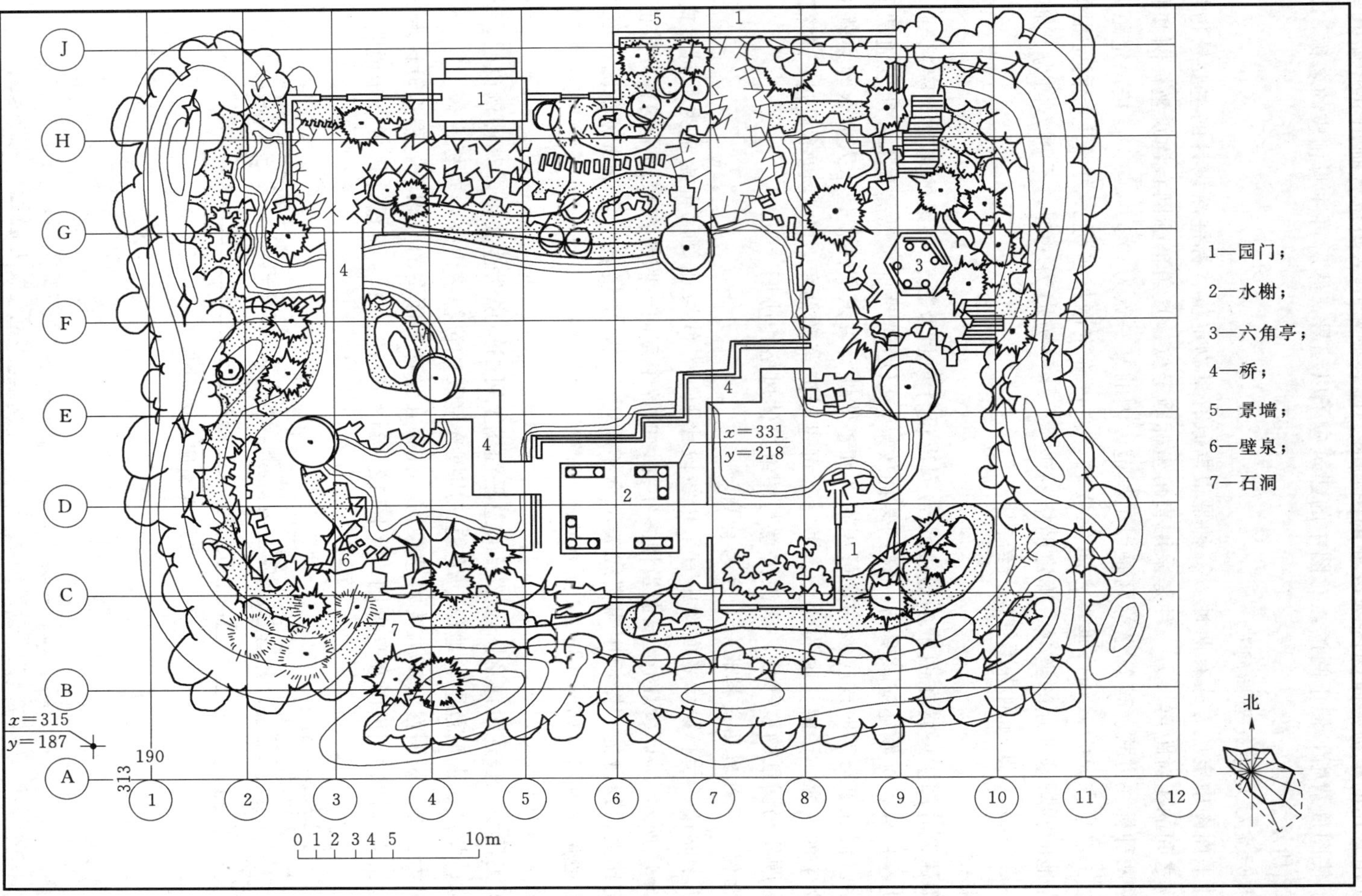

图 12-23　某游园设计平面图

2. 编制图例说明

在使用常用的植物平面图图例以外的图例时，应在图纸中适当位置画出并注明其含义。为了使图面清晰，便于阅读，对图中的建筑应予以编号，然后再注明相应的名称，如图 12-23 所示。

3. 标注定位尺寸或坐标网

设计平面图中定位方式有两种：一种是根据原有景物定位、标注新设计的主要景物与原有景物之间的相对距离；另一种是采用直角坐标网定位。直角坐标网有建筑坐标网和测量坐标网两种标注方式。建筑坐标网是以工程范围内的某一点为“零”点，再按一定距离画出网格，水平方向为 B 轴，垂直方向为 A 轴，便可确定网格坐标。测量坐标网是根据造园所在地的测量基准点的坐标，确定网格的坐标，水平方向为 y 轴，垂直方向为 x 轴，如图 12-23 所示。坐标网格用细实线绘制。

4. 标题

在园林设计图中通常在图纸的显要位置列出设计项目及设计图纸的名称，除起到标示、说明作用外，标题还应该具有一定的装饰效果，以增强图面的观赏效果，所以通常采用美术字。但在书写的时候应该注意可识别性和整体性。可识别性就是指人们很容易就可以识别文字的内容并了解其中的含义，书写不可过于潦草和抽象，内容也不可过于含糊；同时，标题作为图纸的一部分，应该注意与图纸总体风格相协调。

5. 比例、风玫瑰图或指北针，注写标题栏

为便于阅读，园林设计平面图中宜采用线段比例尺。线段比例尺可绘制为不同形式，如图 12-23 所示。风玫瑰图是根据当地多年统计的各个方向、吹风次数的平均百分数值，再按一定比例而绘制的，图例中粗实线表示全年风频情况，虚线表示夏季风频情况，最长线段为当地主导风向，如图 12-23 所示。

6. 书写设计说明

为了更清楚地表达设计意图，必要时总平面图上可书写说明性文字，如图例说明，公园的方位、朝向、占地范围、地形、地貌、周围环境及建筑物室内外绝对标高等。

有时为了增加说明性，扩大艺术感染力，往往在设计平面图的基础上，根据设计者的构思绘制出立面图、剖面图和鸟瞰图。用图 12-24～图 12-26 所示设计作进一步说明。

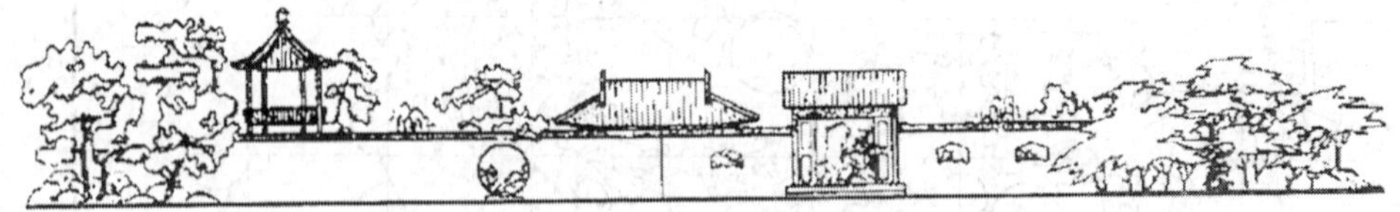

图 12-24　某游园北立面图

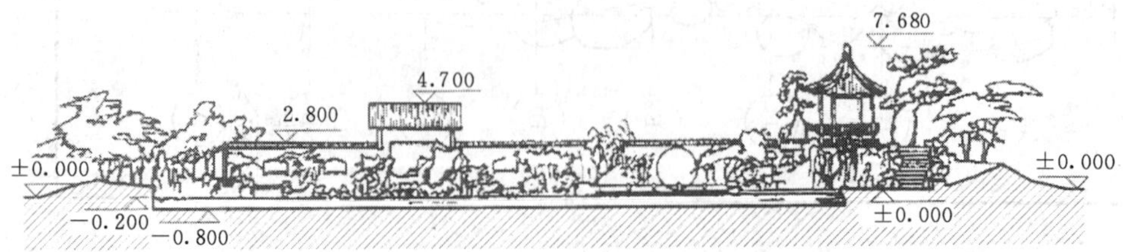

图 12-25　某游园剖面图

图 12－26　某游园鸟瞰图

三、园林设计平面图的识读

1. 看图名、比例、设计说明及风玫瑰图或指北针

了解设计意图和工程性质、设计范围及朝向等项目概况。图 12－23 所示是一个东西长 55m 左右、南北宽 45m 左右的某处小游园，主入口位于北侧。用图例法显示了绘制比例。

2. 看等高线和水位线

了解游园的地形和水体布置情况，着重注意用地范围内地形最低点、最高点、水底等特征地形的标高，从而大致了解地形走势、特征。如图 12－23 所示，该园水池设在游园中部，东、南、西侧地势较高，形成外高内低的封闭空间。

3. 看图例和文字说明

明确新建景物的平面位置，了解总体布局情况。如图 12－23 所示，该园布局以水池为中心，主要建筑为南部的水榭和东北部的六角亭，水池东侧设拱桥一座，水榭由曲桥相连，北部和水榭东侧设有景墙和园门，六角亭建于石山之上，西南角布置石山、壁泉和石洞各一处，水池东北角和西南角布置汀步两处，桥头、驳岸处散点山石，入口处园路以冰纹路为主，点以步石，六角亭南、北侧设台阶和山石蹬道，南部布置小径通向园外。植物配置，外围以阔叶树群为主，内部点缀孤植树和灌木。

4. 看坐标或尺寸

根据坐标或尺寸查找施工放线的依据。如图 12－23 所示，由于小游园为自然式园林，所以采用网格法标注。根据图例可知，方格网尺寸为 5m×5m，在平面西南角给出测量基准点坐标（x=315，y=187），这是整个游园的定位坐标。施工时以这个坐标为基点，放出方格网线。然后在方格网中定位建筑、路、水体等。以水榭为例，水榭平面中心位于⑥轴与Ⓓ轴交点处，施工时即可以交点为基点放线。

第四节　地形设计图的绘制与识读

一、内容与用途

地形设计图也叫竖向设计图，是根据设计平面图及原地形图绘制的地形详图，它借助标注高程的方法，表示地形在竖直方向上的变化情况，是造园工程土方调配预算和地形改造施工的主要依据。在实际工作中，园林总体规划设计应与地形设计和地形景观规划同时进行，以利于创造技术经济合理、景观和谐、富有生机的园林作品。

地形设计图主要表达地形地貌、建筑、园林植物和园路系统等各造园要素的坡度与高程等内容，如园路主要折点、交叉点和变坡点的标高及纵坡坡度，各景点的控制标高，建筑物控制标高，水体、山石、道路及出入口的设计高程，地形现状及设计高程等，如图12-27所示。

二、绘制要求

1. 绘制等高线

根据地形设计，选定等高距，用细实线绘出设计地形等高线，用细虚线绘出原地形等高线。等高线上应标注高程，高程数字上等高线应断开、高程数字的字头应朝向山头，数字要排列整齐。周围平整地面高程为±0.00，高于地面为正，数字前“+”号省略；低于地面为负，数字前应注写“-”号。高程单位为m，要求保留两位小数。

对于水体，用特粗实线表示水体边界线（即驳岸线）。当湖底为缓坡时，用细实线绘出湖底等高线，同时均需标注高程，并在标注高程数字处将等高线断开。当湖底为平面时，用标高符号标注湖底高程，标高符号下面应加画短横线和45°斜线表示湖底，如图12-27所示。

2. 标注建筑、山石、道路高程

将设计平面图中的建筑、山石、道路、广场等位置按外形水平投影轮廓绘制到地形设计图中，其中建筑用中实线，山石用粗实线，广场、道路用细实线。建筑应标注室内地坪标高，以箭头指向所在位置。山石用标高符号标注最高部位的标高。道路高程一般标注在交会、转向、变坡处，标注位置以圆点表示，圆点上方标注高程数字。

3. 标注排水方向

根据坡度，用单箭头标注雨水排水方向，如图12-27所示。

4. 绘制方格网

为了便于施工放线，地形设计图中应设置方格网。在设置时，尽可能使方格某一边落在某一固定建筑设施边线上（目的是便于将方格网测设到施工现场），每一网格边长可为5m、10m、20m等，按需而定，其比例与图中一致。方格网应按顺序编号，纵向自下而上，用拉丁字母编号，并按测量基准点的坐标，标注出纵横第一网格坐标。

5. 绘制比例、指北针，注写标题栏、技术要求等

这些要求同园林设计平面图。

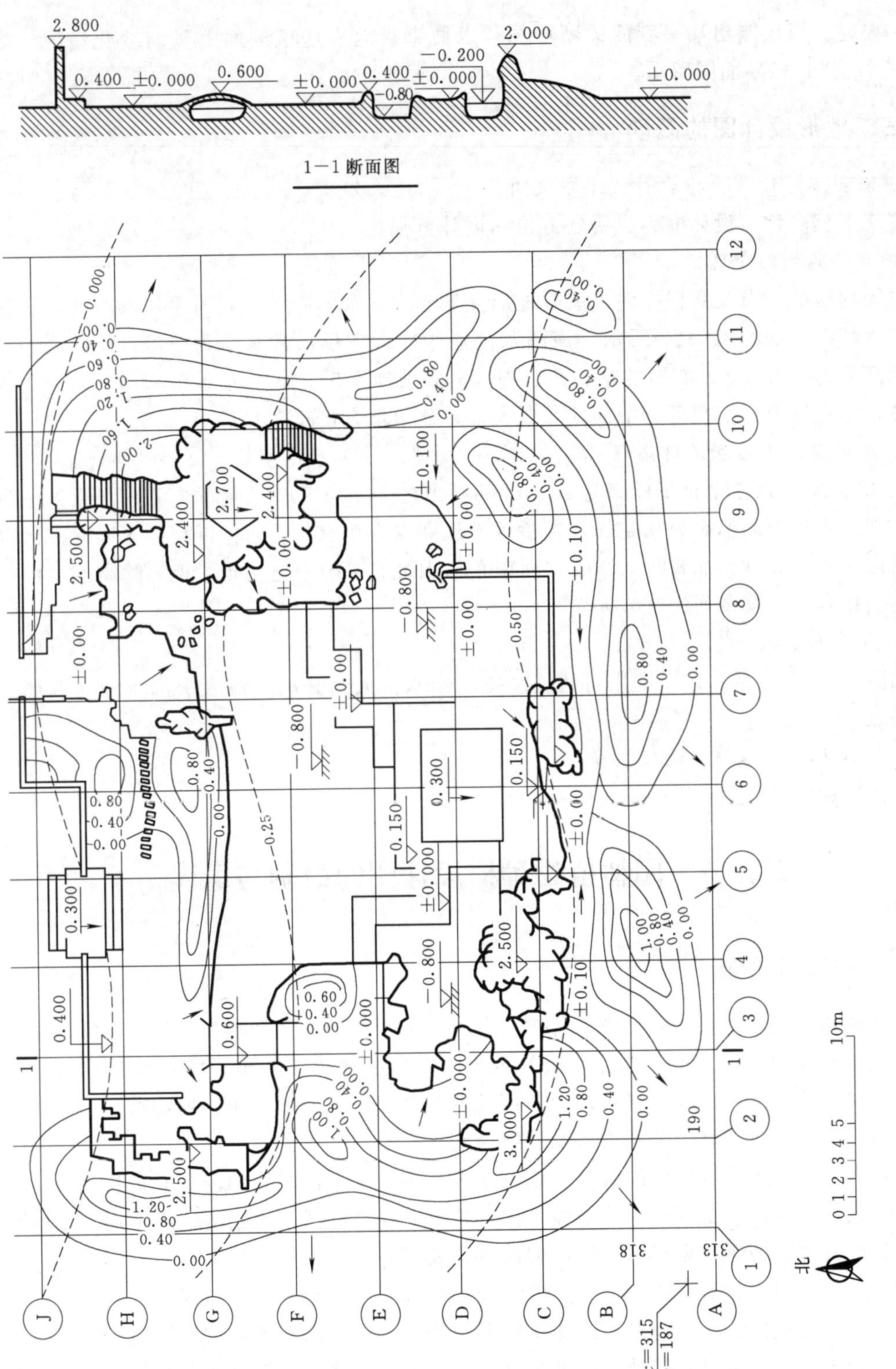

1—1 断面图

图 12-27　某游园地形设计图

6. 局部断面图

必要时，可绘制出某一剖面的断面图，以便直观地表达该剖面上竖向变化情况，如图 12－27 中 1—1断面图所示。

三、地形设计图的阅读

1. 看图名、比例、指北针、文字说明

了解工程名称、设计内容、所处方位和设计范围。

2. 看等高线的含义

看等高线的分布及高程标注，了解地形高低变化、水体深度，并与原地形对比，了解土方工程情况。如图 12－27 所示，该园水池居中，近方形，常水位为－0.20m，池底平整，标高均为－0.80m。游园的东、西、南部分布坡地土丘，高度为 0.6～2m，以东北角为最高，结合原地形高程可见中部挖方较大，东北角填方量较大。

3. 看建筑、山石和道路高程

图 12－27 中六角亭止于标高为 2.40m 的石山之上，亭内地面标高 2.70m，成为全园最高景观。水榭地面标高为 0.30m，拱桥桥面最高点为 0.60m，曲桥标高为±0.00。园内布置假山三处，高度为 0.80～3.00m，西南角假山最高。园中道路较平坦，除南部、西部部分路面略高外，其余均为±0.00。

4. 看排水方向

如图 12－27 所示，该园利用自然坡度排出雨水，大部分雨水流入中部水池，四周流至园外。

5. 看坐标，确定施工放线依据

方法同设计平面图。

第五节　园林植物种植设计图的绘制与识读

一、内容与用途

园林植物种植设计图是表示植物位置、种类、数量、规格及种植类型的平面图，是组织种植施工和养护管理、编制预算的重要依据，它应能准确表达出种植设计的内容和意图，并且对于施工组织、施工管理以及后期的养护都起到很大的作用。植物种植施工图应包含图名、比例、指北针、苗木表以及文字说明。

（1）在种植施工图中应该配备准确统一的苗木表，通常苗木表的内容应包括编号、树种名称、数量、规格、苗木来源和备注等内容，有时还要标注上植物的拉丁学名、植物种植时和后续管理时的形状姿态、整形修剪的特殊要求等。

（2）施工说明，针对植物选苗、栽植和养护过程中需要注意的问题进行说明。

（3）植物种植位置，并通过不同图例区分植物种类以及原有植被和设计植被。

（4）利用引线标注每一组植物的种类、组合方式、规格、数量（或者面积）。

（5）植物种植点的定位尺寸，规则式栽植标注出株间距、行间距以及端点植物与参照

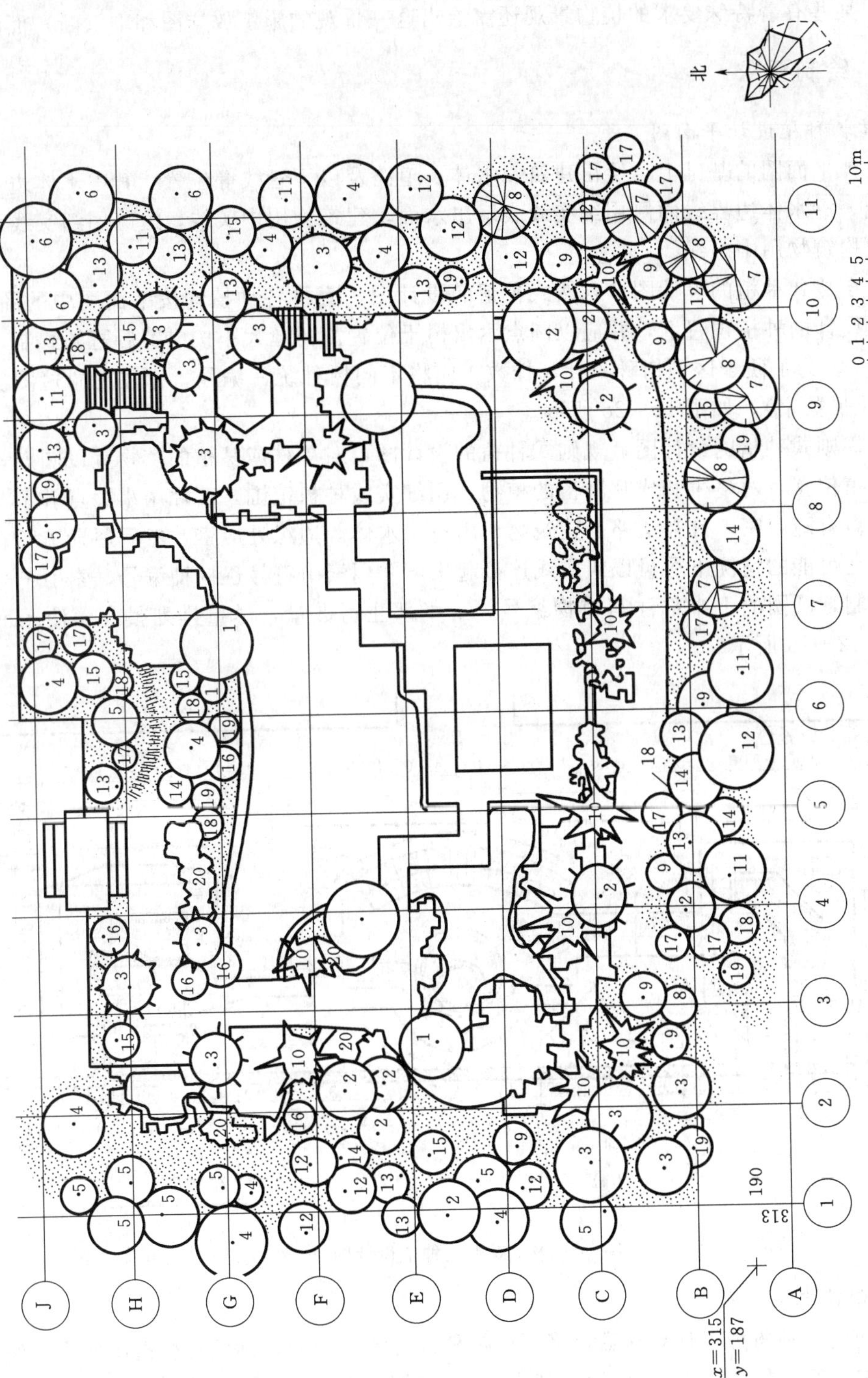

图 12－28　某游园植物种植设计图

物之间的距离，自然式栽植往往借助坐标网格定位。

(6) 某些有着特殊要求的植物景观还需给出这一景观的施工放样图和剖（断）面图。

二、绘制要求

1. 植物种植设计平面图

在设计平面图的基础上，绘出建筑、水体、道路及以下管线等位置，其中水体边界线用粗实线，沿水体边界线内侧用细实线表示出水面，建筑物用中实线，道路用细实线，地下管道或构筑物用中虚线。

(1) 自然式种植的设计图。自然式种植的设计图，宜将各种植物按平面图中的图例，绘制在所设计的种植位置上，并应以圆点示出树干位置。树冠大小按成龄后冠幅绘制，参考表 12-1。为了便于区别树种，计算株数，应将不同树种统一编号，标注在树冠图例内(采用阿拉伯数字)，如图 12-28 所示。

(2) 规则式种植的设计图。规则式种植的设计图，对单株或丛植的植物宜以圆点表示植物的种植位置，对蔓生和成片种植的植物，用细实线种植范围，草坪用小圆点表示，小圆点应绘得有疏有密，凡在道路、建筑物、山石、水体等边缘处应密，然后逐渐疏稀。对同一树种在可能的情况下尽量以粗实线连接起来，并用索引符号逐树种编号，索引符号用细实线绘制，圆圈的上半部注写植物编号，下半部注写数量，尽量排列整齐，使图面清晰，如图 12-29 所示。

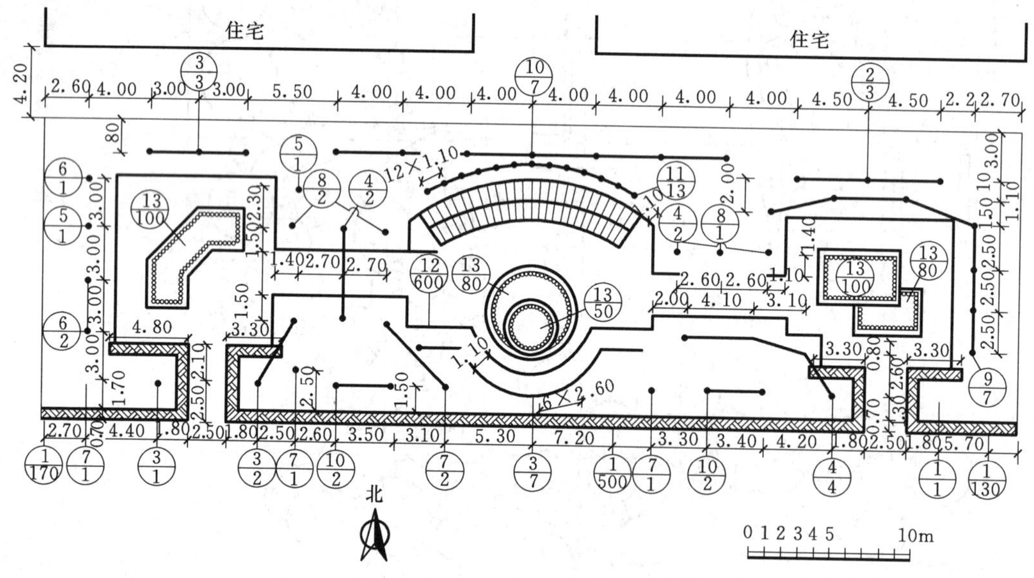

图 12-29　规则式种植设计图

2. 编制苗木统计表

为了利用区别树种，计算株数，将不同树种进行统一编号，标注在树冠图例内，编号采用阿拉伯数字，如图 12-28 所示。列表说明所设计的植物编号、树种名称、拉丁文名称、单位、数量、规格、出圃年龄等。表 12-2 所示为图 12-28 所附苗木统计表。

表 12-2 **苗木统计表**

编号	树种		单位	数量	规格		出圃年龄/年	备注
	名称	拉丁文			干径/cm	高度/m		
1	垂柳	*Salix babylonica*	株	4	5		3	
2	白皮松	*Pinus bungeana*	株	8	8		8	
3	油松	*Pinus tabulaeformis*	株	14	8		8	
4	五角枫	*Acer mono*	株	9	4		4	
5	黄栌	*Cotinus coggygria*	株	9	4		4	
6	悬铃木	*Platanus orienfalis*	株	4	4		4	
7	红皮云杉	*P. koraiensis*	株	4	8		8	
8	冷杉	*Abies hclophylla*	株	4	10		10	
9	紫杉	*Taxus cuspidate*	株	8	6		6	
10	爬地柏	*S. procumbens*	株	100		1	2	每丛 10 株
11	卫矛	*Euonymus alatus*	株	5		1	4	
12	银杏	*Ginkgo biloba*	株	11	5		5	
13	紫丁香	*Syringa oblata*	株	100		1	3	每丛 10 株
14	暴马丁香	*Syringa reticulate var. mandshurica*	株	60		1	3	每丛 10 株
15	黄刺玫	*Rosa xanthina*	株	56		1	3	每丛 8 株
16	连翘	*Forsythia suspensa*	株	35		1	3	每丛 7 株
17	黄杨	*Buxus sinica*	株	11	3		3	每丛 10 株
18	水蜡	*L. obtusifolium*	株	7		1	3	
19	珍珠花	*Spiraea thunbergii*	株	84		1	3	每丛 12 株
20	五叶地锦	*Parthenocissus Quinquefolia*	株	122		3	3	
21	结缕草	*Zoysia japonica*	株	200				

3. 标注定位尺寸

自然式植物种植设计图，宜用与设计平面图、地形图同样大小的坐标网确定种植位置，如图 12-28 所示。规则式植物种植设计图，宜相对某一原有地上物，用标注株行距的方法，确定种植位置，如图 12-29 所示。

4. 绘制种植详图

必要时按苗木统计表中编号（即图号）绘制种植详图，说明种植某一种植物时挖坑、覆土、施肥、支撑等种植施工要求，图 12-30 为图 12-28 中 8 号冷杉的种植详图。

5. 绘制比例、风玫瑰图或指北针，主要技术要求及标题栏

方法同园林设计平面图。

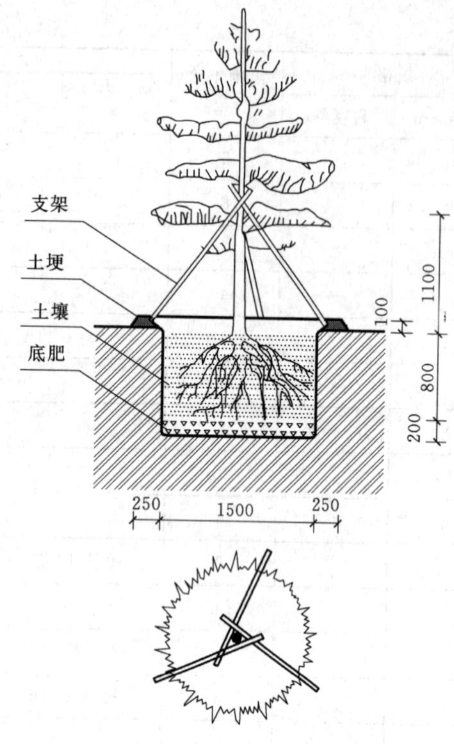

图 12-30 种植详图（单位：cm）

三、植物种植设计图的识读

识读植物种植设计图用以了解工程设计意图、绿化目的及其所达效果，明确种植要求，以便组织施工和作出工程预算，识读步骤如下。

1. 看标题栏、比例、风玫瑰图或方位标

明确工程名称、所处方位和当地主导风向，明确绿化工程的目的、性质与范围，了解绿化施工后应达到的效果。

2. 看图中索引编号和苗木统计表

根据图示各植物编号，对照苗木统计表及技术说明，了解植物种植的种类、数量、苗木规格和配置方式。如图 12-28 所示，游园周围以油松、白皮松、黄栌、银杏、五角枫等针、阔叶乔木为主，配以黄刺玫、紫丁香等灌木。西北角种植黄栌 5 株、五角枫 2 株，以观红叶。东北、西南假山处配置油松 11 株，与山石结合显得古拙。六角亭后配置悬铃木 4 株，形成高低层次。中部沿驳岸孤植垂柳 4 株，形成垂柳入水之势等。

3. 看植物种植定位尺寸

明确植物种植的位置及定点放线的基准。

4. 看种植详图

明确具体种植要求，组织种植施工。

附录Ⅰ 总平面图图例
（摘自 GBJ 103—87）

附表 1　　总平面图图例

图例	名　称	图例	名　称
	新设计的建筑物右上角以点数表示层数		围墙 表示砖石、混凝土或金属材料围墙
	原有的建筑物		围墙 表示镀锌铁丝网、篱笆等围墙
	计划扩建的建筑物或预留地	154.20	室内地坪标高
	拆除的建筑物	143.00	室外整平标高
	新建地下建筑物或构筑物		原有的道路
	散状材料露天堆场		计划扩建的道路
	其他材料露天堆场或露天作业场		公路桥 铁路桥
	露天桥式吊车		护坡
	门式起重机		烟囱

附录Ⅱ 《风景园林图例图示标准》（CJJ 67—1995）植物部分

附表 2　　　　植物图例

序号	名称	图例	说明
1	落叶阔叶乔木		1～14 中：落叶乔、灌木均不填斜线；常绿乔、灌木加画 45°细斜线；阔叶树的外围线用弧裂形或圆形线；针叶树的外围线用锯齿形或斜刺形线； 乔木外形成圆形； 灌木外形成不规则形、乔木图例中粗线小圆表示现有乔木、细线小十字表示设计乔木； 灌木图例中中黑点表示种植位置；凡大片树林可省略图例中的小圆、小十字及黑点； 常绿林或落叶林根据图画表现的需要加或不加 45°细斜线
2	常绿阔叶乔木		
3	落叶针叶乔木	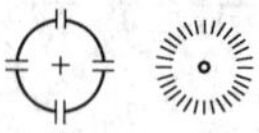	
4	常绿针叶乔木	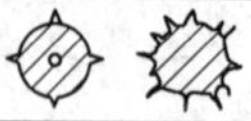	
5	落叶灌木	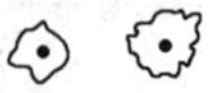	
6	常绿灌木		
7	阔叶乔木疏林		
8	针叶乔木疏林	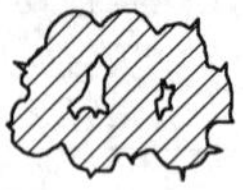	
9	阔叶乔木密林		
10	针叶乔木密林	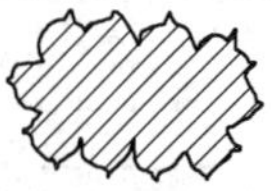	
11	落叶灌木疏林	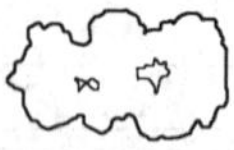	
12	落叶花灌木疏林	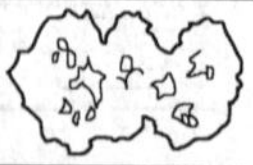	
13	常绿灌木密林	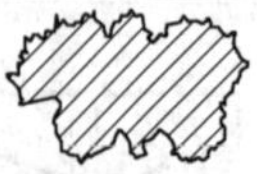	
14	常绿花灌木密林	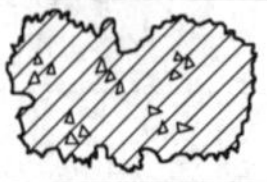	
15	自然形绿篱		
16	整形绿篱	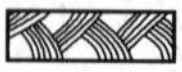	

续表

序号	名 称	图 例	说 明
17	镶边植物		
18	一、二年生草木花卉		
19	多年生及宿根草本花卉	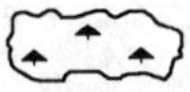	
20	一般草皮	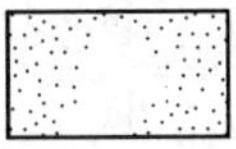	
21	缀花草皮		
22	整形树木	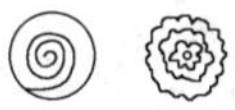	
23	竹丛	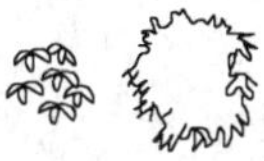	
24	棕榈植物		
25	仙人掌植物	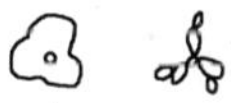	
26	藤本植物		
27	水生植物	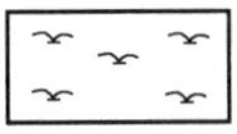	

附表 3 树干形态图例

序号	名 称	图 例	说 明
1	主轴干侧分枝形		
2	主轴干无分枝形		

续表

序号	名　称	图　例	说　明
3	无主轴干多枝形		
4	无主轴干垂枝形		
5	无主轴干丛生形	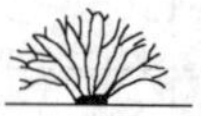	
6	无主轴干匍匐形		

附表 4　　树冠形态图例

序号	名称	图例	说　明
1	圆锥形		树冠轮廓线，凡针叶树用锯齿形表示；凡阔叶树用弧裂形表示
2	椭圆形		
3	圆球形	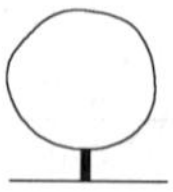	
4	垂枝形	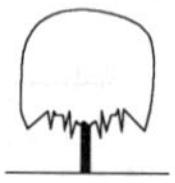	
5	伞形	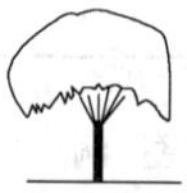	
6	匍匐形	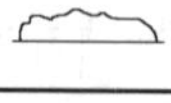	

附录Ⅲ 《风景园林图例图示标准》（CJJ 67—1995）山石部分

附表 5　　山 石 图 例

序号	名 称	图例	说 明
1	自然山石假山		
2	人工塑石假山		
3	土石假山	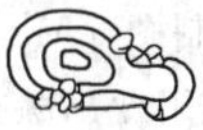	包括“土包石”“石包土”及土假山
4	独立景石		

参 考 文 献

[1] 樊振旺．水利工程制图［M］．郑州：黄河水利出版社，2007.
[2] 水利水电工程制图标准（SL 73—2013）[S]. 北京：中国水利水电出版社，2013.
[3] 罗康贤，左宗义，冯开平．土木建筑工程制图［M]. 广州：华南理工大学出版社，2003.
[4] 方庆，徐约素．画法几何及水利工程制图［M]. 北京：高等教育出版社，2000.
[5] 曾令宜．水利工程制图［M]. 郑州：黄河水利出版社，2000.
[6] 何铭新，郎宝敏，陈星铭．建筑制图［M]. 北京：高等教育出版社，2001.
[7] 许良乾，殷佩生．画法几何及水利工程制图［M]. 北京：高等教育出版社，2001.
[8] 王秀英．水利工程制图［M]. 南京：河海大学出版社，1989.
[9] 蒋允静．画法几何及土建工程制图［M]. 西安：陕西科技出版社，2001.
[10] 胡守忠，杨玉艳，王彦惠．画法几何及水利工程制图［M]. 北京：中国水利水电出版社，2005.
[11] 王兰美．画法几何及工程制图［M]. 北京：机械工业出版社，2002.
[12] 黄水生，李国生．画法几何及土木建筑制图［M]. 广州：华南理工大学出版社，2003.
[13] 苏宏庆．画法几何及水利工程制图［M]. 成都：四川科学技术出版社，1986.
[14] 孙世青，曾令宜．水利工程制图［M]. 北京：高等教育出版社，2001.
[15] 肇承琴．水利工程制图［M]. 郑州：黄河水利出版社，2001.
[16] 陈彩萍．工程制图［M]. 北京：高等教育出版社，2003.
[17] 樊振旺．工程制图［M]. 太原：山西科学技术出版社，2006.
[18] 李随文，刘成达．园林工程制图［M]. 郑州：黄河水利出版社，2010.
[19] 李艳敏，赵军．机械制图［M]. 北京：中国水利水电出版社，2016.
[20] 王喜仓，于利民，许淑珍．机械制图［M]. 北京：中国水利水电出版社，2013.